全国二级造价工程师考试辅导用书

二级造价师通关宝典

——土建实务篇

广联达课程委员会　编著

中国建筑工业出版社

图书在版编目（CIP）数据

二级造价师通关宝典．土建实务篇／广联达课程委员会编著．—北京：中国建筑工业出版社，2020.10

全国二级造价工程师考试辅导用书

ISBN 978-7-112-25467-5

Ⅰ．①二… Ⅱ．①广… Ⅲ．①土木工程－建筑造价管理－资格考试－自学参考资料 Ⅳ．①TU723.3

中国版本图书馆CIP数据核字（2020）第181338号

本书为《全国二级造价工程师考试辅导用书》中的《二级造价师通关宝典——土建实务篇》，依照考试大纲及教材对二级造价工程师考试中的土木建筑工程科目进行讲解，将教材内容进行系统化梳理，以思维导图、图表等为主要表现形式，结构清晰，一目了然。同时针对各省计价部分不同的问题，为各省考生提供了定制内容。本书主要内容包括土木建筑工程专业基础知识、工程计量、工程计价三部分，可供参加全国二级造价工程师执业资格考试的考生及相关专业人士学习使用。

责任编辑：李　慧
版式设计：锋尚设计
责任校对：李美娜

全国二级造价工程师考试辅导用书
二级造价师通关宝典——土建实务篇
广联达课程委员会　编著
*
中国建筑工业出版社出版、发行（北京海淀三里河路9号）
各地新华书店、建筑书店经销
北京锋尚制版有限公司制版
北京君升印刷有限公司印刷
*
开本：787毫米×1092毫米　1/16　印张：16　字数：364千字
2021年3月第一版　2021年3月第一次印刷
定价：**55.00**元
ISBN 978-7-112-25467-5
（36420）

本书编委会

序 言

造价工程师职业资格制度是我们工程造价管理的主要制度之一。2016年12月，人力资源社会保障部按照国务院的要求公布了《国家职业资格目录清单》，其中，专业技术人员职业资格58项，造价工程师资格位列其中，类别为准入类，即国家行政许可范畴。2018年7月住房和城乡建设部、交通运输部、水利部、人力资源社会保障部共同发布了《关于印发〈造价工程师职业资格制度规定〉〈造价工程师职业资格考试实施办法〉的通知》（建人〔2018〕67号）。通知明确：国家设置造价工程师准入类职业资格。工程造价咨询企业应配备造价工程师；工程建设活动中有关工程造价管理岗位按需要配备造价工程师。造价工程师分为一级造价工程师和二级造价工程师。住房和城乡建设部、交通运输部、水利部、人力资源社会保障部共同制定造价工程师职业资格制度，并按照职责分工负责造价工程师职业资格制度的实施与监管。各省、自治区、直辖市住房和城乡建设、交通运输、水利、人力资源社会保障行政主管部门，按照职责分工负责本行政区域内造价工程师职业资格制度的实施与监管。这两个文件，构建了造价工程师职业资格的制度基础，也使在去行政化的大背景下，造价工程师职业资格制度的含金量进一步提高。

2019年，住房和城乡建设部、交通运输部、水利部，又共同发布了经人力资源社会保障部审定的《全国二级造价工程师职业资格考试大纲》，至此二级造价工程师职业资格制度全面落地，各地也陆续开始编制职业资格考试辅导教材，部分省份也进行了首次考试，取得了非常好的效果。本人有幸参与了制度建设，中国建设工程造价管理协会《建设工程造价管理基础知识》和部分省份《建设工程计量与计价实务》科目的审定工作，也深感各地对二级造价工程师职业资格考试查明期待和高度负责。

广联达公司应社会及市场需要，按照《全国二级造价工程师职业资格考试大纲》编制了《建设工程造价管理基础知识》和部分省份《建设工程计量与计价实务》（土木建筑工程、安装工程）3本辅导教材，并送我审阅。我深感这个辅导教材确实凝聚了编制人员的智慧与辛劳。一是辅导教材是在吃透《全国二级造价工程师职业资格考试大纲》要求的基础上编制的，符合大纲要求；二是辅导教材以思维导图、图表等为主要表现形式，结构清晰，一目了然，特别适合工程人员全面理解与掌握，可以减少大家系统理解和记忆的时间，对考试是有益的；三是这套辅导教材也可以作为知识性读本供从事设计、施工、咨询的工程造价专业人员日常参考。

但是，本人依然要强调，对于二级造价工程师职业资格考试，任何一个考生要首先把握大纲的要求，然后选择适用或指定的辅导教材进行学习，最后，通过本辅导教材来梳理知识体系，强化记忆。

预祝考生们考出好的成绩！

吴佐民

前言

二级造价师是近年国家推出的新证书，满足了造价师证书级别中的初中级证书需求，这对广大初中级造价人员来说是一个利好消息。广联达课程委员会在了解广大考生的需求后，精心策划编写了本套辅导书，旨在帮助二级造价师备考人员梳理并巩固教材重点内容。

由于二级造价师考试存在一定的地区差异性，本书分为两大部分，第一部分是通用内容，第二部分是针对性的地区差异内容，可以满足各地区考生的复习需求。

本书通过以下四种考证类高效复习方法帮助广大考生缩短学习时间，精准记忆考点、延长记忆周期，增加通过几率。

1．表格划线法——通过表格表现形式将教材中的全部内容梳理出来，去掉非重点和串讲内容，直接以表格排比、对比等形式罗列重点考点，并将其中的“重点字句”标为蓝色，可以明确地看到重点。这种方法逻辑清晰，重点明确，容易记忆，缩短了考生们自己梳理总结的时间。

2．思维导图法——学习完表格内容之后，知识点后紧跟一张思维导图，用于对知识点的快速复习，有利于考生对每个大知识点的整体框架的把握，做到心中有数，对每一节中有几个知识点和考点一目了然，方便回顾温习，延长了考生对已学知识点的记忆周期。

3．同步习题法——俗话说“光学不练假把式”，因此本辅导书在每一个大知识点后都有相应的同步练习题，均为经典题型，让考生们得以及时练习所学知识点，巩固和运用知识点，明白考试中是如何出题的。每道题均配有详细的解析，让考生们在解析中明白选择正确答案的理由，知道出题老师一般会在哪些地方“挖坑”，从而避免“掉坑”，增加考生们的考试通过几率。

4．本地案例法——针对地区差异内容，我们联合各地区造价领域内的资深专家针对各地区清单计量和定额组价部分共同研发了各地区定制案例（内文扫码获取）。案例题有题目背景、图纸并以各地区的定额规则进行计算解析，帮助考生反复练习熟悉做题思路及答题方法，使考生对二级造价师考试中占比较大的案例部分有比较准确的理解，进一步增加考生们的考试通过几率。

以上方法可以使考生从了解到掌握再到深入运用知识点答对题，循序渐进，反复加深记忆。为了帮助广大考生更好地学习，我们专设了反馈通道，如您发现本书有误之处请扫描右侧二维码反馈问题，编委会将及时勘误！

广联达课程委员会

广联达立足建筑产业20余年，一直秉承服务面对面，承诺心贴心的服务理念，坚持为客户提供及时、专业、贴心的高品质服务。广联达课程委员会，一个为用户而生的异地虚拟组织，成立于2018年3月，它汇聚全国各省市二十余位广联达特一级讲师及实战经验丰富的专家讲师，秉承专业、担当、创新、成长的文化理念，怀揣着“打造建筑人最信赖的知识平台”的美好愿望，肩负“做建筑行业从业者知识体系的设计者与传播者”的使命，以“建立完整课程体系，打造广联达精品课程，缩短用户学习周期，缩短产品导入周期”为职责，用心做精品、专业助成长。

为搭建专业的讲师团队，广联达课程委员会制定严格的选拔机制，选取全国专业能力最强、实战经验最丰富的顶尖服务人员，对他们统一形象、统一包装提高广联达品牌知名度，并制定了一套行之有效的培养管理体系。

广联达课程委员会不断研究用户学习场景、探索实际业务需求，经过20多名成员的共同努力，无数版本的实战迭代，搭建出了一套线上、线下、书籍三位一体的广联达培训课程体系，围绕了解–会用–用好–用精4个学习阶段针对不同阶段的用户开展不同的课程，录播推出认识系列、玩转系列、高手系列、精通系列课程，打造“新品速递”“实战联盟”“高手秘籍”“案例说”等爆款直播栏目，覆盖30余万人次，缩短用户学习长成周期，提高工作效率。

成立两年来，广联达课程委员会一直保持高标准、严要求，每个课件的出炉，都要经历3次以上定位、框架、内容的评审，输出全套的课程编制表说明书、课件PPT、讲师手册、学员手册、课程案例、课程考题资料，再通过3次以上试讲，才能与用户见面。每年仅仅2~3次5天的集中内容生产，委员会生产了83套共4个阶段的课程，内容涉及土建、安装、装饰、市政、钢构等各大专业，为用户提供了丰富的学习内容，得到用户的广泛认可。

为了让用户能够更加便捷地获取知识，课程委员会在传播渠道上继续找寻新的突破口，

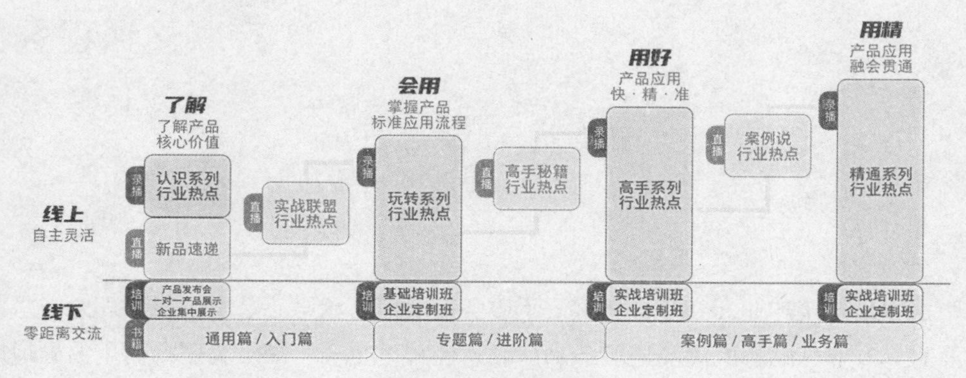

广联达培训课程体系

深入研究各类业务场景，开始尝试编制书籍，2018年底的内部资料《高手秘籍》《案例说》合集，一经出炉即被抢空，两个月线上观看10万余人次。2019年与中国建筑工业出版社合作，出版正式书籍《广联达算量应用宝典——土建篇》，2个月销售量3万册，跻身畅销书行列，成为广大造价人员手中的一本备查手册，并且搭建了工程造价人员必备工具丛书体系，2020年将不断完善，持续输出5本书籍，让无论处在哪个学习阶段的造价人，都可以找到自己合适的内容。

广联达课程委员会是一支敢为人先的专业团队，一支不轻言弃的信赖团队，一支担当和成长并驱的创新团队，经过两年的运作，在分支的支持和产品线的配合下，共输出5个体系化方法论、2本内部刊物、1本广联达算量应用宝典书籍以及20多份标准制度流程，生产内容覆盖用户60万人，得到了用户的认可。课程委员会的努力不仅提高了用户学习效率、缩短了学习周期，也树立了广联达公司的专业品牌形象，培养了一批专业人才。

通往梦想的路还很漫长，肩负的使命从不忘却，广联达课程委员会不忘初心、砥砺前行，2020年邀请8名具有丰富实战经验的业务专家加入，与广联达共同生产行业专业课程、造价人员职业规划课程、职业考试资质辅导等课程，梳理知识体系，搭建用户岗位级的学习知识地图，为广大造价从业者提供最便利最快捷的学习路径。

目录

第一章

专业基础知识

第一节　工业与民用建筑工程的分类、组成及构造

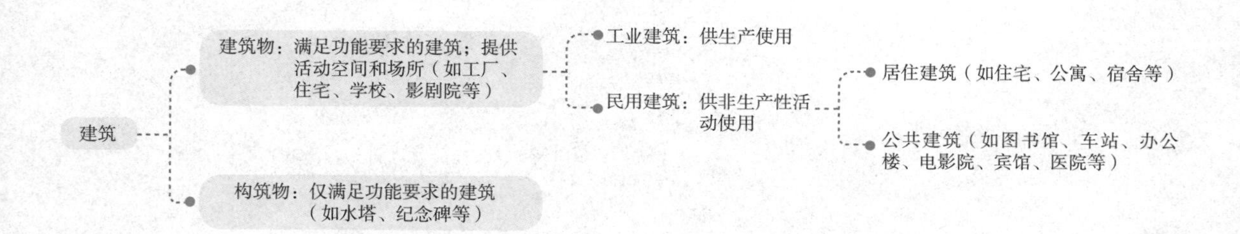

1.1.1　工业建筑分类

1. 按厂房层数分

分类	概念	适用范围
（1）单层厂房	仅有1层的工业厂房	有大型机器设备或重型起重运输设备的厂房
（2）多层厂房	常用层数为2～6层的工业厂房	生产设备及产品较轻，可沿垂直方向组织生产的厂房，如食品、电子精密仪器等工业用厂房
（3）混合层数厂房	同一厂房内有单层有多层	多用于化学工业、热电站的主厂房

2. 按工业建筑用途分

分类	概念	适用范围
（1）生产厂房	进行备料、加工、装配等主要工艺	如铸工（铸造）车间、炼铁车间、电镀车间、热处理车间、机械加工车间、装配车间等
（2）生产辅助厂房	为生产厂房服务的厂房	如修理（机修）车间、工具车间等
（3）动力用厂房	为生产提供动力源的厂房	如发电站、变电所、锅炉房等
（4）仓储建筑	储存原材料、半成品、成品的房屋	如仓库等
（5）仓储用建筑	管理、储存及检修交通运输工具的房屋	如汽车库、机车库、起重车库、消防车库等
（6）其他建筑	\	如水泵房、污水处理建筑等

3. 按其主要承重结构形式分

分类	内容	适用范围
（1）排架结构	将厂房承重柱的柱顶与屋架或屋面梁作铰接连接，而柱下端则嵌固于基础中	单层厂房
（2）刚架结构	刚架结构的基本特点是柱和屋架合并为同一个刚性构件。柱与基础的连接通常为铰接，如吊车吨位较大，也可做成刚接	一般重型单层厂房
（3）钢结构	主要承重构件均用钢材构成。强度高，自重轻，整体刚性好，变形能力强，抗震性能好	大跨度、多层和超高、超重型的工业建筑

续表

分类	内容	适用范围
（4）空间结构	空间结构的结构体系能多向受力，可提高结构的稳定性。一般常见的有膜结构、网架结构、薄壳结构、悬索结构等	工业用大跨度棚库

4. 按车间生产状况分

分类	概念	适用范围
（1）冷加工车间	在常温状态下，加工非燃烧物质和材料的生产车间	如机械制造类的金工、修理等车间
（2）热加工车间	在高温和熔化状态下，加工非燃烧的物质和材料的生产车间	如机械制造类的铸造、锻压、热处理等车间
（3）恒温恒湿车间	产品生产需要在稳定的温、湿度下进行的车间	如精密仪器、纺织等车间
（4）洁净车间	产品生产需要在空气净化、无尘甚至无菌的条件下进行的车间	如药品生产车间、集成电路等车间
（5）特种状况车间	产品生产时对环境有特殊需要的车间	如防放射性物质、防电磁波干扰等车间

工业建筑思维导图

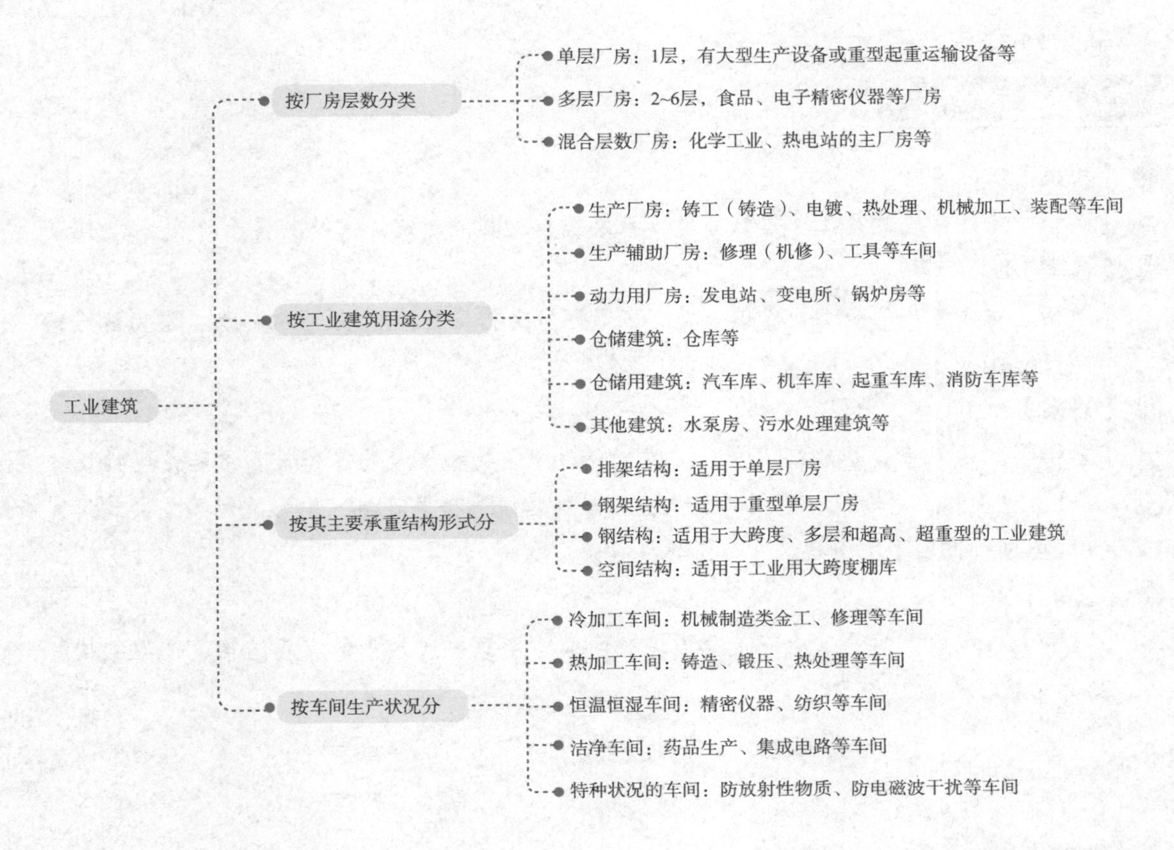

习题及答案解析

一、习题

1【单选】**水泵房和锅炉房分别属于（　　）。**

A．动力用厂房和动力用厂房

B．其他建筑和生产辅助房

C．生产辅助房和生产厂房

D．其他建筑和动力用厂房

2【单选】**多层厂房是指层数在2层以上的厂房，常用的层数为（　　）层。**

A．2～10　　B．2～5　　C．2～8　　D．2～6

3【多选】**电影院属于（　　）。**

A．公共建筑　　B．公用建筑

C．民用建筑　　D．构筑物

E．建筑

4【多选】**下列哪些形式属于空间结构形式（　　）。**

A．排架结构　　B．网架结构

C．悬索结构　　D．刚架结构

E．薄壳结构

二、答案与解析

1【答案】D

【解析】本题考查的是工业建筑分类。水泵房属于其他建筑，锅炉房属于动力用厂房。

2【答案】D

【解析】本题考查的是工业建筑分类。多层厂房是指层数在2层以上的厂房，常用的层数为2～6层。

3【答案】ACE

【解析】本题考查的是建筑的分类。建筑分为建筑物和构筑物，建筑物按照使用性质分为民用建筑和公用建筑，民用建筑又分为居住建筑和公共建筑，电影院属于公共建筑，依次类推，也属于民用建筑，建筑物，建筑。

4【答案】BCE

【解析】本题考查的是工业建筑分类。空间结构形式一般常见的有膜结构、网架结构、薄壳结构、悬索结构等。

1.1.2 工业建筑构造

1. 单层厂房的结构组成

分类			内容	适用范围
（1）承重结构	1）横向排架		由基础、柱、屋架组成	主要是承受厂房的各种竖向荷载
	2）纵向连系构件		由吊车梁、圈梁、连系梁、基础梁等组成	与横向排架构成骨架，保证厂房的整体性和稳定性
	3）支撑系统构件	①柱间支撑	设置在纵向柱列之间的支撑称为柱间支撑	支撑构件主要传递水平荷载，起保证厂房空间刚度和稳定性的作用
		②屋盖支撑	设置在屋架之间的支撑称为屋盖支撑	
（2）围护结构	单层厂房的围护结构包括外墙、屋顶、地面、门窗、天窗、地沟、散水、坡道、消防梯等			

2. 单层厂房承重结构构造

（1）屋盖结构

分类		内容及特点	适用范围
1）屋盖结构类型	①有檩体系	有檩体系屋面的刚度差，配件和接缝多，在频繁振动下易松动，但屋盖重量较轻	小机具吊装； 中小型厂房
	②无檩体系	无檩体系屋面板直接搁置在屋架或屋面梁上，整体性好，刚度大	大中型厂房
2）屋盖承重构件	①钢筋混凝土屋架或屋面梁	钢筋混凝土屋面梁构造简单、高度小、重心低、较稳定、耐腐蚀、施工方便，但构件重、费材料。 目前较常采用的屋架形式是三角形、组合式三角形、预应力三角形、拱形、预应力梯形、折线形（图1－1）	单坡：跨度≤9m； 双坡：跨度12～18m。 普通屋面梁：跨度≤15m； 预应力屋面梁：跨度≤18m

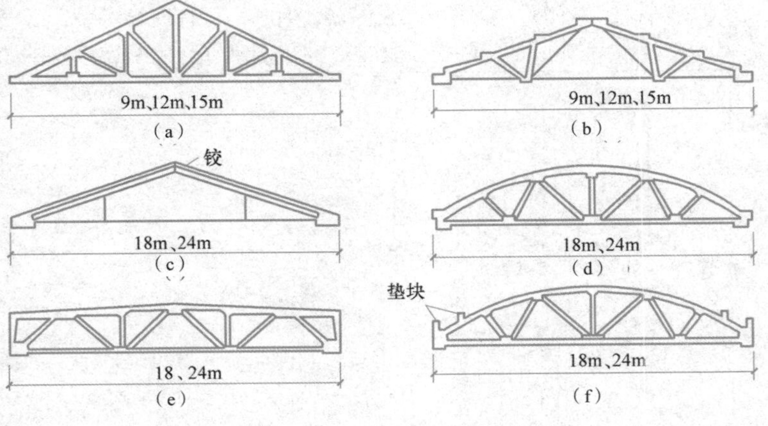

图1－1 钢筋混凝土屋架类型

（a）三角形；（b）组合式三角形；（c）预应力三角形；（d）拱形；（e）预应力梯形；（f）折线形

续表

分类		内容及特点		适用范围
2）屋盖承重构件	②钢屋架	a．无檩	将大型屋面板直接支承在钢屋架上，屋架间距就是大型屋面板的跨度，一般为6m	中型以上特别是重型厂房
		b．有檩	有檩钢屋架是在屋架上设檩条，在檩条上再铺设屋面板，屋架间距就是檩条的跨度，通常为4～6m，檩条间距由所用屋面材料确定	中小型厂房，特别是不需要设保温层的厂房
	③木屋架	跨度≤12m，室内相对湿度≤70%，室内温度≤50℃，吊车起重量≤5t，悬挂吊车≤1t		
	④钢木屋架	下弦受力状况好，刚度也较好。适用跨度为18～21m。对于温度高、湿度大、结构跨度较大和有较大振动荷载的场所，不宜采用钢木屋盖结构		

（2）柱

分类		内容及特点	适用范围
1）钢筋混凝土柱（图1-2）	①矩形柱	矩形柱多采用长方形，截面尺寸一般为400mm × 600mm。特点：外形简单，受弯性能好，施工方便，容易保证质量要求	仅适用于小型厂房
	②工字柱	工字形柱截面尺寸一般为400mm × 600mm、400mm × 800mm、500mm × 1500mm等，与截面尺寸相同的矩形柱相比，承载力基本相等，但因中间部分的混凝土省去做成腹板，可节约30%～50%混凝土	在大、中型厂房内采用较为广泛
	③双肢柱	双肢柱由两根承受轴向力的肢杆和联系两肢的腹杆组成	吊车起重量>30t，柱截面大于600mm × 1500mm时，宜选用双肢柱
	④管柱	钢筋混凝土管柱有单肢管柱和双肢管柱之分，钢筋混凝土管柱在工厂预制，可采用机械化方式生产，可在现场拼装，受气候影响较小；但因外形是圆的，设置预埋件较困难，与墙的连接也不如其他形式的柱方便	

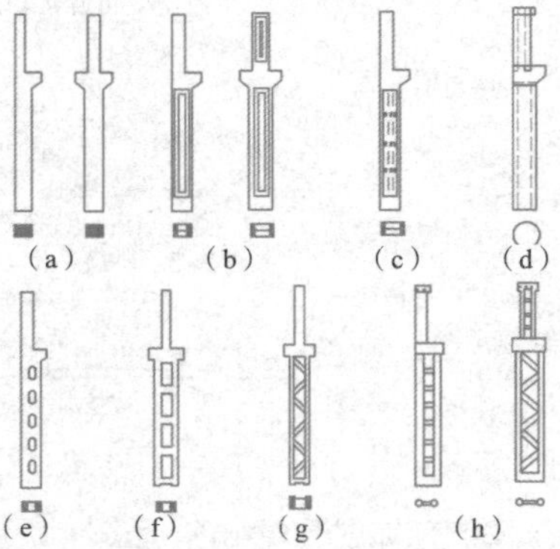

(a) (b) (c) (d)
(e) (f) (g) (h)

图1-2　钢筋混凝土柱类型

（a）矩形柱；（b）工字形柱；（c）预制空腹板工字形柱；（d）单肢管柱；（e）双肢柱；（f）平腹杆双肢柱；（g）斜腹杆双肢柱；（h）双肢管柱

续表

分类	内容及特点	适用范围
2）钢－钢筋混凝土组合柱	当柱较高，自重较重，因受吊装设备的限制，为减轻柱重量时，一般采用钢－钢筋混凝土组合柱。其组合形式为上柱为钢柱，下柱为钢筋混凝土双肢柱	
3）钢柱	一般分为等截面和变截面形式两类柱。它们可以是实腹式的，也可以是格构式的	
4）牛腿	单层厂房结构中的屋架、托梁、吊车梁和连系梁等构件，常由设置在柱上的牛腿支承。钢筋混凝土牛腿有实腹式和空腹式之分，通常多采用实腹式。钢筋混凝土实腹式牛腿的构造要求要满足如下要求，见图1－3	

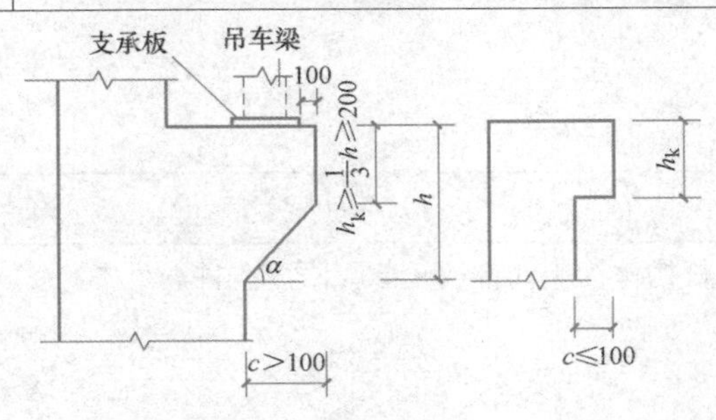

图1－3　牛腿的构造要求

牛腿挑出距离：

◆当c大于100mm时，牛腿底面的倾斜角$\alpha \leq 45°$，否则会降低牛腿的承载能力。

◆当c小于或等于100mm时，牛腿底面的倾斜角α可以为0°

（3）基础

内容及特点
基础是厂房的主要承重构件，承担着厂房上部的全部重量，并传递到地基。基础起着承上传下的重要作用。 基础类型的选择主要取决于建筑物上部结构荷载的性质和大小、工程地质条件等。 单层厂房一般采用预制装配式钢筋混凝土排架结构，柱距与跨度较大，厂房基础一般采用独立式（杯形）基础

（4）吊车梁

分类	内容及特点	适用范围
1）T形吊车梁	上部翼缘较宽，增加梁受压面积，便于固定吊车轨道。施工简单，制作方便。但自重大，耗材多，不经济	非预应力：柱距6m、跨度≤30m、吨位10t以下的厂房；预应力：10～30t的厂房
2）工字形吊车梁	工字形吊车梁腹壁薄，节约材料，自重较轻	预应力：柱距6m，跨度12～33m，吊车起重量5～25t的厂房
3）鱼腹式吊车梁	受力合理，节省材料，承受较大荷载，梁的刚度大，但构造和制作比较复杂。运输、堆放需设专门支垫	预应力：柱距≤12m，跨度12～33m，吊车起重量15～150t的厂房

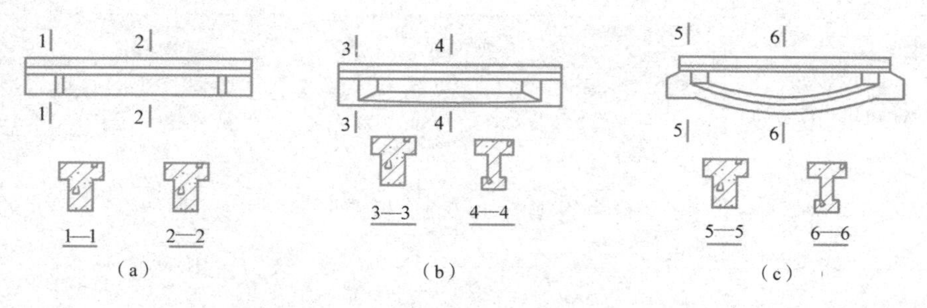

图 1-4　钢筋混凝土吊车梁的类型

（a）T形吊车梁；（b）工字形吊车梁；（c）鱼腹式吊车梁

（5）支撑系统

分类	特点及图例
1）屋架支撑	支撑、系杆构件为钢构件或钢筋混凝土构件，见图1-5 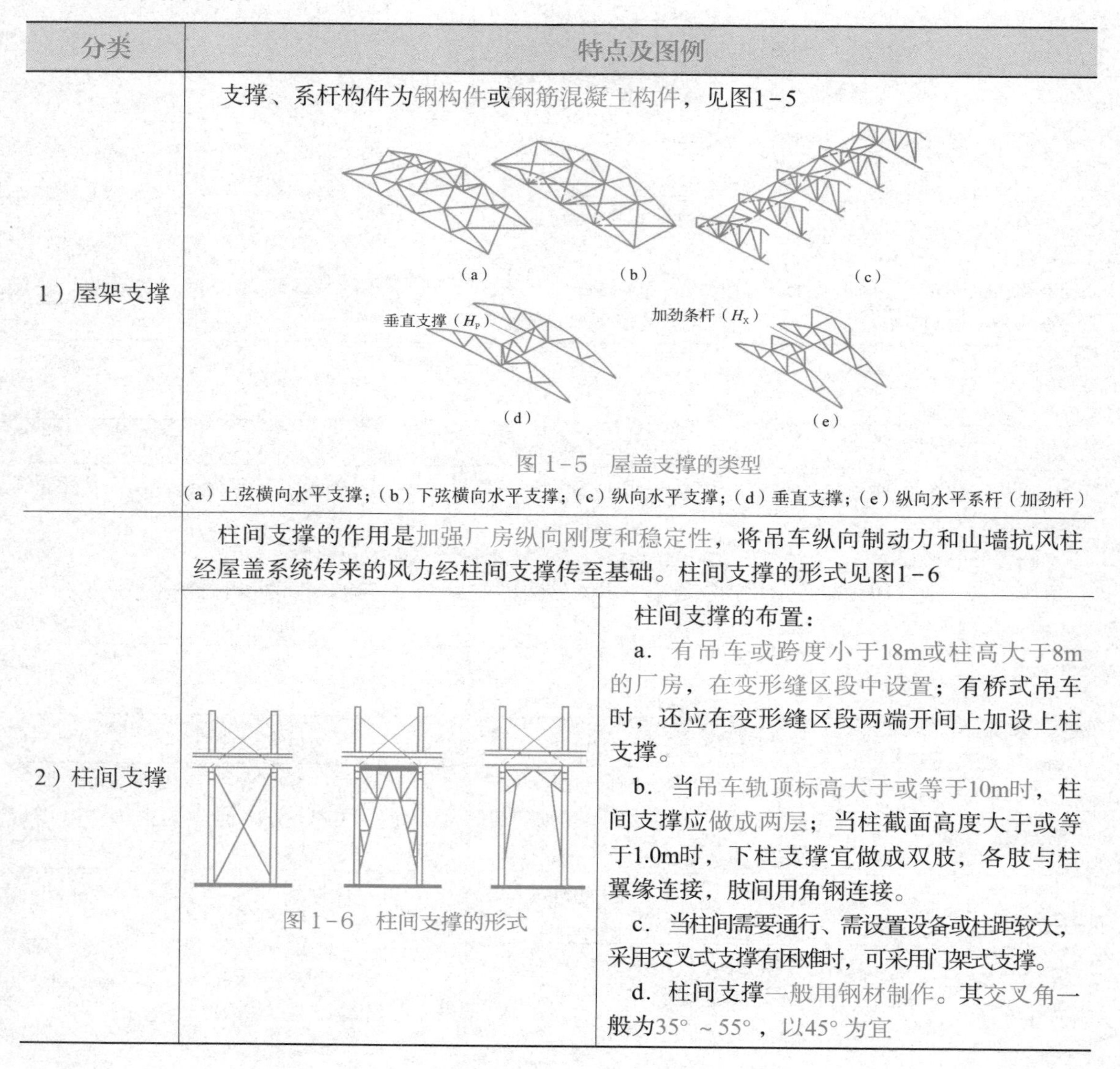 图 1-5　屋盖支撑的类型 （a）上弦横向水平支撑；（b）下弦横向水平支撑；（c）纵向水平支撑；（d）垂直支撑；（e）纵向水平系杆（加劲杆）
2）柱间支撑	柱间支撑的作用是加强厂房纵向刚度和稳定性，将吊车纵向制动力和山墙抗风柱经屋盖系统传来的风力经柱间支撑传至基础。柱间支撑的形式见图1-6 图 1-6　柱间支撑的形式 柱间支撑的布置： a．有吊车或跨度小于18m或柱高大于8m的厂房，在变形缝区段中设置；有桥式吊车时，还应在变形缝区段两端开间上加设上柱支撑。 b．当吊车轨顶标高大于或等于10m时，柱间支撑应做成两层；当柱截面高度大于或等于1.0m时，下柱支撑宜做成双肢，各肢与柱翼缘连接，肢间用角钢连接。 c．当柱间需要通行、需设置设备或柱距较大，采用交叉式支撑有困难时，可采用门架式支撑。 d．柱间支撑一般用钢材制作。其交叉角一般为35°～55°，以45°为宜

工业建筑思维导图

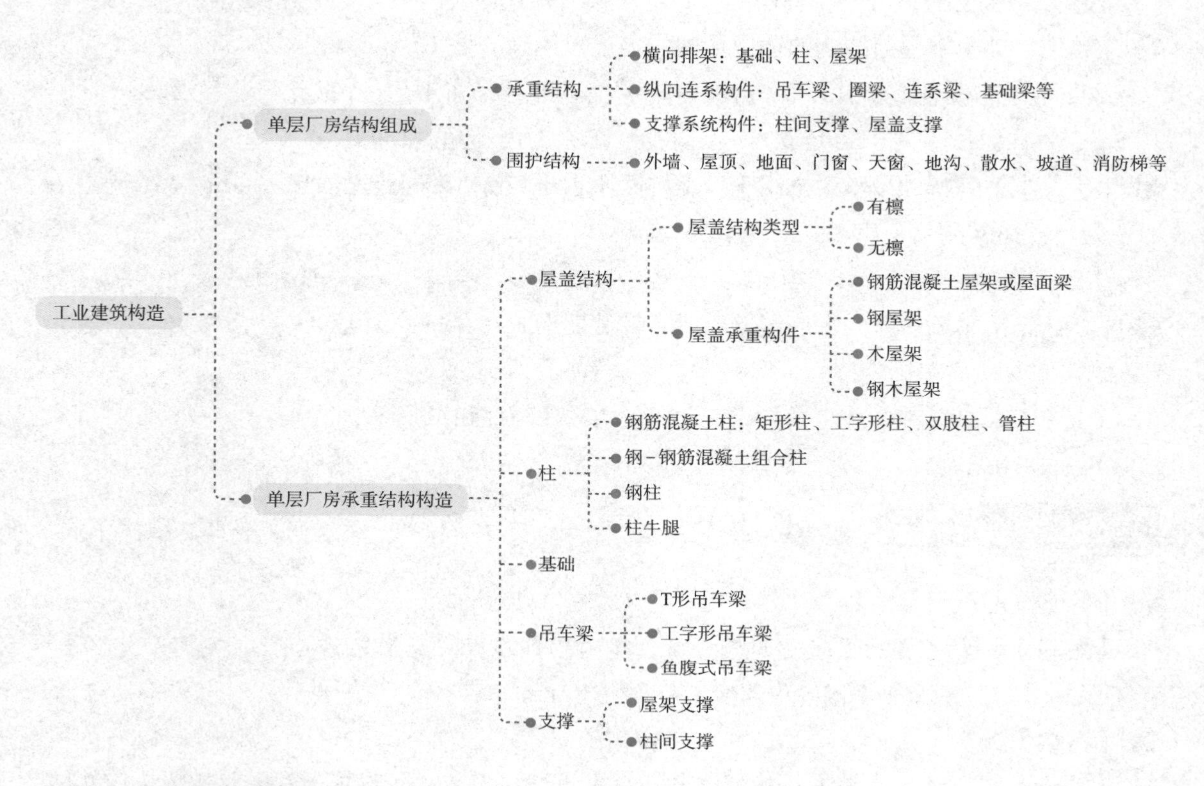

习题及答案解析

一、习题

❶【单选】单层厂房中普通钢筋混凝土屋面梁的跨度一般（　　），预应力钢筋混凝土屋面梁的跨度一般（　　）。

A．不大于15m、不大于18m

B．不小于15m、不小于18m

C．不小于15m、不大于18m

D．不大于15m、不小于18m

❷【单选】下列哪种吊车梁适用于厂房柱距为6m、厂房跨度为12～33m、吊车起重量为5～25t的厂房（　　）。

A．鱼腹式　　B．矩形　　C．T形　　D．工字形

❸【单选】单层厂房中普通钢筋混凝土屋面梁的跨度一般为（　　）。

A．≤12m　　B．≤15m　　C．≤18m　　D．≤21m

❹【单选】单层厂房中预应力钢筋混凝土屋面梁的跨度一般为（　　）。

A．≤12m　　B．≤15m　　C．≤18m　　D．≤21m

❺【单选】支撑系统包括（　　）支撑和屋盖支撑两大部分。

A．石体　　B．柱间　　C．地基　　D．架木

❻【单选】关于木屋盖结构的适用范围的描述，正确的是（　　）。

A．吊车起重量不超过5t　　B．悬挂吊车不超过1.5t

C．室内温度不高于60℃　　D．跨度不超过10m

❼【单选】下列哪种吊车梁适用于厂房柱距不大于12m，厂房跨度为12～33m，吊车起重量为15～150t的厂房（　　）。

A．鱼腹式　　B．矩形　　C．T形　　D．工字形

❽【多选】吊车梁一般为钢筋混凝土梁，其截面形式有（　　）等。

A．实腹式吊车梁　　B．工字形吊车梁

C．鱼腹式吊车梁　　D．等截面的T形

E．H形吊车梁

二、答案与解析

❶【答案】A

【解析】本题考查的是工业建筑分类。普通钢筋混凝土屋面梁的跨度一般不大于15m，预应力钢筋混凝土屋面梁的跨度一般不大于18m。

❷【答案】D

【解析】本题考查的是工业建筑分类。预应力工字形吊车梁适用于厂房柱距为6m、厂房跨度为12～33m、吊车起重量为5～25t的厂房。

❸【答案】B

【解析】本题考查的是工业建筑分类。普通钢筋混凝土屋面梁的跨度一般不大于15m，预应力钢筋混凝土屋面梁的跨度一般不大于18m。

❹【答案】C

【解析】本题考查的是工业建筑分类。普通钢筋混凝土屋面梁的跨度一般不大于15m，预应力钢筋混凝土屋面梁的跨度一般不大于18m。

❺【答案】B

【解析】本题考查的是工业建筑分类。支撑系统包括柱间支撑和屋盖支撑两大部分。

❻【答案】A

【解析】本题考查的是工业建筑分类。木屋盖结构的适用范围：跨度不超过12m；室内相对湿度不大于70%；室内温度不高于50℃；吊车起重量不超过5t，悬挂吊车不超过1t。一般全木屋架适用跨度不超过15m；钢木屋架的下弦受力状况好，刚度也较好，适用跨度为18～21m。

❼【答案】A

【解析】本题考查的是工业建筑分类。预应力混凝土鱼腹式吊车梁适用于厂房柱距不大

于12m、厂房跨度为12～33m、吊车起重量为15～150t的厂房。

❽【答案】BCD

【解析】本题考查的是工业建筑分类。钢筋混凝土吊车梁的类型很多，按截面形式分，有等截面的T形、工字形吊车梁、鱼腹式吊车梁等。

1.1.3 民用建筑分类

<table>
<tr><th>分类</th><th colspan="2">内容</th></tr>
<tr><td rowspan="3">（1）按建筑层数和高度</td><td colspan="2">1）不大于27m的住宅建筑、不大于24m的公共建筑及大于24m的单层公共建筑为低层或多层民用建筑</td></tr>
<tr><td colspan="2">2）大于27m的住宅建筑和大于24m的非单层建筑，且高度不大于100m的为高层建筑</td></tr>
<tr><td colspan="2">3）建筑高度大于100m的民用建筑为超高层建筑</td></tr>
<tr><td rowspan="4">（2）按建筑耐久年限</td><td>1）一级建筑</td><td>耐久年限为100年以上，适用于重要的建筑和高层建筑</td></tr>
<tr><td>2）二级建筑</td><td>耐久年限为50～100年，适用于一般性建筑</td></tr>
<tr><td>3）三级建筑</td><td>耐久年限为25～50年，适用于次要的建筑</td></tr>
<tr><td>4）四级建筑</td><td>耐久年限为15年以下，适用于临时性建筑</td></tr>
<tr><td rowspan="6">（3）按建筑承重材料</td><td>1）木结构</td><td>优点：绿色环保、节能保温、建造周期短、抗震耐久等。
分类：一般分为重型梁柱木结构和轻型桁架木结构。
适用：多用在民用和中小型工业厂房的屋盖中</td></tr>
<tr><td>2）砖木结构</td><td>构造：建筑物的竖向承重构件（墙体、柱子）采用砖砌，水平承重构件（楼板、屋架）采用木材。其结构建造简单，材料容易准备，费用较低。
适用：低层建筑（1～3层）</td></tr>
<tr><td>3）砖混结构</td><td>构造：建筑物的竖向承重结构（墙、柱等）采用砖或砌块砌筑，横向承重的梁、楼板、屋面板等采用钢筋混凝土结构。
适用：开间进深较小，房间面积小，多层或低层的建筑</td></tr>
<tr><td>4）钢筋混凝土结构</td><td>构造：由钢筋和混凝土两种材料结合成整体的工程结构。
钢筋混凝土结构的主要承重构件（梁、板、柱等）均采用钢筋混凝土材料，而非承重墙采用砖砌或其他轻质材料做成</td></tr>
<tr><td>5）钢结构</td><td>钢结构主要承重构件均用钢材构成。其特点是强度高、自重轻、变形能力强，抗震性能好。
适用：建造大跨度和超高、超重型的建筑物</td></tr>
<tr><td>6）型钢混凝土组合结构</td><td>构造：把型钢埋入钢筋混凝土中的一种独立的结构形式。
优点：比传统的钢筋混凝土结构承载力大、刚度大、抗震性能好。与钢结构相比，防火性能好，结构局部和整体稳定性好，节省钢材。
缺点：造价比较高。
适用：大型结构</td></tr>
</table>

续表

分类	内容	
（4）按施工方法	1）现浇、现砌式	房屋的主要承重构件均在现场砌筑和浇筑而成
	2）装配式	构造：混凝土结构主体结构部分或全部采用预制混凝土构件装配而成。 特点：建筑构件工厂化生产现场装配，建造速度快，节能、环保，施工受气候条件制约小，节约劳动力。符合绿色节能建筑的发展方向。 分类：装配式结构可分为装配整体式框架结构、装配整体式剪力墙结构、装配整体式框架结构、现浇剪力墙结构、装配整体式部分框支剪力墙结构
（5）按承重体系	1）混合结构	混合结构是指楼盖和屋盖采用钢筋混凝土或钢木结构，而墙和柱采用砌体结构建造的房屋，混合结构根据承重墙所在位置，分为纵墙承重和横墙承重。 适用：住宅、办公楼、教学楼建筑。 不适用：大空间的房屋
	2）框架结构	构造：利用梁、柱组成的纵、横两个方向的框架形成的结构体系。 优点：建筑平面布置灵活，可形成较大的建筑空间，建筑立面处理也比较方便。 缺点：侧向刚度较小，当层数较多时，会产生较大的侧移，易引起非结构性构件（如隔墙、装饰等）破坏而影响使用
	3）剪力墙结构	剪力墙结构是利用建筑物的钢筋混凝土墙墙体（内墙和外墙）来抵抗水平力。剪力墙的墙段长度一般不超过8m，厚度不小于160mm。 优点：侧向刚度大，水平荷载作用下侧移小。 缺点：间距小，建筑平面布置不灵活，另外结构自重也较大。 适用：小开间的住宅和旅馆等。 不适用：大空间的公共建筑
	4）框架-剪力墙结构	在框架结构中设置适当剪力墙的结构，既具有框架结构平面布置灵活，有较大空间的优点，又具有侧向刚度较大的优点。框架-剪力墙结构中，剪力墙主要承受水平荷载，竖向荷载主要由框架承担。 适用：不超过170m 高的建筑
	5）筒体结构	筒体结构可分为框架-核心筒结构、筒中筒和多筒结构等，见图1-7。 筒结构由密排柱和窗下裙梁组成，也可视为开窗洞的墙体。 内筒一般由电梯间、楼梯间组成。内筒与外筒由楼盖连接成整体，共同抵抗水平荷载及竖向荷载。多筒结构将多个筒组合在一起，使结构具有更大的抵抗水平荷载的能力

续表

<table>
<tr><th>分类</th><th colspan="2">内容</th></tr>
<tr><td rowspan="6">（5）按承重体系</td><td>5）筒体结构</td><td> 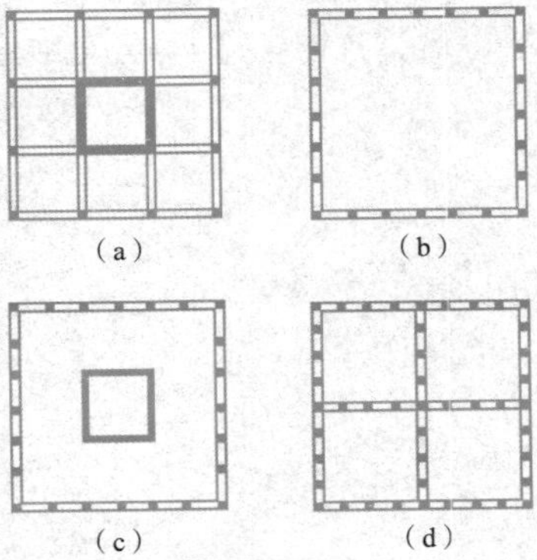图 1-7　筒体体系形式
（a）内筒体系；（b）框筒体系；（c）筒中筒体系；（d）成束筒体系</td></tr>
<tr><td>6）桁架结构</td><td>构造：由杆件组成的结构体系。
优点：可利用截面较小的杆件组成截面较大的构件</td></tr>
<tr><td>7）网架结构</td><td>构造：由许多杆件按照一定规律组成的网状结构。网架杆件一般采用钢管，节点一般采用球节点。
分类：分为平板网架和曲面网架，平板网架采用较多。
优点：平板网架是空间受力体系，杆件主要承受轴向力，受力合理，节约材料，整体性能好，刚度大，抗震性能好。
适用：杆件类型较少，适用于工业化生产</td></tr>
<tr><td>8）拱式结构</td><td>构造：拱是一种有推力的结构，用于建造大跨度的拱式结构。
分类：按照结构的组成和支承方式，拱可分为三铰拱、两铰拱和无铰拱。由于拱式结构受力合理，在建筑和桥梁中被广泛应用。
适用：体育馆、展览馆等建筑</td></tr>
<tr><td>9）悬索结构</td><td>悬索结构的主要承重构件是受拉的钢索，钢索采用高强度钢绞线或钢丝绳制成。悬索屋盖结构的跨度可达160m，是比较理想的大跨度结构形式之一。
悬索结构包括三部分：索网、边缘构件和下部支承结构。悬索结构可分为单曲面与双曲面两类。单曲拉索体系构造简单，屋面稳定性差。双曲拉索体系由承重索和稳定索组成。支承结构可以有很多种，如框架、拱等。
适用：体育馆、展览馆等建筑</td></tr>
<tr><td>10）薄壁空间结构</td><td>薄壁空间结构体系，也称壳体结构，属于空间受力结构，主要承受曲面内的轴向压力，弯矩很小。
薄壳结构多采用现浇钢筋混凝土，费模板、费工时</td></tr>
</table>

民用建筑分类思维导图

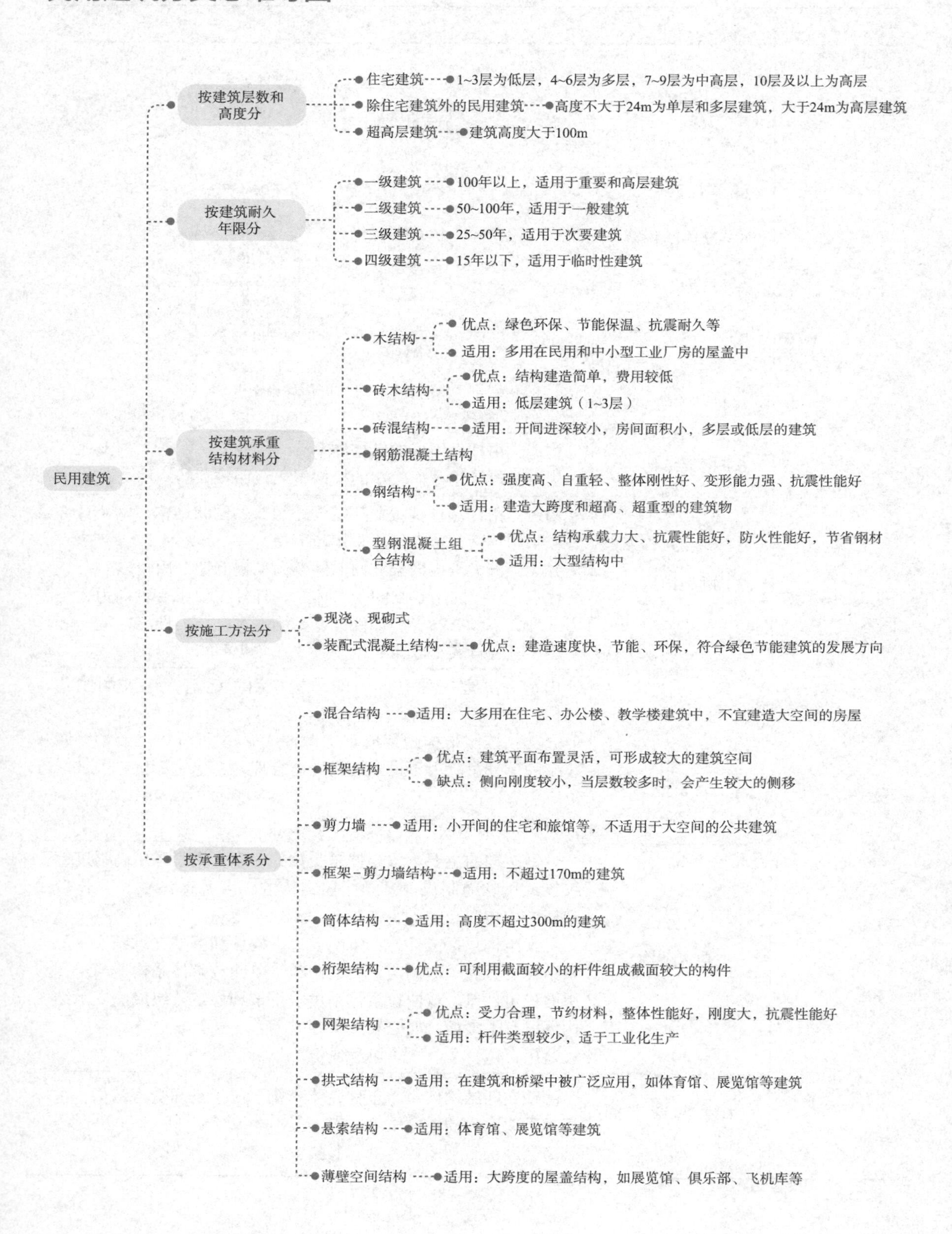

民用建筑
按建筑层数和高度分
住宅建筑
1~3层为低层，4~6层为多层，7~9层为中高层，10层及以上为高层
除住宅建筑外的民用建筑
高度不大于24m为单层和多层建筑，大于24m为高层建筑
超高层建筑
建筑高度大于100m
按建筑耐久年限分
一级建筑
100年以上，适用于重要和高层建筑
二级建筑
50~100年，适用于一般建筑
三级建筑
25~50年，适用于次要建筑
四级建筑
15年以下，适用于临时性建筑
按建筑承重结构材料分
木结构
优点：绿色环保、节能保温、抗震耐久等
适用：多用在民用和中小型工业厂房的屋盖中
砖木结构
优点：结构建造简单，费用较低
适用：低层建筑（1~3层）
砖混结构
适用：开间进深较小，房间面积小，多层或低层的建筑
钢筋混凝土结构
钢结构
优点：强度高、自重轻、整体刚性好、变形能力强、抗震性能好
适用：建造大跨度和超高、超重型的建筑物
型钢混凝土组合结构
优点：结构承载力大、抗震性能好，防火性能好，节省钢材
适用：大型结构中
按施工方法分
现浇、现砌式
装配式混凝土结构
优点：建造速度快，节能、环保，符合绿色节能建筑的发展方向
按承重体系分
混合结构
适用：大多用在住宅、办公楼、教学楼建筑中，不宜建造大空间的房屋
框架结构
优点：建筑平面布置灵活，可形成较大的建筑空间
缺点：侧向刚度较小，当层数较多时，会产生较大的侧移
剪力墙
适用：小开间的住宅和旅馆等，不适用于大空间的公共建筑
框架–剪力墙结构
适用：不超过170m的建筑
筒体结构
适用：高度不超过300m的建筑
桁架结构
优点：可利用截面较小的杆件组成截面较大的构件
网架结构
优点：受力合理，节约材料，整体性能好，刚度大，抗震性能好
适用：杆件类型较少，适于工业化生产
拱式结构
适用：在建筑和桥梁中被广泛应用，如体育馆、展览馆等建筑
悬索结构
适用：体育馆、展览馆等建筑
薄壁空间结构
适用：大跨度的屋盖结构，如展览馆、俱乐部、飞机库等

习题及答案解析

一、习题

❶【单选】民用二级建筑的耐久年限是（　　）。

A．15～50年　　B．25～50年　　C．50～80年　　D．50～100年

❷【单选】筒体结构的划分，不包括（　　）。

A．框架－核心筒结构

B．多筒结构

C．双筒结构

D．筒中筒结构

❸【单选】下列选项表述错误的是（　　）。

A．建筑高度大于100m的民用建筑为超高层建筑

B．筒体结构体系适用于高度不超过300m的建筑

C．框架－剪力墙结构一般适用于不超过180m高的建筑

D．剪力墙体系中剪力墙的墙段长度一般不超过8m，厚度不小于160mm

❹【多选】下列选项表述正确的是（　　）。

A．悬索屋盖结构的跨度可达160m，是比较理想的大跨度结构形式之一

B．拱式结构按照结构的组成和支承方式，拱可分为三铰拱、两铰拱和无铰拱

C．平板网架是空间受力体系，杆件主要承受轴向力，受力合理，刚度大，抗震性能好

D．薄壳结构常用于小跨度的屋盖结构

E．桁架结构的优点是可利用截面较大的杆件组成截面较大的构件

❺【多选】下列选项属于民用建筑按承重体系分类的是（　　）。

A．薄壁空间结构

B．网架结构

C．悬索结构

D．型钢混凝土组合结构

E．钢结构

二、答案与解析

❶【答案】D

【解析】本题考查的是民用建筑分类。①一级建筑：耐久年限为100年以上，适用于重要的建筑和高层建筑。②二级建筑：耐久年限为50～100年，适用于一般性建筑。③三级建筑：耐久年限为25～50年，适用于次要的建筑。④四级建筑：耐久年限为15年以下，适用于临时性建筑。

❷【答案】C

【解析】本题考查的是民用建筑分类。筒体结构可分为框架–核心筒结构、筒中筒和多筒结构等。

❸【答案】C

【解析】本题考查的是民用建筑分类。框架–剪力墙结构一般适用于不超过170m高的建筑。

❹【答案】ABC

【解析】本题考查的是民用建筑分类。薄壳结构常用于大跨度的屋盖结构，如展览馆、俱乐部、飞机库等，桁架结构的优点是可利用截面较小的杆件组成截面较大的构件。

❺【答案】ABC

【解析】本题考查的是民用建筑分类。民用建筑按承重体系分为混合结构、框架结构、剪力墙、框架–剪力墙结构、筒体结构、桁架结构、网架结构、拱式结构、悬索结构、薄壁空间结构。型钢混凝土组合结构和钢结构是按照建筑物的承重结构材料分的。

1.1.4 民用建筑构造

分类	内容
基本部分	由基础、墙或柱、楼板与地面、楼梯、屋顶和门窗六大部分组成
附属部分	阳台、雨篷、散水、坡道、勒脚、防潮层等

1. 地基

地基是指支承基础的土体或岩体，承受由基础传来的建筑物的荷载，地基不是建筑物的组成部分。

分类	内容
天然地基	天然土层具有足够的承载能力，不需经过人工加固便可作为建筑的承载层
人工地基	天然土层的承载力不能满足荷载要求，经过人工处理的土层

2. 基础

基础是建筑物的一个组成部分，承受建筑物的全部荷载，并将其传给地基。地基基础的设计使用年限不应小于建筑结构的设计使用年限。

（1）基础类型

基础的类型与建筑物上部结构形式，荷载大小，地基的承载能力，地基的地质、水文情况，材料性能等因素有关。

◆按材料及受力特点分类

<table>
<tr><th>分类</th><th colspan="2">内容</th></tr>
<tr><td rowspan="6">1）刚性基础</td><td colspan="2">a．刚性基础所用的材料（砖、石、混凝土等）抗压强度较高，但抗拉及抗剪强度偏低。
b．应保证其基底只受压，不受拉。
c．根据材料受力的特点，不同材料构成的基础，其传递压力的角度也不相同。刚性基础中压力分角α称为刚性角。在设计中，应尽力使基础大放脚与基础材料的刚性角相一致，以确保基础底面不产生拉应力，最大限度地节约基础材料。
d．受刚性角限制的基础称为刚性基础，通过限制刚性基础宽高比来满足刚性角的要求，见图1-8
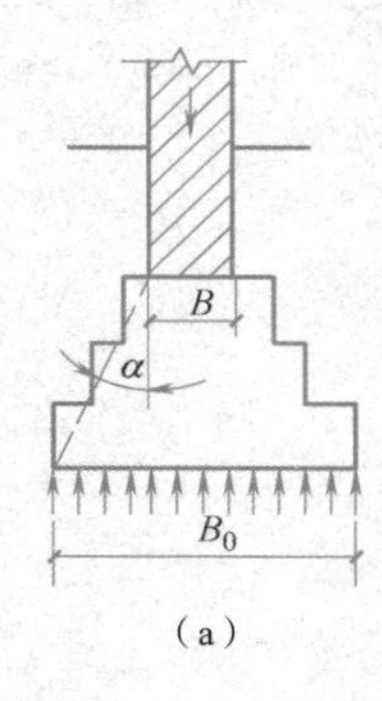

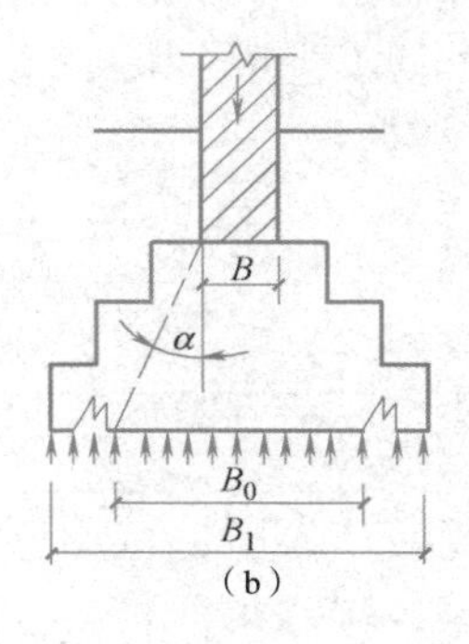

图1-8　刚性基础受力特点
（a）基础受力在刚性角范围以内；（b）基础宽度超过刚性角范围而破坏</td></tr>
<tr><td>①砖基础</td><td>组成：砖基础的剖面为阶梯形，基础底面比墙身宽称为大放脚。每一阶梯挑出的长度为砖长的1/4。为保证基础外挑部分在基底反力作用下不至于发生破坏，大放脚的砌法有两皮一收和二一间隔收两种。在相同底宽的情况下，二一间隔收可减少基础高度，但为了保证基础的强度，底层需要用两皮一收砌筑。
特点：砖基础可就地取材、价格较低、设施简便。
适用：干燥和温暖的地区</td></tr>
<tr><td>②灰土基础</td><td>组成：灰土基础即灰土垫层，由石灰或粉煤灰与黏土加适量的水拌和夯实而成。灰与土的体积比为2：8或3：7，灰土每层铺22～25cm，夯至15cm。
特点：抗冻、耐水性能差。
适用：地下水位较低的地区，并与其他材料基础共用，充当基础垫层</td></tr>
<tr><td>③三合土基础</td><td>组成：由石灰、砂、骨料（碎石或碎砖）按体积比1：2：4或1：3：6加水拌和夯实而成，每层铺22cm，夯至15cm。
适用：多用于地下水位较低的4层以下的民用建筑</td></tr>
<tr><td>④毛石基础</td><td>组成：由强度较高而未风化的毛石和砂浆砌筑而成。
特点：抗压强度高、抗冻、耐水、经济等。
适用：毛石基础的断面尺寸多为阶梯形，并常与砖基础共用，用作砖基础的底层</td></tr>
<tr><td>⑤混凝土基础</td><td>特点：由混凝土浇筑而成的基础，具有坚固、耐久、刚性角大，可根据需要任意改变形状的特点。混凝土基础台阶宽高比为1：1～1：1.5，实际使用时可把基础断面做成锥形或阶梯形。
适用：地下水位高，受冰冻影响的建筑物</td></tr>
</table>

<table>
<tr><th>分类</th><th colspan="2">内容</th></tr>
<tr><td>1）刚性基础</td><td>⑥毛石混凝土基础</td><td>组成：在上述混凝土基础中加入粒径为70～150mm的毛石，且毛石体积不超过总体积的20%～30%，称为毛石混凝土基础。如基础体积较大，为了节约混凝土用量，在浇筑混凝土时，可掺入毛石，做成毛石混凝土基础</td></tr>
<tr><td>2）柔性基础</td><td colspan="2">a．在混凝土基础底部配置受力钢筋，利用钢筋抗拉，这样基础可以承受弯矩。
b．不受刚性角的限制，因此钢筋混凝土基础也称为柔性基础。
c．相同条件下，钢筋混凝土基础比混凝土基础可节省大量的混凝土材料和挖土工程量，见图1-9。
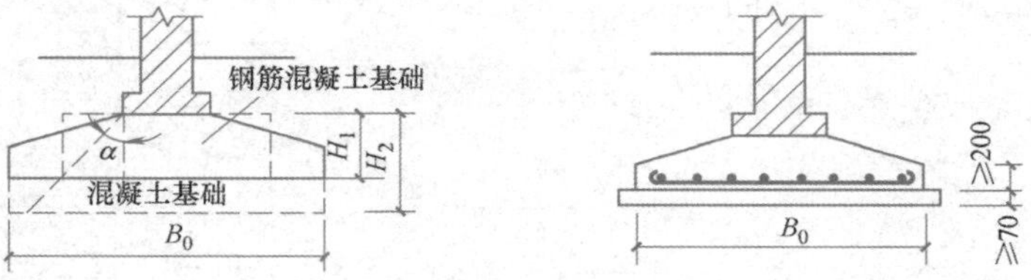

（a）　（b）
图1-9　钢筋混凝土基础
（a）混凝土基础与钢筋混凝土基础比较；（b）基础配筋情况

钢筋混凝土基础断面可做成锥形，最薄处高度不小于200mm；也可做成阶梯形，每节踏步高300～500mm。
通常情况下，钢筋混凝土基础下面设有素混凝土垫层，厚度100mm左右；无垫层时，钢筋保护层不宜小于70mm，以保护受力钢筋不受锈蚀</td></tr>
</table>

◆按基础的构造形式分类

<table>
<tr><th colspan="2">分类</th><th>内容</th><th>图例</th></tr>
<tr><td rowspan="2">1）独立基础（单独基础）</td><td>①柱下单独基础</td><td>单独基础是柱子基础的主要类型。根据柱的材料和荷载大小而定，常采用砖、石、混凝土和钢筋混凝土等</td><td rowspan="2">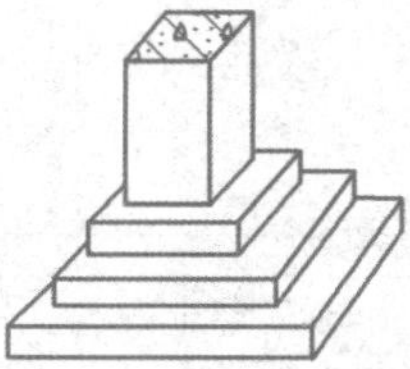</td></tr>
<tr><td>②墙下单独基础</td><td>上层土质松软，挖埋处有较好的土层时，为节约基础材料和减少开挖土方量可采用</td></tr>
<tr><td rowspan="2">2）条形基础（带形基础）</td><td>①墙下条形基础</td><td>承重墙基础的主要形式，常用砖、毛石、三合土或灰土建造</td><td rowspan="2">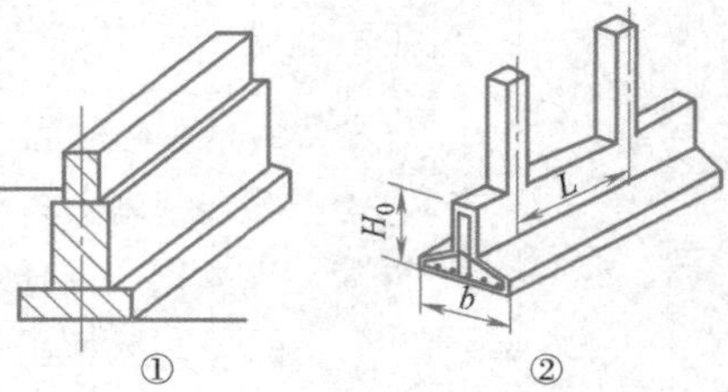

①　②</td></tr>
<tr><td>②柱下钢筋混凝土条形基础</td><td>为增强基础的整体性并方便施工，节约造价，可将同一排的柱基础连通做成柱下钢筋混凝土条形基础</td></tr>
</table>

续表

分类	内容	图例
3）柱下十字交叉基础	荷载较大的高层建筑，如土质软弱，为了增强基础的整体刚度，减少不均匀沉降时可采用此基础	
4）筏形基础	如地基基础软弱而荷载又很大，采用十字基础仍不能满足要求，或相邻基槽距离很小时可采用此基础	
5）箱形基础	为了使基础具有更大刚度，大大减小建筑物的相对弯矩，可采用此基础。目前高层建筑中多采用箱形基础	
6）桩基础	桩基由桩身和桩承台组成。当建筑物荷载较大，地基的软弱土层厚度5m以上，基础不能埋在软弱土层内，或对软弱土层进行人工处理困难和不经济时，常采用桩基础。采用桩基础能节省材料，减少挖填土方工程量，改善工人的劳动条件，缩短工期。分类：①端承桩；②摩擦桩（见右图）	上部结构 承台 桩 软土层 硬层 ① 上部结构 承台 桩 软土层 硬层 ②
此外，还有壳体基础、圆环基础、沉井基础、沉箱基础等其他基础形式		

（2）基础埋深

分类	内容
①深基础	埋深大于等于5m或埋深大于等于基础宽度的4倍的基础称为深基础
②浅基础	埋深在0.5～5m之间或埋深小于基础宽度的4倍的基础称为浅基础
基础埋深：从室外设计地面至基础底面的垂直距离称为基础的埋深。 基础顶面应低于设计地面100mm以上，避免基础外露，遭受外界的破坏	

（3）地下室防潮与防水构造

<table>
<tr><th>分类</th><th>内容</th></tr>
<tr><td>①按功能分</td><td>分为普通地下室和人防地下室</td></tr>
<tr><td>②按形式分</td><td>分为全地下室和半地下室</td></tr>
<tr><td>③按材料分</td><td>分为砖混结构地下室和钢筋混凝土结构地下室</td></tr>
<tr><td>1）地下室防潮。
当地下室地坪位于常年地下水位以上时，地下室需做防潮处理</td><td>地下室的所有墙体都必须设两道水平防潮层。
a．一道设在地下室地坪附近，具体位置视地坪构造而定；
b．另一道设置在室外地面散水以上150～200mm的位置。
外墙穿管、接缝处嵌入油膏填缝防潮。要求较高时，围护结构内侧涂抹防水涂料，见图1-10。
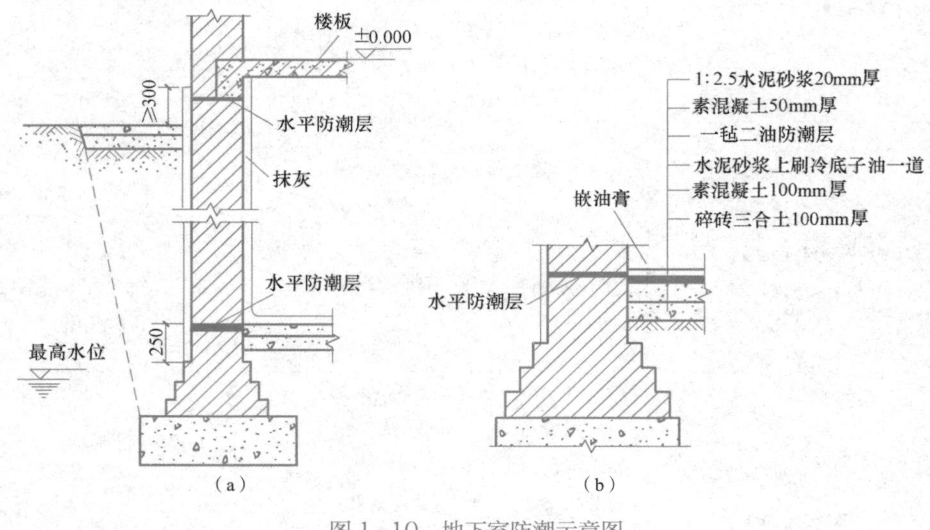

图1-10　地下室防潮示意图
（a）墙体防潮；（b）地坪处防潮
防潮层位置：一般设在垫层与地面面层之间，且与墙身水平防潮层在同一水平面上</td></tr>
<tr><td>2）地下室防水。
当地下室地坪位于最高设计地下水位以下时，地下室四周墙体及底板均受水压影响，应有防水功能</td><td>地下室防水可用卷材防水层，也可用加防水剂的钢筋混凝土来防水。
卷材防水层的做法是在地基上先浇混凝土垫层，板厚约100mm，将防水层铺满整个地下室，然后于防水层上抹20mm 厚水泥砂浆保护层，地坪防水层应与垂直防水层搭接，同时做好接头防水层。图1-11为地下室卷材防水层示意图
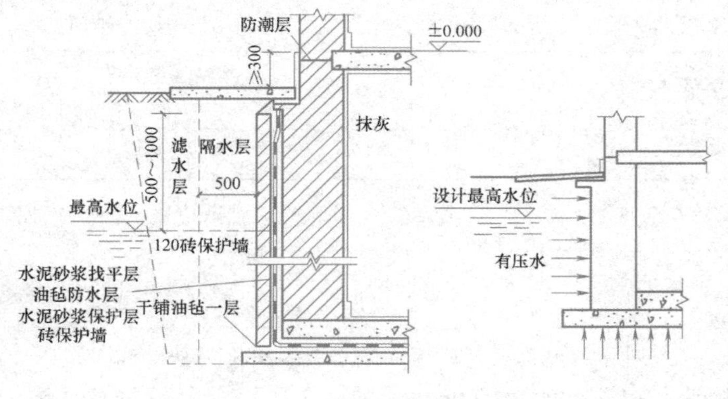

图1-11　地下室卷材防水层示意图</td></tr>
</table>

3. 墙

在一般砖混结构房屋中，墙体是主要的承重构件。墙体的重量占建筑物总重量的40%~45%，墙的造价占全部建筑造价的20%~30%。

（1）墙的类型

分类	内容
①按墙的位置	可分为内墙、外墙、横墙和纵墙
②按受力不同	可分为承重墙和非承重墙。建筑物内部只起分隔作用的非承重墙称为隔墙
③按构造方式不同	分为实体墙、空体墙和组合墙
④按所用材料不同	有砖墙、石墙、土墙、混凝土或工业废料制成的砌块墙、板材墙等

1）几种特殊材料墙体。

墙体材料选择要贯彻“因地制宜，就地取材”的方针，力求降低造价。工业城市中，应充分利用工业废料

①预制钢筋混凝土墙	设计人员应根据确定的开间、进深、层高，进行全面墙板设计。 适用：一般办公楼、旅馆、医院、教学楼、科研楼等民用建筑
②加气混凝土墙	加气混凝土墙可作承重墙或非承重墙，在承重墙转角处每隔墙高1m左右放水平拉结钢筋，以增加抗震能力。 不适用：加气混凝土砌块墙如无切实有效措施，不得用在建筑物±0.00以下，或长期浸水、干湿交替部位以及受化学侵蚀的环境，制品表面经常处于80℃以上的高温环境
③压型金属板墙	采用各种薄型钢板（或其他金属板材），经过辊压冷弯成型为各种断面的板材，是一种轻质高强的建筑材料，有保温型与非保温型两种
④石膏板墙	主要有石膏龙骨石膏板、轻钢龙骨石膏板、增强石膏空心条板等。 适用：中低档民用和工业建筑中的非承重内隔墙
⑤舒乐舍板墙	具有强度高、自重轻、保温隔热、防火及抗震等良好的综合性能。 适用：框架建筑的围护外墙及轻质内墙、承重的外保温复合外墙的保温层、低层框架的承重墙和屋面板等

2）隔墙。

隔墙是分隔室内空间的非承重构件。设计应使隔墙自重轻、厚度薄、便于安装和拆卸，有一定的隔声能力，同时还要能够满足特殊使用部位（如厨房、卫生间等）的防火、防水、防潮等要求

①块材隔墙	块材隔墙是用普通砖、空心砖、加气混凝土等块材砌筑而成的。普通砖隔墙一般采用半砖（120mm）隔墙。 目前最常用的是加气混凝土块、粉煤灰硅酸盐砌块、水泥炉渣空心砖等砌筑的隔墙。隔墙厚度由砌块尺寸而定，一般为90~120mm
②轻骨架隔墙	轻骨架隔墙由骨架和面层两部分组成。常用的骨架有木骨架和型钢骨架。 轻骨架隔墙的面层常用人造板材，如胶合板、纤维板、石膏板、塑料板等
③板材隔墙	单板高度相当于房间净高，面积较大，且不依赖骨架，直接装配而成。目前，采用的大多为条板，如加气混凝土条板、石膏条板、碳化石灰板，蜂窝纸板、水泥刨花板等

（2）墙体细部构造

为了保证砖墙的耐久性和墙体与其他构件的连接，应在相应的位置进行构造处理。砖墙的细部构造主要包括：

构造	内容
①防潮层	一般有油毡防潮层、防水砂浆防潮层、细石混凝土防潮层和钢筋混凝土防潮层等。 a．当室内地面均为实铺时，外墙墙身防潮层在室内地坪以下60mm处。 b．当建筑物墙体两侧地坪不等高时，在每侧地表下60mm处，防潮层应分别设置，并在两个防潮层间的墙上加设垂直防潮层。 c．当室内地面采用架空木地板时，外墙防潮层应设在室外地坪以上，地板木搁栅垫木之下
②勒脚	a．勒脚经常采用抹水泥砂浆、水刷石，或在勒脚部位将墙体加厚，或用坚固材料来砌，如石块、天然石板、人造板贴面。 b．勒脚高度一般为室内地坪与室外地坪高差，也可根据立面的需要而提高勒脚的高度尺寸
③散水和暗沟（明沟）	a．降水量大于900mm的地区应同时设置暗沟（明沟）和散水。 b．暗沟（明沟）沟底应做纵坡，坡度为0.5%～1%，坡向窨井。 c．外墙与暗沟（明沟）之间应做散水，散水宽度一般为600～1000mm，坡度为3%～5%。降水量小于900mm的地区可只设置散水
④窗台	a．外墙台有砖窗台和混凝土窗台，砖窗台有平砌挑砖和立砌挑砖两种做法，混凝土窗台一般是现场浇制而成。 b．内窗台的做法也有两种：水泥砂浆窗台和窗台板，对于装修要求高的房间，一般采用窗台板
⑤过梁	a．宽度超过300mm的洞口上部，应设置过梁。 b．过梁可直接用砖砌筑，也可用木材、型钢和钢筋混凝土制作
⑥圈梁	a．钢筋混凝土圈梁宽度一般同墙厚，墙体厚度较大时可做到墙厚的2/3，高度不小于120mm。 b．当圈梁遇到洞口不能封闭时，应在洞口上部设置截面不小于圈梁截面的附加梁，其搭接长度不小于1m，且应大于两梁高差的2倍
⑦构造柱	a．构造柱一般在墙的某些转角部位（如建筑物四周、纵横墙相交处、楼梯间转角处等）设置。 b．沿整个建筑高度贯通，并与圈梁、地梁现浇成一体。 c．施工时先砌墙并留马牙槎，随着墙体的上升，逐段浇筑混凝土
⑧变形缝	a．伸缩缝，又称温度缝，主要作用是防止房屋因气温变化而产生裂缝。其做法为：屋顶、墙体、楼层等地面以上构件全部断开，基础不必断开。宽度一般为20～30mm。 b．沉降缝。沉降缝与伸缩缝不同之处是除屋顶、楼板、墙身都要断开外，基础部分也要断开。宽度根据层数定：2～3层时可取50～80mm；4～5层时可取80～120mm；5层以上时不应小于120mm。 c．防震缝。防震缝一般从基础顶面开始，沿房屋全高设置。宽度按地震烈度来定：一般多层砌体建筑的缝宽取50～100mm；多层钢筋混凝土结构建筑，高度15m及以下时，缝宽为70mm；当建筑高度超过15m时，按烈度增大缝宽

续表

构造	内容
⑨烟道与通风道	a．烟道道口靠墙下部，距楼地面600～1000mm。 b．通风道道口靠墙上方，比楼板低约300mm。 c．烟道与通风道宜设于室内十字形或丁字形墙体交接处，不宜设在外墙内。 d．烟道与通风道不能共用，以免串气

（3）墙体保温隔热

外墙的保温构造，按其保温层所在的位置不同，分为单一保温外墙、内保温外墙、外保温外墙和夹芯保温外墙四种类型，见图1－12。

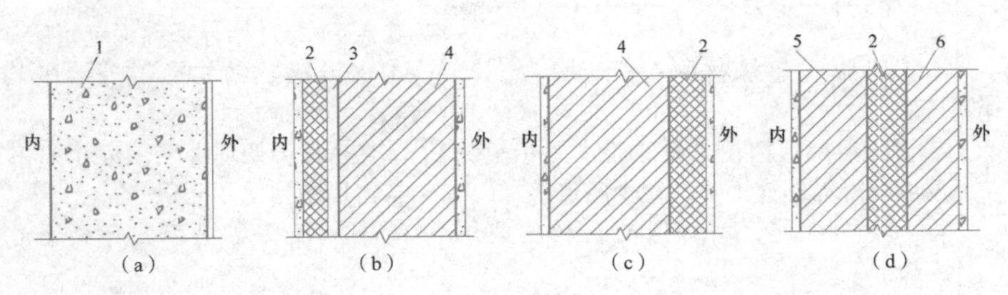

图1－12　外墙保温结构的类型

（a）单一保温外墙；（b）内保温外墙；（c）外保温外墙；（d）夹芯保温外墙

1—主体结构兼保温材料；2—保温材料；3—空气层；4—主体结构；5—内层墙体；6—外层墙体

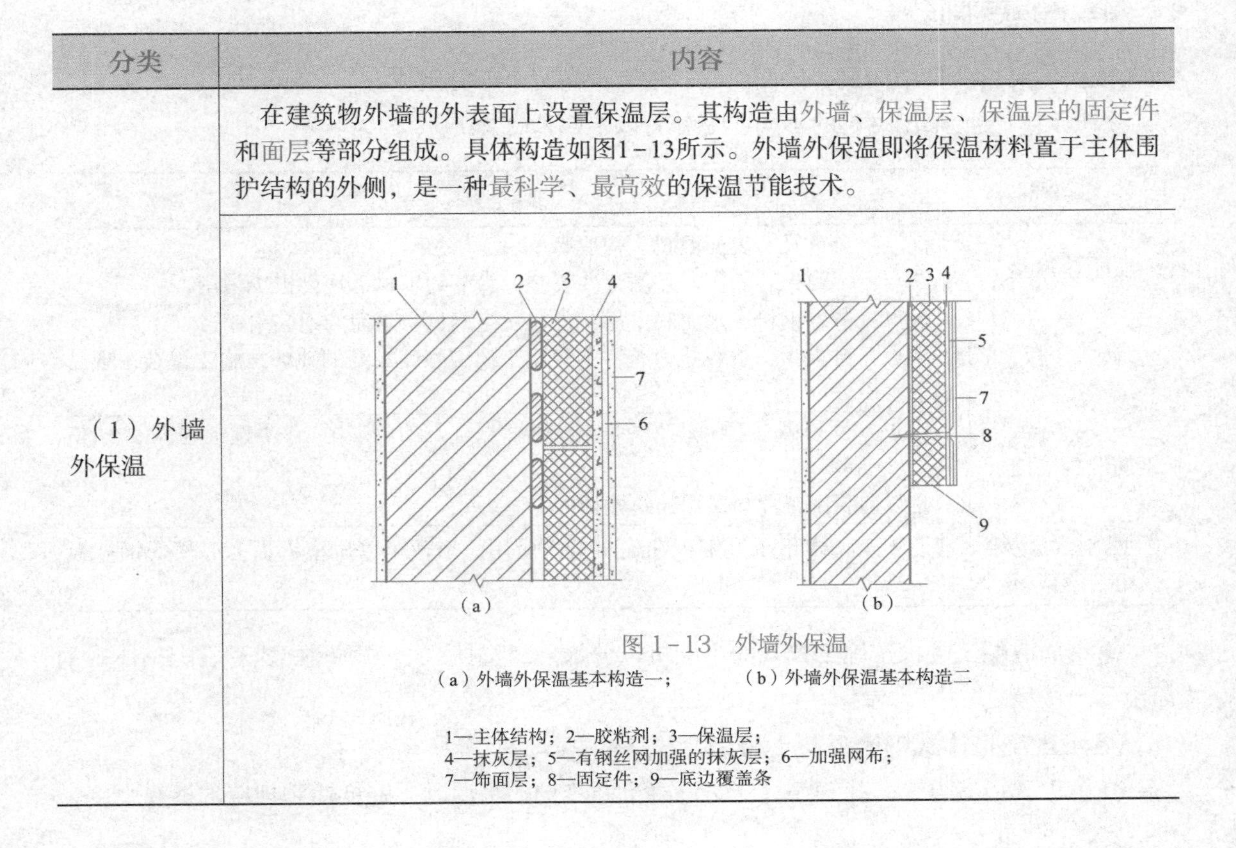

分类	内容
（1）外墙外保温	在建筑物外墙的外表面上设置保温层。其构造由外墙、保温层、保温层的固定件和面层等部分组成。具体构造如图1－13所示。外墙外保温即将保温材料置于主体围护结构的外侧，是一种最科学、最高效的保温节能技术。 图1－13　外墙外保温 （a）外墙外保温基本构造一；（b）外墙外保温基本构造二 1—主体结构；2—胶粘剂；3—保温层； 4—抹灰层；5—有钢丝网加强的抹灰层；6—加强网布； 7—饰面层；8—固定件；9—底边覆盖条

续表

<table>
<tr><th>分类</th><th colspan="2">内容</th></tr>
<tr><td>（1）外墙外保温</td><td colspan="2">优点：
①不产生热桥，节能。
②室内温度稳定性提高。
③减少温度波动对墙体的破坏，保护主体结构，延长墙体使用寿命。
④可用于新、旧建筑外墙的节能改造，对居住者影响较小。
⑤施工进度快，室内装修不破坏保温层</td></tr>
<tr><td rowspan="2">（2）外墙内保温</td><td colspan="2">由主体结构与保温结构两部分组成，主体结构一般为砖砌体、混凝土墙等承重墙体，也可以是非承重的空心砌块或加气混凝土墙体。保温结构由保温板和空气层组成，常采用干作业施工，避免水分侵入变潮</td></tr>
<tr><td>优点：
①不损害建筑物原有立面造型，造价低。
②绝热层在内侧，夏季晚上，热量随温度下降而迅速下降，减少闷热感。
③耐久性好，增加保温材料的使用寿命。
④有利于安全防火。
⑤施工方便，受风、雨天影响小</td><td>缺点：（与外墙外保温优点相反）
①保温隔热效果差，外墙平均传热系数高。
②热桥保温处理困难，易出现结露现象。
③占用室内使用面积。
④不利于室内装修，包括重物钉挂困难等。
⑤不利于既有建筑的节能改造。
⑥保温层易出现裂缝</td></tr>
</table>

4. 楼板与地面

楼板主要由楼板结构层、楼面面层、板底天棚三个部分组成。

根据结构层所采用材料的不同，可分为以下四种：

分类	特点
木楼板	优点：自重轻、表面温暖、构造简单。 缺点：不耐火、隔声，且耐久性较差。为节约木材，现已极少采用
砖拱楼板	优点：节省钢材、水泥和木材，曾在缺乏钢材、水泥的地区采用过。 缺点：自重大、承载能力差，不宜用于地震烈度较高的地区，施工繁杂，现已趋于不用
钢筋混凝土楼板	优点：强度高、刚度好、耐久、防火，且具有良好的可塑性，便于机械化施工。 是目前我国工业与民用建筑楼板的基本形式
压型钢板与钢梁组合的楼板	近年来，由于压型钢板在建筑上的应用，出现了以压型钢板为底模的钢衬板楼板

◆钢筋混凝土楼板按施工方式的不同可以分为现浇整体式、预制装配式和装配整体式钢筋混凝土楼板。

（1）现浇整体式钢筋混凝土楼板

在施工现场支模，绑扎钢筋，浇筑混凝土并养护，当混凝土强度达到规定的拆模强度，拆除模板后形成的楼板，称为现浇整体式钢筋混凝土楼板。

现浇整体式钢筋混凝土楼板主要分为板式、梁板式、井字形密肋式、无梁式四种。

<table>
<tr><th>分类</th><th colspan="2">特点</th><th>适用范围</th></tr>
<tr><td rowspan="4">1）板式楼板</td><td colspan="3">整块板为同一厚度的平板。根据周边支承情况及板平面长短边边长的比值，又可把板式楼板分为单向板、双向板和悬挑板</td></tr>
<tr><td>①单向板</td><td>单向板（长短边比值大于或等于3，四边支承）仅短边受力，该方向所配钢筋为受力筋，另一方向所配钢筋（一般在受力筋上方）为分布筋</td><td rowspan="3">房屋中跨度较小的房间（如厨房、厕所、储藏室、走廊）及雨篷、遮阳等</td></tr>
<tr><td>②双向板</td><td>双向板（长短边比值小于3，四边支承）是双向受力，按双向配置受力钢筋</td></tr>
<tr><td>③悬挑板</td><td>悬挑板只有一边支承，其主要受力钢筋布置在板的上方，分布钢筋放在主要受力筋的下方，板厚为挑长的1/35，且根部厚度不小于80mm。由于悬挑板的根部与端部承受弯矩不同，悬挑板的端部厚度比根部厚度要小些</td></tr>
<tr><td>2）梁板式楼板</td><td colspan="2">a．主梁沿房屋的短跨方向布置，经济跨度为5～8m。
b．次梁与主梁垂直，主梁间距为次梁的跨度。次梁跨度为4～6m。
c．板支承在次梁上，其短边跨度为次梁的间距，一般为1.7～3.0m。
d．梁和板搁置在墙上，应满足，次梁搁置长度为240mm，主梁的搁置长度为370mm</td><td>梁板式楼板由主梁、次梁（肋）、板组成。当房屋的开间、进深较大，楼面承受的弯矩较大，常采用这种楼板</td></tr>
<tr><td>3）井字形密肋式楼板</td><td colspan="2">没有主梁，都是次梁（肋），且肋与肋间的跨距较小，通常只有1.5～3.0m，肋高也只有180～250mm，肋宽120～200mm</td><td>房间平面形状近似正方形；跨度10m以内时采用；如门厅、会议厅</td></tr>
<tr><td>4）无梁式楼板</td><td colspan="2">平面尺寸较大的房间或门厅，也可以不设梁，直接将板支承于柱上。无梁式楼板分为无柱帽和有柱帽两种类型。当荷载较大时，为避免楼板太厚，应采用有柱帽无梁楼板，以增加板在柱上的支承面积。无梁式楼板的柱网一般布置成方形或矩形，以方形柱网较为经济，跨度一般不超过6m，板厚通常不小于120mm</td><td>这种楼板比较适用于荷载较大、管线较多的商店和仓库等</td></tr>
</table>

（2）预制装配式钢筋混凝土楼板

预制装配式钢筋混凝土楼板是在工厂或现场预制好的楼板，然后人工或机械吊装到房屋上经坐浆灌缝而成。目前，经常选用的有普通型和预应力型两类。

分类	特点
1）普通型	普通板就是把受力钢筋置于板底，并保证其有足够的保护层，浇筑混凝土，并经养护而成。普通板在建筑物中仅用作小型配件

续表

分类	特点	
2）预应力型	预应力钢筋混凝土楼板常采用先张法。与普通型钢筋混凝土构件相比，预应力钢筋混凝土构件可节约钢材30%～50%，节约混凝土10%～30%	
	①实心平板	跨度一般较小，不超过2.4m，如做成预应力构件，跨度可达2.7m。 板厚一般为板跨的1/30，即50～100mm，宽度为600mm或900mm
	②槽形板	槽形板由四周及中部若干根肋及顶面或底面的平板组成，属于肋梁与板的组合构件。由于有肋，它的允许跨度可大些。 当肋在板下时，称为正槽板；当肋在板上时，称为反槽板。这种楼面具有保温、隔声等特点，常用于有特殊隔声、保温要求的建筑
	③空心板	空心板是将平板沿纵向抽孔而成。孔的断面有圆形、方形、长方形和长圆形等，其中以圆孔板最为常见。空心板与实心平板比较，结构变形小，抗震性能好。空心楼板具有自重小、用料少、强度高、经济等优点

（3）装配整体式钢筋混凝土楼板

装配整体式钢筋混凝土楼板是将楼板中的部分构件预制安装后，再通过现浇的部分连接成整体。这种楼板的整体性较好，可节省模板，施工速度较快。

分类	特点
1）叠合楼板	由预制板和现浇钢筋混凝土层叠合而成的装配整体式楼板。叠合楼板的预制部分，可以采用预应力实心薄板，也可采用钢筋混凝土空心板
2）密肋填充块楼板	密肋填充块楼板以陶土空心砖、矿渣混凝土空心块等作为肋间填充块，然后现浇密肋和面板

（4）地面构造

地面主要由面层、垫层和基层三部分组成，当它们不能满足使用或构造要求时，可考虑增设结合层、隔离层、找平层、防水层、隔声层、保温层等附加层。

分类	特点
1）面层	面层是地面上表面的铺筑层，也是室内空间下部的装修层。 它起着保证室内使用和装饰地面的作用
2）垫层	垫层是位于面层之下用来承受并传递荷载的部分，它起到承上启下的作用。根据垫层材料的性能，可把垫层分为刚性垫层和柔性垫层
3）基层	基层是地面的最下层，它承受垫层传来的荷载，因而要求它坚固、稳定。 实铺地面的基层为地表回填土，它应分层夯实，其压缩变形量不得超过设计允许值

（5）地面节能构造

<table>
<tr><th colspan="2">分类</th><th>特点</th></tr>
<tr><td rowspan="2">1）直接与土壤接触地面的节能构造</td><td>一般性的民用建筑</td><td>房间中部的地面可以不做保温隔热处理。但是，靠近外墙四周边缘部分的地面必须进行保温处理。常见的保温构造方法是在距离外墙周边2m的范围内设保温层，如图1－14所示 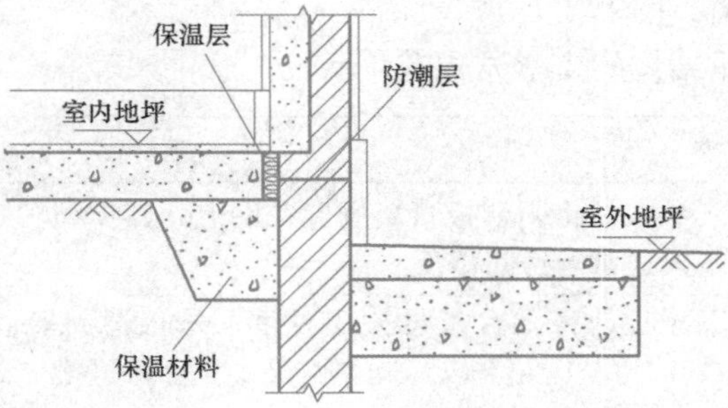
图1－14　外墙周边地面的保温构造</td></tr>
<tr><td>特别寒冷的地区或保温性能要求高的建筑</td><td>可利用聚苯板对整个地面进行保温处理，见图1－15 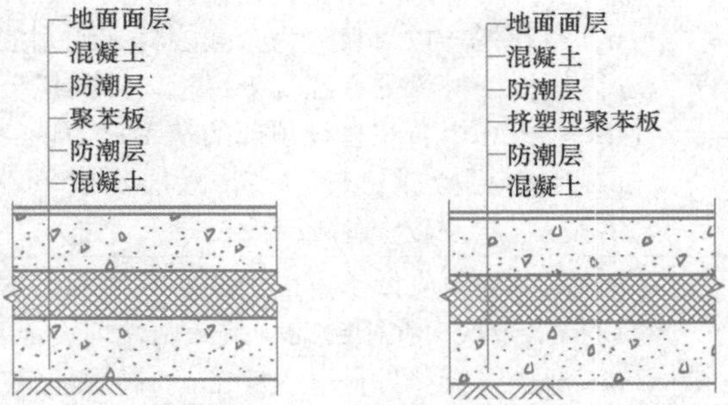
图1－15　地面的保温构造</td></tr>
<tr><td colspan="1">2）与室外空气接触地板的节能构造</td><td colspan="2">对直接与室外空气接触的地板（如骑楼、过街楼的地板）以及不采暖地下室上部的地板等，应采取保温隔热措施，使这部分地板满足建筑节能的要求。
图1－16是一种与室外空气接触地板的节能构造做法 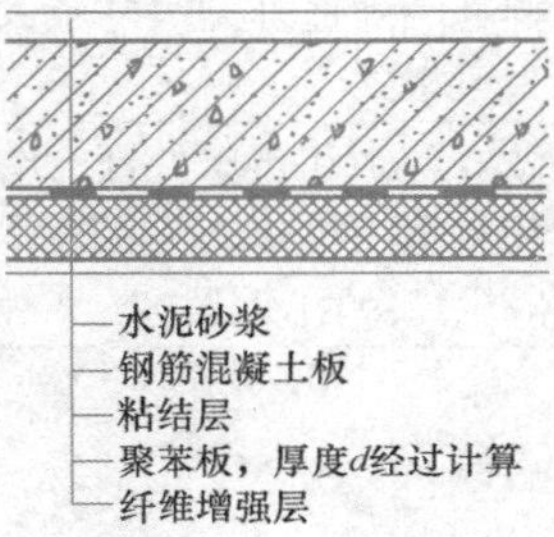
图1－16　与室外空气接触地板的节能构造</td></tr>
</table>

5. 阳台与雨篷

（1）阳台

阳台主要由阳台板和栏杆扶手组成。阳台板是承重结构，栏杆扶手是围护安全的构件。阳台按与外墙的相对位置分为挑阳台、凹阳台、半凹半挑阳台、转角阳台。

1）阳台的承重构件

阳台承重结构的支承方式有墙承式、悬挑式等。

分类	特点	适用范围
①墙承式	是将阳台板直接搁置在墙上，其板型和跨度通常与房间楼板一致	这种支承方式结构简单，施工方便，多用于凹阳台
②悬挑式	是将阳台板悬挑出外墙。一般悬挑长度为1.0～1.5m，以1.2m左右最常见。按悬挑方式不同有挑梁式和挑板式	用于挑阳台或半凹半挑阳台

2）阳台的细部构造

分类	特点
①阳台栏杆与扶手	a．栏杆的形式可分为空花栏杆、实心栏杆和混合栏杆三种。 b．空花栏杆按材料分为金属栏杆和预制混凝土栏杆两种。 c．栏板按材料分有混凝土栏板、砖砌栏板等。混凝土栏板有现浇和预制两种。 d．栏板和组合式栏杆顶部的扶手多为现浇或预制钢筋混凝土扶手。 e．阳台栏板或栏杆净高，六层及以下不应低于1.05m；七层及以上不应低于1.10m。七层及以上住宅和寒冷、严寒地区住宅宜采用实体栏板
②阳台排水处理	a．阳台地面应低于室内地面30～50mm，并应沿排水方向做排水坡，阳台板的外缘设挡水边坎，在阳台的一端或两端埋设泄水管直接将雨水排出。 b．泄水管管口外伸至少80mm。高层建筑应将雨水导入雨水管排出

（2）雨篷

分类	特点
1）雨篷构造	雨篷是设置在建筑物外墙出入口的上方用以挡雨，并有一定装饰作用的水平构件。雨篷多为悬挑式，其悬挑长度一般为0.9～1.5m。按结构形式不同，雨篷有板式和梁板式两种。当雨篷外伸尺寸较大时，其支承方式可采用立柱式，立柱式雨篷的结构形式多为梁板式
2）雨篷排水	雨篷顶面应做好防水和排水处理。雨篷顶面通常采用柔性防水。雨篷表面的排水有无组织排水和有组织排水。为保证雨篷排水通畅，雨篷上表面向外侧或向滴水管处或向地漏处应做1%的排水坡度

6. 楼梯

楼梯是建筑物内竖向交通和人员紧急疏散的主要交通设施。楼梯的宽度、坡度和踏步级数都应满足人们通行和搬运家具、设备的要求。楼梯应设在明显易找和通行方便的地方，以便在紧急情况下能迅速安全地将室内人员疏散到室外。

（1）楼梯的组成

楼梯一般由楼梯段、楼梯平台、栏杆与扶手组成。

分类	特点
①楼梯段	楼梯段是联系两个不同标高平台的倾斜构件。梯段的踏步步数一般不宜超过18级，且一般不宜少于3级，以防行走时踩空
②楼梯平台	楼梯平台按平台所处位置和高度不同，有中间平台和楼层平台之分。楼梯梯段净高不宜小于2.20m，楼梯平台过道处的净高不应小于2m
③栏杆与扶手	栏杆是布置在楼梯梯段和平台边缘处有一定安全保障度的围护构件。 扶手一般附设于栏杆顶部，供依扶用。扶手也可附设于墙上，称为靠墙扶手

民用建筑构造思维导图（1）

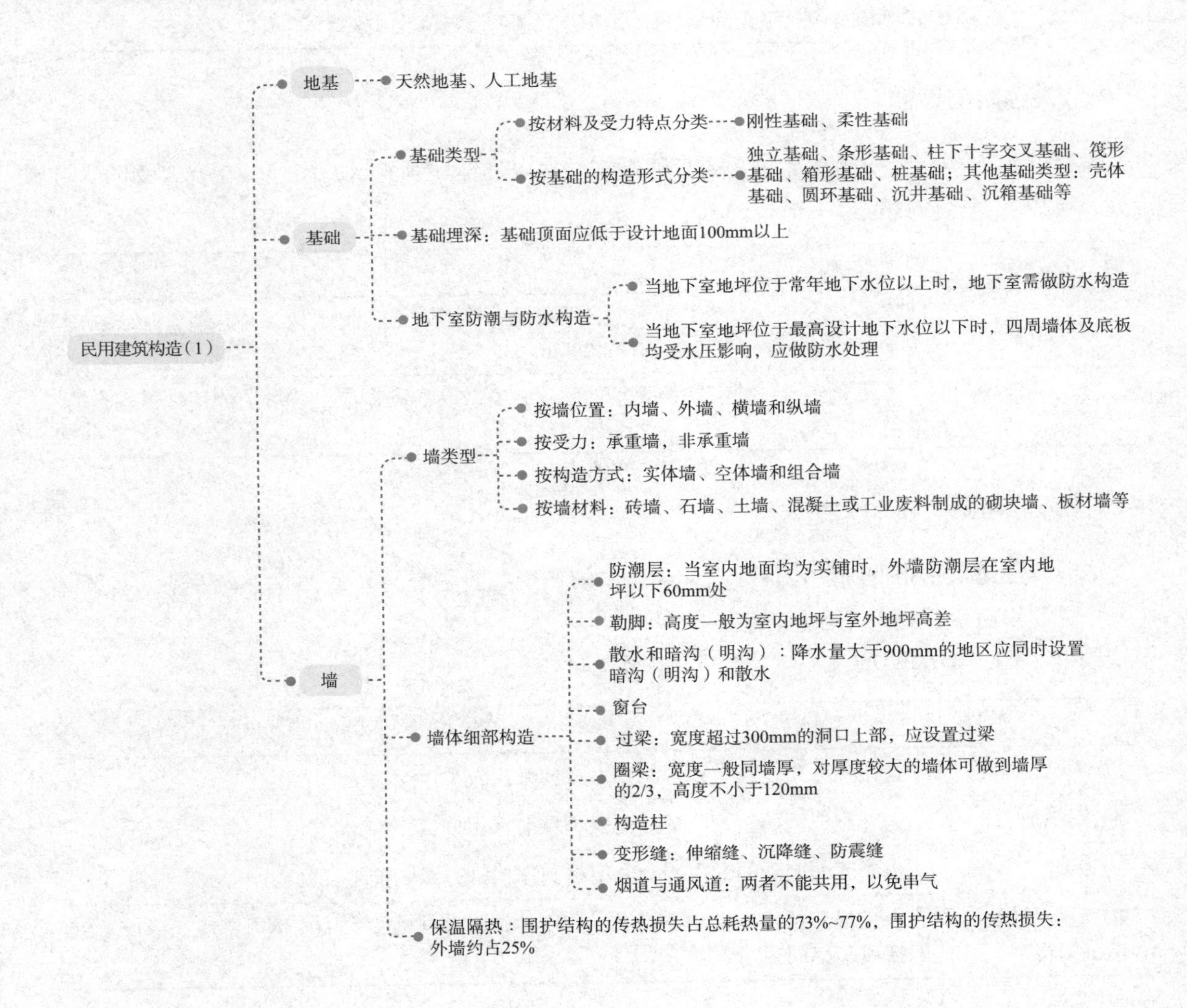

（2）钢筋混凝土楼梯构造

钢筋混凝土楼梯按施工方法不同，主要有现浇整体式和预制装配式两类。

分类		内容
1）现浇整体式钢筋混凝土楼梯	①板式楼梯	板式楼梯的梯段是一块斜放的板，它通常由梯段板、平台梁和平台板组成。 适用：当梯段跨度不大时采用
	②梁式楼梯	梁式楼梯段由斜梁和踏步板组成。 适用：当荷载或梯段跨度较大时，采用梁式楼梯比较经济
2）预制装配式钢筋混凝土楼梯	①小型构件装配式楼梯	是将梯段、平台分割成若干部分，分别预制成小构件装配而成。按照预制踏步的支承方式，分为悬挑式、墙承式、梁承式三种
	②中型及大型构件装配式楼梯	一般由楼梯段和带有平台梁的休息平台板两大构件组合而成，楼梯段直接与楼梯休息平台梁连接，楼梯的栏杆与扶手在楼梯结构安装后再进行安装
	③大型构件装配式楼梯	是将楼梯段与休息平台一起组成一个构件，每层由第一跑及中间休息平台和第二跑及楼层休息平台板两大构件组合而成

7. 台阶与坡道

因建筑物构造及使用功能的需要，建筑物的室内外地坪有一定的高差，在建筑物的入口处，可以选择台阶或坡道来衔接。

分类	内容
①室外台阶	室外台阶一般包括踏步和平台两部分。台阶的坡度应比楼梯小，通常踏步高度为100～150mm，宽度为300～400mm
②坡道	考虑车辆通行或有特殊要求的建筑物室外台阶处，应设置坡道或用坡道与台阶的组合

8. 门与窗

门窗是建筑物中的围护构件。门在建筑中的作用主要是交通联系，并兼有采光、通风之用；窗的作用主要是采光和通风。

（1）门、窗的类型

分类	内容
1）木门窗	选用优质松木或杉木等制作。目前采用较少
2）钢门窗	由轧制成型的型钢经焊接而成。目前采用较少
3）铝合金门窗	由经表面处理的专用铝合金型材制作构件，经装配组合制成
4）塑料（钢、铝）门窗	由工程塑料经注模制作而成。一般在塑料型材内腔中加入钢或铝等，形成塑钢门窗或塑铝门窗

续表

分类	内容
5）钢筋混凝土门窗	主要是用预应力钢筋混凝土做门窗框，门窗扇由其他材料制作

（2）门、窗的构造组成

分类	内容
1）门的构造组成	①一般门的构造主要由门樘和门扇两部分组成。 ②为了通风采光，可在门的上部设腰窗（俗称上亮子），其构造同窗扇。 ③门框与墙间的缝隙常用木条盖缝，称为门头线，俗称贴脸。 ④门上还有五金零件，常见的有铰链、门锁、插销、拉手、停门器、风钩等
2）窗的构造组成	①窗主要由窗樘（又称窗框）和窗扇两部分组成。 ②窗扇与窗框用五金零件连接，常用五金件有铰链、风钩、插销、拉手及导轨、滑轮等。 ③窗框与墙的连接处，为满足不同的要求，有时加有贴脸、窗台板、窗帘盒等

（3）门、窗的尺寸

分类	内容
1）门的尺寸	①最小宽度700mm（住宅厕所、浴室），卧室常取900mm，厨房可取800mm，住宅入户门、普通教室、办公室常取1000mm。 ②当房间使用人数超过50人，面积超过60㎡时，至少需设两个门。 ③影剧院的观众厅、体育馆的比赛大厅等，门的数量和总宽度应按每100人600mm宽计算，分别设双扇外开门于通道外，且每扇门宽度不应小于1400mm
2）窗的尺寸	①一般平开木窗的窗扇高度为800～1200mm，宽度不宜大于500mm。 ②上下悬窗的窗扇高度为300～600mm；中悬窗窗扇高度不宜大于1200mm，宽度不宜大于1000mm。 ③推拉窗高、宽均不宜大于1500mm

（4）门、窗的节能

门窗是建筑节能的重要部位，提高建筑门窗的节能效率应从改善门窗的保温隔热性能和加强门窗的气密性两个方面进行。

分类	内容
1）窗户节能	①控制窗户的面积。②提高窗的气密性。③减少窗户传热
2）门的节能	门的保温隔热性能与门框、门扇的材料和构造类型有关。 ①入户门。 根据我国建筑节能设计标准，不同气候地区应选择不同保温性能的入户门。 ②阳台门。 阳台门有落地玻璃阳台门和由门芯板及玻璃组合形成的阳台门两种类型。 落地玻璃阳台门的节能设计可将其看作外窗来处理；门芯板及玻璃组合形成的阳台门，玻璃部分按外窗处理，阳台门下部的门芯板应采取保温隔热措施

续表

分类	内容
3）建筑遮阳	窗户遮阳板根据其外形可分为水平遮阳、垂直遮阳、综合遮阳和挡板遮阳四种基本形式，如图1-17所示。每个窗口应采取哪种形式遮阳，应根据建筑物窗口的朝向合理选择 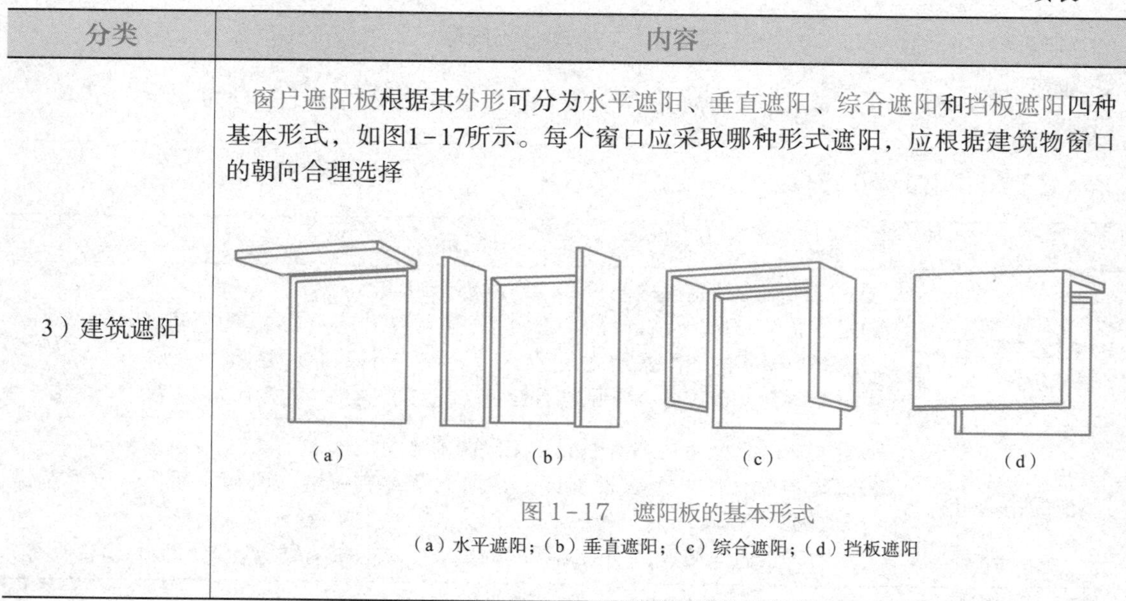 （a）　（b）　（c）　（d） 图1-17　遮阳板的基本形式 （a）水平遮阳；（b）垂直遮阳；（c）综合遮阳；（d）挡板遮阳

9. 屋顶

屋顶是房屋最上层起承重和覆盖作用的构件。

◆作用：防御自然界的风、雨、雪、太阳辐射热和冬季低温等的影响，承受自重及风、沙、雨、雪等荷载及施工或屋顶检修人员的活荷载，对建筑外形的美观起着重要的作用。

◆构造：屋顶（从下到上）主要由结构层、找坡层、隔热层（保温层）、找平层、结合层、防水层、保护层等部分组成。

保护层
防水层
结合层
找平层
保温层
找坡层
隔汽层
找平层
结构层

图1-18　平屋顶构造

屋顶的构造简图，如图1-18所示。

（1）屋顶的类型

由于地域、自然环境、屋面材料、承重结构的不同，屋顶的类型也很多，大致可分为平屋顶、坡屋顶和曲面屋顶三大类。

分类	内容
①平屋顶	是指屋面坡度在10%以下的屋顶，最常用的排水坡度为2%～3%。 特点：这种屋顶具有屋面面积小、构造简便的特点，但需要专门设置屋面防水层
②坡屋顶	是指屋面坡度在10%以上的屋顶。包括单坡、双坡、四坡、歇山式、折板式等多种形式。 特点：这种屋顶的屋面坡度大，屋面排水速度快
③曲面屋顶	屋顶为曲面，如球形、悬索形、鞍形等。 特点：这种屋顶施工工艺较复杂，但外部形状独特

（2）平屋顶的构造

1）平屋顶的排水

构造	排水方式的选择
使屋面排水通畅，平屋顶应设置不小于1%的屋面坡度。这种坡度可以通过材料找坡和结构起坡两种方法形成。材料找坡的坡度宜为2%。结构找坡的坡度宜为3%	①屋面排水方式的选择，应根据建筑物屋顶形式、气候条件、使用功能等因素确定。屋面排水方式可分为有组织排水和无组织排水。 ②高层建筑屋面宜采用内排水；多层建筑屋面宜采用有组织外排水；低层建筑及檐高小于10m的屋面可采用无组织排水。多跨及汇水面积较大的屋面宜采用天沟排水，天沟找坡较长时，宜采用中间内排水和两端外排水。 ③屋面落水管的布置数量与屋面集水面积大小、每小时最大降雨量、排水管管径等因素有关

2）平屋顶柔性防水

屋面防水工程应根据建筑物的类别、重要程度、使用功能要求确定防水等级，并按相应等级进行防水设计。对防水有特殊要求的建筑屋面，应进行专项防水设计。屋面防水等级和设防要求应符合表1-1的规定。（记表格）

屋面防水等级和设防要求 表1-1

防水等级	建筑类别	设防要求	具体做法
Ⅰ级	重要建筑和高层建筑	两道	卷材防水层和卷材防水层；卷材防水层和涂膜防水层；复合防水层
Ⅱ级	一般建筑	一道	卷材防水层；涂膜防水层；复合防水层

◆柔性防水屋面可采用卷材防水、涂膜防水或复合防水。

<table>
<tr><th>分类</th><th>内容</th></tr>
<tr><td>①找平层</td><td>卷材、涂膜的基层宜设找平层，找平层设置在结构层或保温层上面，常用15～25mm厚的1：3～1：2.5水泥砂浆，或用C20的细石混凝土。找平层厚度和技术要求应符合表1-2的规定。

找平层厚度及技术要求 表1-2
<table>
<tr><th>找平层分类</th><th>适用的基层</th><th>厚度（mm）</th><th>技术要求</th></tr>
<tr><td rowspan="2">水泥砂浆</td><td>整体现浇混凝土板</td><td>15~20</td><td rowspan="2">1：2.5水泥砂浆</td></tr>
<tr><td>整体材料保温层</td><td>20~25</td></tr>
<tr><td rowspan="2">细石混凝土</td><td>装配式混凝土板</td><td rowspan="2">30~35</td><td>C20混凝土宜加钢筋网</td></tr>
<tr><td>板状材料保温板</td><td>C20混凝土</td></tr>
</table>
a．保温层上的找平层应留设分格缝，缝宽宜为5～20mm，纵横缝的间距不宜大于6m。
b．基层转角处应抹成圆弧形，其半径不小于50mm。
c．找平层表面平整度的允许偏差为5mm。
d．分格缝处应铺设带胎体增强材料的空铺附加层，其宽度为200～300mm</td></tr>
</table>

续表

<table>
<tr><th>分类</th><th>内容</th></tr>
<tr><td>②结合层</td><td>当采用水泥砂浆及细石混凝土为找平层时，为了保证防水层与找平层能更好地粘结，采用沥青为基材的防水层</td></tr>
<tr><td>③卷材防水屋面</td><td>防水卷材应铺设在表面平整、干燥的找平层上。目前卷材防水使用较多的是合成高分子防水卷材和高聚物改性沥青防水卷材，其最小厚度见表1-3。

每道卷材防水层最小厚度（mm） 表1-3
<table>
<tr><th rowspan="2">防水等级</th><th rowspan="2">合成高分子防水卷材</th><th colspan="3">高聚物改性沥青防水卷材</th></tr>
<tr><th>聚酯胎、玻纤胎、聚乙烯胎</th><th>自粘聚酯胎</th><th>自粘无胎</th></tr>
<tr><td>Ⅰ级</td><td>1.2</td><td>3.0</td><td>2.0</td><td>1.5</td></tr>
<tr><td>Ⅱ级</td><td>1.5</td><td>4.0</td><td>3.0</td><td>2.0</td></tr>
</table>
为了防止屋面防水层出现龟裂现象，构造上常在屋面结构层上的找平层表面做隔气层，阻断水蒸气向上渗透</td></tr>
<tr><td>④涂膜防水屋面</td><td>涂膜防水屋面是在屋面基层上涂刷防水涂料，经固化后形成一层有一定厚度和弹性的整体涂膜，从而达到防水目的的一种防水屋面形式。涂膜防水屋面的构造如图1-19所示。

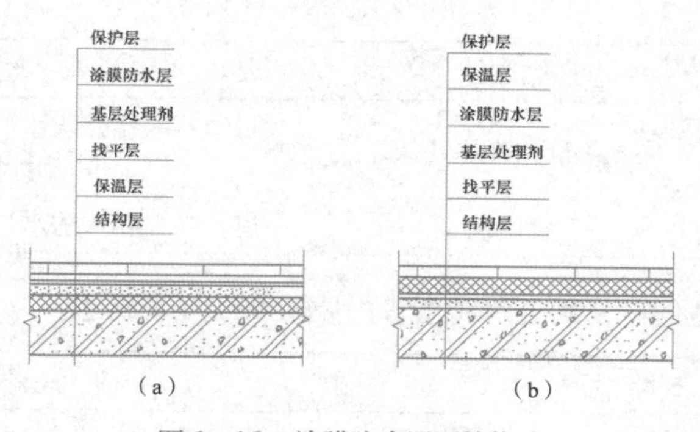

图1-19 涂膜防水屋面的构造
（a）正置式涂膜屋面；（b）倒置式涂膜屋面

按防水层和隔热层的设置关系，涂膜防水屋面可分为正置式涂膜屋面和倒置式涂膜屋面。
a．正置式涂膜屋面（传统屋面构造做法）为保温隔热层在防水层的下面。
b．倒置式涂膜屋面是保温隔热层在防水层的上面。
涂膜的分类（按成膜物质）：分为聚合物水泥防水涂膜、高聚物改性沥青防水涂膜和合成高分子防水涂料膜等。涂膜防水层平均厚度应符合设计要求，且最小厚度不得小于设计厚度的80%。每道涂膜的最小厚度见表1-4。

每道涂膜防水层最小厚度规定（mm） 表1-4
<table>
<tr><th>防水等级</th><th>合成高分子防水涂膜</th><th>聚合物水泥防水涂膜</th><th>高聚物改性沥青防水涂膜</th></tr>
<tr><td>Ⅰ级</td><td>1.5</td><td>1.2</td><td>2.0</td></tr>
<tr><td>Ⅱ级</td><td>2.0</td><td>2.0</td><td>3.0</td></tr>
</table></td></tr>
</table>

续表

分类	内容
⑤复合防水屋面	由彼此相容的卷材和涂料组合而成的防水层称作复合防水层。复合防水层厚度见表1-5。

复合防水层最小厚度规定（mm） 表1-5

防水等级	合成高分子防水卷材+合成高分子防水涂膜	自粘聚合物改性沥青防水卷材（无胎）+合成高分子防水涂膜	高聚物改性沥青防水卷材+高聚物改性沥青防水涂膜	聚乙烯丙纶卷材+聚合物水泥防水胶结材料
Ⅰ级	1.2+1.5	1.5+1.5	3.0+2.0	（0.7+1.3）×2
Ⅱ级	1.0+1.0	1.2+1.0	3.0+1.2	0.7+1.3

分类	内容
⑥保护层	保护层是防水层上表面的构造层，可以防止太阳光的辐射而致防水层过早老化。块体材料、水泥砂浆、细石混凝土保护层与卷材、涂膜防水层之间，应设置隔离层
⑦平屋顶防水细部构造	屋面细部构造包括檐口、檐沟和天沟、女儿墙和山墙、水落口、变形缝等。檐口、檐沟外侧下端及女儿墙压顶内侧下端等部位做滴水处理，滴水槽宽度和深度不宜小于10mm

3）平屋顶的保温、隔热

保温层是指减少屋面热交换作用的构造层。隔热层是指减少太阳辐射热向室内传递的构造层。保温层分为板状材料、纤维材料、整体材料三种类型，隔热层分为种植、架空、蓄水三种形式。

平屋顶的节能措施	①屋顶的保温、隔热要求应符合现行国家标准《屋面工程技术规范》GB 50345的规定	
	②屋顶保温层的构造方式有正置式和倒置式两种，平屋顶应优先采用倒置式	
	③平屋顶均可在屋顶设置架空通风隔热层或布置屋顶绿化，以提高屋顶的通风和隔热效果	
	④在室内空气湿度常年大于80%的地区，吸湿性保温材料不宜用于封闭式保温层	
平屋顶的节能构造	①高效保温材料节能屋顶构造	选用高效轻质的保温材料，保温层为实铺
	②架空型保温节能屋顶构造	当采用混凝土板架空隔热层时，屋面坡度不宜大于5%。架空隔热层的高度宜为180～300mm，架空板与女儿墙的距离不应小于250mm
	③保温、找坡结合型保温节能屋顶构造	用浮石砂或蛭石做保温与找坡相结合的构造层，保温层厚度要经过节能计算，并形成2%的排水坡度

（3）坡屋顶的构造

构造	图例
坡屋顶是指屋面坡度在10%以上的屋顶。 屋面构造主要由屋顶天棚、承重结构层及屋面面层组成。 必要时还应增设保温层、隔热层等，如图1-20所示	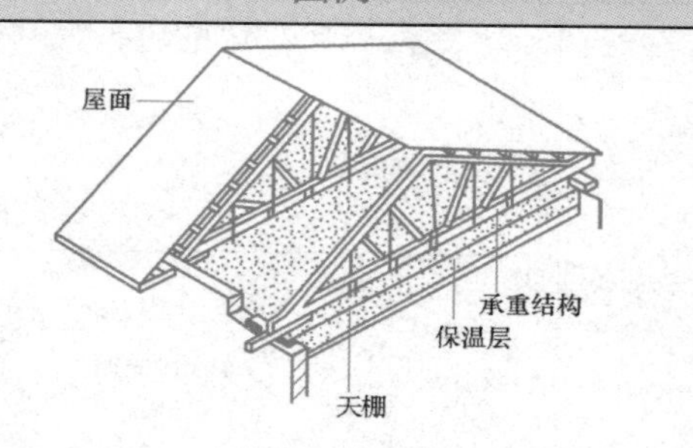 图1-20　坡屋顶的构造

1）坡屋顶的承重结构

分类	构造	图例
①砖墙承重	砖墙承重（图1-21a）又叫硬山搁檩，是将房屋的内外横墙砌成尖顶状，在上面直接搁置檩条来支承屋面的荷载。砖墙承重结构体系适用于开间较小的房屋	（a） 图1-21　坡屋顶的承重结构方式 （a）砖墙承重
②屋架承重	屋顶上搁置屋架，用来搁置檩条以支承屋面荷载，称为屋架承重（图1-21b）。通常屋架搁置在房屋的纵向外墙或柱上，使房屋有一个较大的使用空间。屋架的形式较多，有三角形、梯形、矩形、多边形等	（b） 图1-21　坡屋顶的承重结构方式 （b）屋架承重
③梁架结构	民间传统建筑多采用由木柱、木梁、木坊构成的梁架结构（图1-21c），又称为穿斗结构	（c） 图1-21　坡屋顶的承重结构方式 （c）梁架结构

续表

分类	构造	图例
④钢筋混凝土梁板承重	钢筋混凝土承重结构层按施工方法分类，有现浇钢筋混凝土梁和屋面板，以及预制钢筋混凝土屋面板直接搁置在山墙上或屋架上两种方法。 对于空间跨度不大的民用建筑，钢筋混凝土折板结构（图1-22）是坡屋顶建筑使用较为普遍的一种结构形式	钢筋混凝土折板 图1-22　钢筋混凝土折板结构

2）坡屋顶屋面

分类	内容
①平瓦屋面	平瓦有水泥瓦和黏土瓦两种。 为了保证瓦屋面的防水性，平瓦屋面下必须做一道防水垫层，与瓦屋面共同组成防水层。 防水垫层最小厚度和搭接宽度应符合表1-6的规定。 防水垫层的最小厚度和搭接宽度（mm）　表1-6 防水垫层品种 / 最小厚度 / 搭接宽度 自粘聚合物沥青防水垫层 / 1.0 / 80 聚合物改性沥青防水垫层 / 2.0 / 100 为保证有效排水，烧结瓦、混凝土瓦屋面的坡度不得小于30%，沥青瓦屋面的坡度不得小于20%。在屋脊处需盖上鞍形脊瓦，在屋面天沟下需放上镀锌铁皮，以防漏水
②波形瓦屋面	波形瓦屋面包括水泥石棉波形瓦、钢丝网水泥瓦、玻璃钢瓦、钙塑瓦、金属钢板瓦、石棉菱苦土瓦等
③小青瓦屋面	小青瓦屋面在我国传统房屋中采用较多，目前有些地方仍然采用。小青瓦断面呈弧形，尺寸及规格不统一。铺设时可分别将小青瓦仰俯铺排，覆盖成垄

防水垫层的最小厚度和搭接宽度（mm）　表1-6

防水垫层品种	最小厚度	搭接宽度
自粘聚合物沥青防水垫层	1.0	80
聚合物改性沥青防水垫层	2.0	100

3）坡屋面的细部构造

构造	内容
①檐口	坡屋面的檐口式样主要有两种：一种是挑出檐口，要求挑出部分的坡度与屋面坡度一致；另一种是女儿墙檐口，要做好女儿墙内侧的防水，以防渗漏
②山墙	双坡屋面的山墙有硬山和悬山两种。硬山是指山墙与屋面等高或高于屋面女儿墙。悬山是把屋面挑出山墙之外

续表

构造	内容
③斜天沟	坡屋面的房屋平面形状有凸出部分，屋面上会出现斜天沟。构造上常采用镀锌铁皮折成槽状，依势固定在斜天沟下的屋面板上，作为防水层
④烟囱泛水构造	烟囱四周应做泛水，以防雨水的渗漏，有两种做法：一种做法是镀锌铁皮泛水，将镀锌铁皮固定在烟囱四周的预埋件上，向下披水。在靠近屋脊的一侧，铁皮伸入瓦下，在靠近檐口的一侧，铁皮盖在瓦面上。另一种做法是用水泥砂浆或水泥石灰麻刀砂浆做抹灰泛水
⑤檐沟和落水管	坡屋面房屋采用有组织排水时，需在檐口处设檐沟，并布置落水管。坡屋面排水计算、落水管的布置数量、落水管、雨水斗、落水口等要求同平屋顶有关要求。坡屋面檐沟和落水管可用镀锌铁皮、玻璃钢、石棉水泥管等材料制作

4）坡屋顶的天棚及保温、隔热与通风

构造	内容
①天棚	天棚的骨架主要有：主吊顶筋（主搁栅）与屋架或檩条拉接；天棚龙骨（次搁栅）与主吊顶筋连接。按材质，天棚骨架又可分为木骨架、型钢骨架等
②保温	坡屋顶应该设置保温隔热层，当结构层为钢筋混凝土板时，保温层宜设在结构层上部。当结构层为轻钢结构时，保温层可设置在其上侧或下侧。 坡屋顶保温层和细石混凝土现浇层均应采取屋顶防滑措施。 坡屋顶常采用的保温材料有挤塑聚苯板、泡沫玻璃、膨胀聚苯板、微孔硅酸钙板硬泡聚氨酯、憎水性珍珠岩板等。 坡屋顶保温节能构造根据屋面瓦材的安装方式不同分为钉挂型和粘铺型
③隔热与通风	坡屋面的隔热与通风有两种方法： 一是把屋面做成双层，从檐口处进风，屋脊处排风。利用空气的流动，带走热量，降低屋面的温度。 二是吊顶隔热通风。吊顶层与屋面之间有较大的空间，通过在坡屋面的檐口下、山墙处或屋面上设置通风窗，使吊顶层内空气有效流通，带走热量，降低室内温度

10. 装饰构造

装饰构造的分类方法很多，这里按装饰的位置不同，可分为墙面装饰、楼地面装饰和天棚装饰。

（1）墙体饰面装修构造

按材料和施工方式的不同，常见的墙体饰面可分为抹灰类、贴面类、涂料类、裱糊类和铺钉类等。饰面装修构造一般由基层和面层组成。

构造	内容
①抹灰类	抹灰类墙面是指用石灰砂浆、水泥砂浆、水泥石灰混合砂浆、聚合物水泥砂浆、膨胀珍珠岩水泥砂浆，以及麻刀灰、纸筋灰、石膏灰等作为饰面层的装修做法。 抹灰按质量要求分为普通抹灰、中级抹灰和高级抹灰三级

续表

构造	内容
②贴面类	贴面类是指利用各种天然石材或人造板、块，通过绑、挂或直接粘贴于基层表面的饰面做法。 贴面材料：瓷砖、陶瓷面砖、马赛克，以及水磨石、水刷石、剁斧石等水泥预制板和天然的花岗石、大理石板等。 室内装修：用瓷砖、大理石板等。室外装修：陶瓷面砖、马赛克、花岗石板等
③涂料类	涂料类是指利用各种涂料敷于基层表面，形成完整牢固的膜层，保护墙面和美化墙面的一种饰面做法。 优点：造价低、装饰性好、工期短、工效高、自重轻，以及施工操作、维修、更新都比较方便等，是一种最有发展前途的装饰材料。 a．外墙涂料：应具有良好的耐久、耐冻、耐污染性能。 b．内墙涂料：除应满足装饰要求外，还应有一定的强度和耐擦洗性能。 c．炎热多雨地区：应有较好的耐水性、耐高温性和防霉性
④裱糊类	裱糊类是将各种装饰性墙纸、墙布等裱糊在墙面上的一种饰面做法。 依据面层材料分类：塑料面墙纸（PVC墙纸）、纺织物面墙纸、金属面墙纸及天然木纹面墙纸等
⑤铺钉类	铺钉类指利用天然板条或各种人造薄板借助钉、胶粘等固定方式对墙面进行的饰面做法。 a．骨架：木骨架和金属骨架，木骨架截面一般为50mm × 50mm，金属骨架多为槽形冷轧薄钢板。 b．装饰面板：有硬木条（板）、竹条、胶合板、纤维板、石膏板、钙塑板及各种吸声墙板等

（2）楼地面装饰构造

楼地面按材料形式和施工方式，可分为整体浇筑楼地面、块料楼地面、卷材楼地面和涂料楼地面。

<table>
<tr><th>构造</th><th colspan="2">内容</th></tr>
<tr><td rowspan="4">1）整体浇注楼地面</td><td colspan="2">整体浇筑楼地面是指用现场浇筑的方法做成整片的楼地面</td></tr>
<tr><td>①水泥砂浆楼地面</td><td>水泥砂浆楼地面通常是用水泥砂浆抹压而成</td></tr>
<tr><td>②水磨石楼地面</td><td>水磨石楼地面是用水泥作胶结材料，大理石或白云石等中等硬度石料的石屑作骨料形成的水泥石屑浆，经浇抹硬结后磨光打蜡而成。
常用于人流量较大的交通空间和房间</td></tr>
<tr><td>③菱苦土楼地面</td><td>菱苦土楼地面是用菱苦土、锯末、滑石粉和矿物颜料干拌均匀后，加入氯化镁溶液调制成胶泥，铺抹压光，硬化稳定，磨光打蜡而成。
不宜用于经常有水存留及地面温度经常处在35℃以上的房间</td></tr>
</table>

<table>
<tr><th>构造</th><th colspan="2">内容</th></tr>
<tr><td rowspan="5">2）块料楼地面</td><td colspan="2">块料楼地面是指利用板材或块材铺贴而成的楼地面</td></tr>
<tr><td>①陶瓷板块楼地面</td><td>用作楼地面的陶瓷板块有陶瓷锦砖和缸砖、陶瓷彩釉砖、瓷质无釉砖等各种陶瓷地砖。
适用：有水的房间以及有腐蚀性物料的房间</td></tr>
<tr><td>②石材楼地面</td><td>石材楼地面包括天然石楼地面和人造石楼地面。天然石：有大理石和花岗石等。人造石：有预制水磨石、人造大理石等，价格低于天然石</td></tr>
<tr><td>③塑料板块楼地面</td><td>塑料板块楼地面材料的种类很多。
应用最广：聚氯乙烯塑料楼地面材料</td></tr>
<tr><td>④木楼地面</td><td>木楼地面按构造方式有空铺式和实铺式两种。
空铺式：是将支承木地板的搁栅架空搁置，采用较少。
实铺式：有铺钉式和粘贴式两种做法。
优点：弹性、吸声、低吸热、易清洁。
缺点：耐火差、易腐朽、造价较高</td></tr>
<tr><td>3）卷材楼地面</td><td colspan="2">卷材楼地面是用成卷的卷材铺贴而成。
常见的卷材有软质聚氯乙烯塑料地毡、油地毡、橡胶地毡和地毯等</td></tr>
<tr><td>4）涂料楼地面</td><td colspan="2">涂料楼地面是利用涂料涂刷或涂刮而成。
涂料品种较多，有溶剂型、水溶型和水乳型等地面涂料。
踢脚线的高度一般为120～150mm</td></tr>
</table>

（3）天棚装饰构造

一般天棚多为水平式。

<table>
<tr><td>根据房间用途不同分</td><td colspan="2">弧形、凹凸形、高低形、折线形等</td></tr>
<tr><td rowspan="2">依据构造方式不同分</td><td>①直接式天棚</td><td>是指直接在钢筋混凝土楼板下喷、刷、粘贴装修材料的一种构造方式。多用于大量性工业与民用建筑中。直接式天棚装修常用的方法有直接喷、刷涂料，抹灰装修，贴面式装修</td></tr>
<tr><td>②悬吊式天棚</td><td>悬吊式天棚又称吊天花，简称吊顶。在现代建筑中，为提高建筑物的使用功能，除照明、给水排水管道、煤气管需安装在楼板层中外，空调管、灭火喷淋、感知器、广播设备等管线及其装置，均需安装在天棚上。
吊顶依据所采用材料、装修标准以及防火要求的不同，有木质骨架和金属骨架两种</td></tr>
</table>

民用建筑构造思维导图（2）

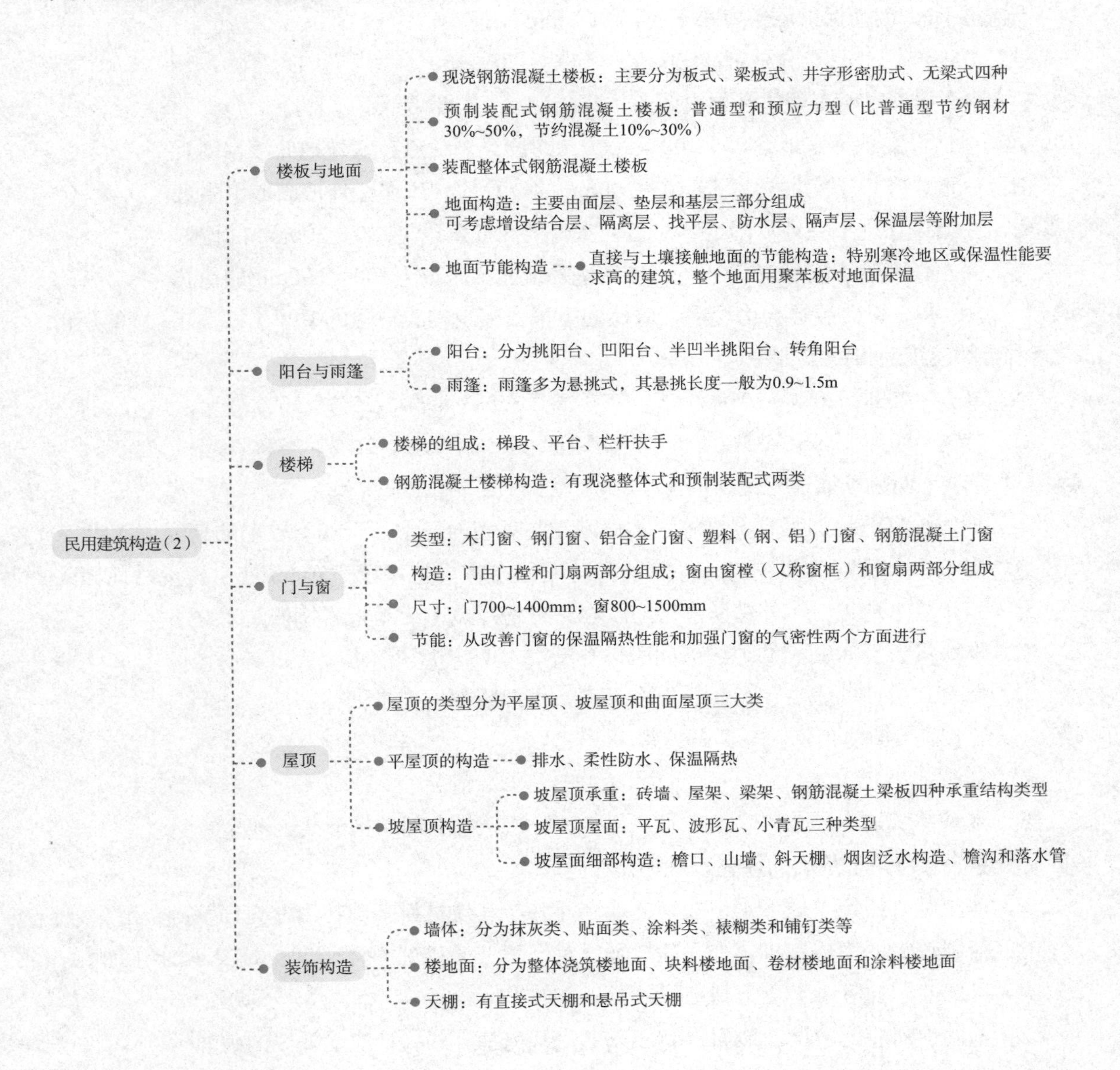

习题及答案解析

一、习题

1 【单选】**钢筋混凝土基础断面可做成锥形，最薄处高度不小于（　　）mm；也可做成阶梯形，每踏步高（　　）mm。**

A．200；300　　B．300；300 ~ 500

C．200；300 ~ 500　　D．200；100 ~ 300

❷【单选】通常情况下，钢筋混凝土基础下面设有素混凝土垫层，厚度（　　）mm左右；无垫层时，钢筋保护层不宜小于（　　）mm。

A．100；50　　B．50；100　　C．70；100　　D．100；70

❸【单选】地下室所有墙体必须设两道水平防潮层，一般是（　　）。

A．一道设在地下室地坪以上100～200mm的位置，一道在室外地面散水附近

B．一道设在地下室地坪以上150～200mm的位置，一道在室外地面散水附近

C．一道设在地下室地坪附近，一道在室外地面散水以上150～200mm的位置

D．一道设在地下室地坪附近，一道在室外地面散水以上100～200mm的位置

❹【单选】在一般砖混结构房屋中，墙体的重量占建筑物总重量的多少（　　），墙的造价占全部建筑造价的多少（　　）。

A．40%～45%，20%～30%　　B．35%～45%，25%～30%

C．35%～50%，25%～35%　　D．40%～50%，20%～35%

❺【单选】下面哪项描述是错误的（　　）。

A．加气混凝土墙如无有效措施，不得用在制品表面经常处于80℃以上的高温环境中

B．当室内地面均为实铺时，外墙墙身防潮层在室内地坪以下70mm处；当室内地面采用架空木地板时，外墙防潮层应设在室外地坪以上，地板木搁栅垫木之下

C．降水量大于900mm的地区应同时设置暗沟（明沟）和散水

D．倒置式屋面的做法，是防水层在下面，保温隔热层在上面

❻【多选】基础类型和（　　）有关系。

A．荷载大小　　B．水文情况　　C．材料种类

D．地基承载能力　　E．建筑物上部结构形式

❼【多选】下列关于基础的描述正确的是（　　）。

A．灰土基础适用于地下水位较高的地区，并与其他材料基础功用，充当基础垫层

B．荷载较大的高层基础，如土质软弱，为了增强基础的整体刚度，减少不均匀沉降，可以使用柱下十字交叉基础

C．基础顶面应低于设计地面150mm以上，避免基础外露，遭受外界的破坏

D．如地基基础软弱而荷载又很大，采用十字基础仍不能满足要求或相邻基槽距离很小时，可用钢筋混凝土做成混凝土的筏形基础

E．三合土基础一般多用于地下水位较低的6层以下的民用建筑中

二、答案与解析

❶【答案】C

【解析】本题考查的是民用建筑构造。钢筋混凝土基础断面可做成锥形，最薄处高度不小于200mm；也可做成阶梯形，每节踏步高300～500mm。

❷【答案】D

【解析】本题考查的是民用建筑构造。通常情况下，钢筋混凝土基础下面设有素混凝土垫层，厚度100mm左右；无垫层时，钢筋保护层不宜小于70mm，以保护受力钢筋不受锈蚀。

❸【答案】C

【解析】本题考查的是民用建筑构造。地下室的所有墙体都必须设两道水平防潮层：一道设在地下室地坪附近，具体位置视地坪构造而定；另一道设置在室外地面散水以上150~200mm的位置。

❹【答案】A

【解析】本题考查的是民用建筑构造。在一般砖混结构房屋中，墙体是主要的承重构件。墙体的重量占建筑物总重量的40%~45%，墙的造价占全部建筑造价的20%~30%。

❺【答案】B

【解析】本题考查的是民用建筑构造。加气混凝土砌块墙如无切实有效措施，不得用在建筑物±0.00m以下，或长期浸水、干湿交替部位以及受化学侵蚀的环境中，制品表面经常处于80℃以上的高温环境中。当室内地面均为实铺时，外墙墙身防潮层在室内地坪以下60mm处；当建筑物墙体两侧地坪不等高时，在每侧地表下60mm处，防潮层应分别设置，并在两个防潮层间的墙上加设垂直防潮层；当室内地面采用架空木地板时，外墙防潮层应设在室外地坪以上，地板木搁栅垫木之下。降水量大于900mm 的地区应同时设置暗沟（明沟）和散水。倒置式屋面的做法，是防水层在下，保温隔热层在上。

❻【答案】ABDE

【解析】本题考查的是民用建筑构造。基础的类型与建筑物上部结构形式、荷载大小、地基的承载能力，地基的地质、水文情况、材料性能等因素有关。

❼【答案】BD

【解析】本题考查的是民用建筑构造，灰土基础适用于地下水位较低的地区，并与其他材料基础共用，充当基础垫层。荷载较大的高层建筑，如土质软弱，为了增强基础的整体刚度，减少不均匀沉降，可以沿柱网纵横方向设置钢筋混凝土条形基础，形成十字交叉基础。基础顶面应低于设计地面100mm以上，避免基础外露，遭受外界的破坏。如地基基础软弱而荷载又很大，采用十字基础仍不能满足要求或相邻基槽距离很小时，可用钢筋混凝土做成混凝土的筏形基础。三合土基础一般多用于地下水位较低的4层以下的民用建筑中。

第二节　土建工程常用材料的分类、基本性能及用途

1.2.1　建筑结构材料

1. 建筑钢材

钢材具有品质稳定、强度高、塑性和韧性好 、可焊接和铆接 、能承受冲击和振动荷载等优异性能。

常用的钢材有普通碳素结构钢、优质碳素结构钢和低合金高强结构钢。

（1）常用的建筑钢材

建筑钢材可分为钢筋混凝土结构用钢、钢结构用钢和钢管混凝土结构用钢等。

<table>
<tr><th>钢材分类</th><th>类别</th><th>详细分类</th><th>牌号、特性及适用范围</th></tr>
<tr><td rowspan="10">1）钢筋混凝土结构用钢</td><td rowspan="3">①热轧钢筋</td><td>热轧光圆钢筋</td><td>HPB300</td></tr>
<tr><td>热轧带肋钢筋</td><td>普通热轧钢筋：HRB335、HRB400、HRB500
细精粒热轧钢筋：HRBF335、HRBF400、HRBF500</td></tr>
<tr><td colspan="2">◆非预应力钢筋混凝土可选用 HPB300 、HRB335 和 HRB400钢筋。
◆预应力钢筋混凝土宜选用HRB335 、HRB400 和 HRB500钢筋</td></tr>
<tr><td rowspan="3">②冷加工钢筋</td><td>冷拉热轧钢筋</td><td>冷拉可使屈服点提高，材料变脆，屈服阶段缩短，塑性、韧性降低</td></tr>
<tr><td>冷轧带肋钢筋</td><td>冷轧带肋钢筋：CRB550、CRB650、CRB800、CRB970
特点：强度高、握裹力强、节约钢材、质量稳定。
◆CRB550 钢筋用于非预应力钢筋混凝土，宜用作普通钢筋混凝土结构构件中的受力主筋、架立筋、箍筋和构造箍筋。
◆CRB650、CRB800和CRB970钢筋宜用作中、小型预应力钢筋混凝土结构构件中的受力主筋</td></tr>
<tr><td>冷拔低碳钢丝</td><td>适用：甲级用于预应力混凝土结构构件。
乙级用于非预应力混凝土结构构件</td></tr>
<tr><td>③热处理钢筋</td><td colspan="2">特点：强度高，用材省，锚固性好，预应力稳定。
适用：主要用作预应力钢筋土轨枕，也可用于预应力混凝土板、吊车梁等构件</td></tr>
<tr><td rowspan="2">④预应力混凝土用钢丝</td><td>冷拉钢丝</td><td rowspan="2">特点：强度高、柔性好。
适用：大跨度屋架、薄腹梁、吊车梁等大型构件的预应力结构</td></tr>
<tr><td>消除应力钢丝</td></tr>
<tr><td>⑤预应力混凝土钢绞线</td><td colspan="2">强度高、柔性好，与混凝土粘结性能好，多用于大型屋架、薄腹梁、大跨度桥梁等大负荷的预应力混凝土结构</td></tr>
</table>

续表

钢材分类	类别	详细分类	牌号、特性及适用范围
2）钢结构用钢	钢结构用钢是通过热、冷连轧及热处理等轧钢工艺，生产的各类型角钢、工字钢、H型钢、槽钢、等边角钢、不等边角钢等		
3）钢管混凝土结构用钢	钢管混凝土结构按截面形式分为：①矩形钢管混凝土结构；②圆钢管混凝土结构；③多边形钢管混凝土结构。前两种结构应用较广		

（2）钢材的性能

分类		技术指标	含义及特性
力学性能	1）抗拉性能	①屈服强度	对屈服现象不明显的钢，规定以0.2%残余变形时的应力$\sigma_{0.2}$作为屈服强度
		②抗拉强度	屈强比越小，反映钢材受力超过屈服点工作时的可靠性越大，因而结构的安全性越高。但屈强比太小，则反映钢材不能有效地被利用
		③伸长率	伸长率表征了钢材的塑性变形能力
	2）冲击性能	冲击性能是指钢材抵抗冲击荷载的能力，对直接承受动荷载而且可能在负温下工作的重要结构，必须进行冲击韧性检验，并选用脆性临界温度较使用温度低的钢材	
	3）硬度	硬度是指表面层局部体积抵抗较硬物体压入产生塑性变形的能力，表征值常用布氏硬度值HB表示。测试钢材硬度的方法常采用布氏法，布氏硬度数值越大，表示钢材越硬	
	4）耐疲劳性	在交变荷载反复作用下，钢材往往在应力远小于抗拉强度时发生断裂，这种现象称为钢材的疲劳破坏	
工艺性能	1）冷弯性能	冷弯性能是指钢材在常温下承受弯曲变形的能力。 冷弯时的弯曲角度越大、弯心直径越小，则表示其冷弯性能越好	
	2）焊接性能	钢材的可焊性是指焊接后在焊缝处的性质与母材性质的一致程度。 含碳量超过0.3%时，可焊性显著下降；硫含量较多时，会使焊缝处产生裂纹并硬脆，严重降低焊接质量	

（3）钢材化学成分

化学成分	特性
碳	碳是决定钢材性质的重要元素
硅	硅是钢筋中的主要合金元素
锰	低合金钢的主要合金元素
硫	硫是有害元素
磷	磷是有害元素

续表

化学成分	特性
氮	氮对钢材性质的影响与碳、磷相似
氧	氧是钢中的有害杂质
钛	钛是强脱氧剂

建筑钢材思维导图

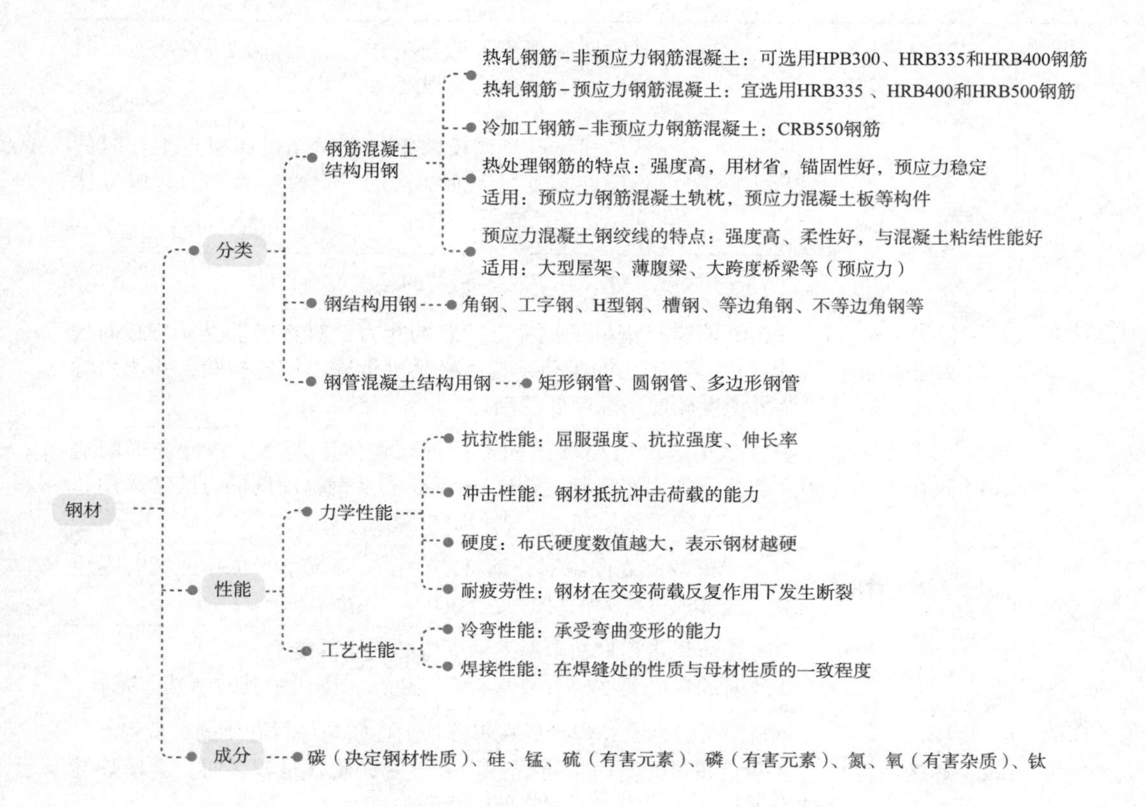

习题及答案解析

一、习题

❶【单选】综合考虑钢筋的强度、塑性、工艺性和经济性，非预应力钢筋混凝土一般不应采用（　　）。

A．CRB550钢筋　　B．HRB400钢筋

C．HRB500钢筋　　D．HPB300钢筋

2【单选】建筑钢材不包括（　　）。

A．建筑装饰用钢材制品
B．碳素结构钢
C．钢筋混凝土结构用钢
D．钢结构用钢

3【单选】建筑钢材是在严格的技术控制下生产的材料，以下不属于建筑钢材特点的是（　　）。

A．易受锈蚀，维护费用大
B．品质均匀，强度高
C．防火性能好
D．可以焊接或铆接，便于装配

4【单选】根据《冷轧带肋钢筋》GB 13788规定，预应力混凝土用钢筋牌号是CRB650、CRB800和（　　）。

A．CRB550
B．CRB600H
C．CRB680H
D．CRB800H

5【多选】常用的钢材品种有哪些（　　）。

A．优质碳素结构钢
B．普通碳素结构钢
C．普通低合金钢
D．低合金高强结构钢
E．优质低合金钢

二、答案与解析

1【答案】C

【解析】本题考查的是钢材。HRB500可用于预应力钢筋混凝土，HPB300、CRB550是非预应力钢筋，HRB400可用于预应力钢筋混凝土，也可以用于非预应力钢筋混凝土。

2【答案】B

【解析】本题考查的是钢材。建筑钢材可分为钢筋混凝土用钢、钢结构用钢和建筑装饰用钢材制品等。

3【答案】C

【解析】本题考查的是钢材。建筑钢材是在严格的技术控制下生产的材料，它的品质均匀，强度高；有一定的塑性和韧性，具有承受冲击和振动荷载的能力；可以焊接或铆接，便于装配。但易受锈蚀，维护费用大，且防火性能差。

4【答案】D

【解析】本题考查的是钢材。根据《冷轧带肋钢筋》GB 13788规定，冷轧带肋钢筋分为CRB550、CRB650、CRB800、CRB600H、CRB680H、CRB800H六个牌号。CRB550、CRB600H为普通钢筋混凝土用钢筋，CRB650、CRB800、CRB800H为预应力混凝土用钢筋，CRB680H既可作为普通钢筋混凝土用钢筋，也可作为预应力混凝土用钢筋使用。

5【答案】ABD

【解析】本题考查的是钢材。常用的钢材品种有普通碳素结构钢、优质碳素结构钢和低合金高强结构钢。

2. 无机胶凝材料

胶凝材料分类	分类	适用范围
（1）无机胶凝材料	气硬性：石灰、石膏、水玻璃	适用：干燥环境；不适用：潮湿环境，水中
	水硬性：水泥	
（2）有机胶凝材料	沥青、天然树脂或合成树脂	

（1）水泥

水泥的主要品种

名称	特性	应用范围
（1）硅酸盐水泥P·Ⅰ/P·Ⅱ	优点：早强、强度高、快硬、抗冻、耐磨 缺点：水化热高、耐腐蚀性差 初凝时间不得早于45min，终凝时间不得迟于6.5h	适用：快硬早强的工程； 不适用：大体积混凝土以及受侵蚀和压力水作用的工程
（2）普通硅酸盐水泥P·O	基本同上，但早强、抗冻、耐磨性及低温凝结速度有所下降，耐腐蚀性有所提高 初凝时间不得早于45min，终凝时间不得迟于10h	适应性强，无特殊要求的工程都可使用
（3）矿渣硅酸盐水泥P·S	优点：水化热低、抗硫酸盐腐蚀性好，蒸汽养护性能好，耐高温 缺点：早强低、抗冻差，高温保水性差，干缩大，抗碳化差	适用：地面、地下水中各种混凝土工程及高温车间建筑工程； 不适用：需要早强、冻融或干湿交替的工程
（4）火山灰硅酸盐水泥P·P	优点：保水性好、水化热低、抗硫酸盐腐蚀性好 缺点：早强低、需水性大、干缩性大、抗冻性差	适用：地下、水下工程，大体积混凝土工程，一般工业和民用建筑工程； 不适用：需要早强、冻融或干湿交替工程
（5）粉煤灰硅酸盐水泥P·F	优点：保水性好、水化热低、抗硫酸盐腐蚀性好、吸水性和干缩性好（小） 缺点：早强低、需水性大、抗冻性差	适用：地下工程，大体积混凝土工程，一般工业和民用建筑工程； 不适用：需要早强、冻融或干湿交替工程
（6）复合硅酸盐水泥P·C	优点：早强高、和易性好，易于成型捣实 缺点：需水性大、耐久性差	适用：大体积混凝土工业和民用建筑工程； 不适用：耐腐蚀工程、自密实混凝土工程

无机胶凝材料思维导图

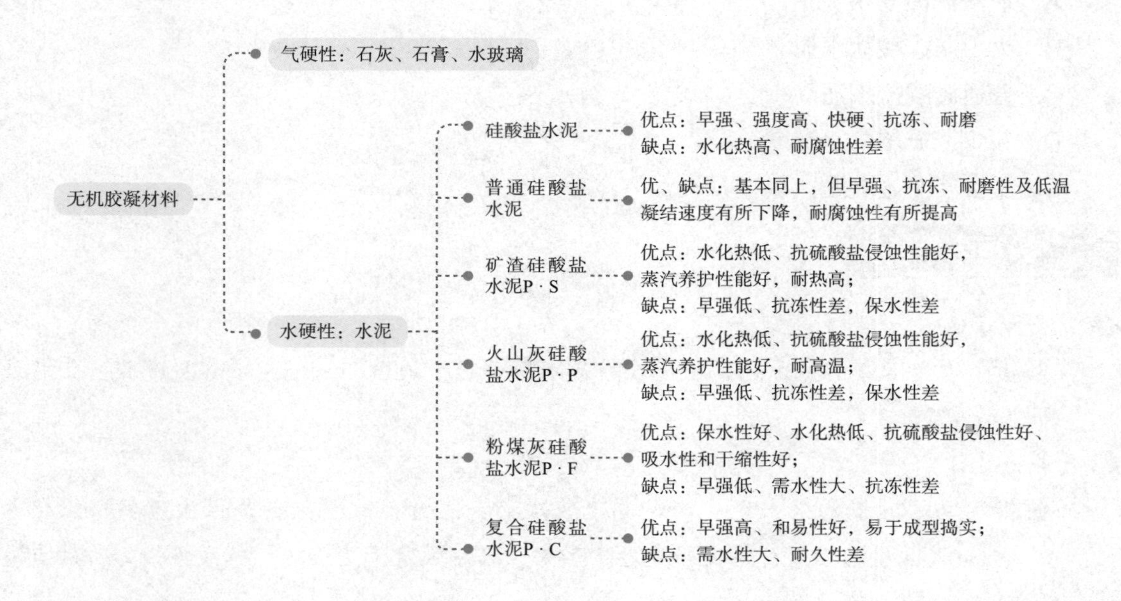

习题及答案解析

一、习题

❶【单选】**高温车间的混凝土结构施工中，水泥应选用（　　）。**

A．粉煤灰硅酸盐水泥

B．矿渣硅酸盐水泥

C．火山灰硅酸盐水泥

D．普通硅酸盐水泥

❷【单选】**水泥根据其熟料成分的不同，其特点有所不同，其中水化硬化后干缩较小的是（　　）。**

A．火山灰硅酸盐水泥　　B．粉煤灰硅酸盐水泥

C．铝酸盐水泥　　D．矿渣硅酸盐水泥

❸【单选】**有机胶凝材料包括合成树脂和（　　）等。**

A．石灰　　B．沥青

C．石膏　　D．水泥

❹【单选】**水泥是一种（　　）。**

A．混合料　　B．水硬性的胶凝材料

C．气硬性的胶凝材料　　D．水硬性的掺入料

❺【多选】不适用于需要早强、冻融或干湿交替工程混凝土施工的是（　　）。

A．矿渣硅酸盐水泥

B．火山灰硅酸盐水泥

C．普通硅酸盐水泥

D．粉煤灰硅酸盐水泥

E．复合硅酸盐水泥

二、答案与解析

❶【答案】B

【解析】本题考查的是水泥。矿渣硅酸盐水泥适用于地面、地下水中各种混凝土工程及高温车间建筑工程。

❷【答案】B

【解析】本题考查的是水泥。粉煤灰硅酸盐水泥的特性有：优点是保水性好、水化热低、抗硫酸盐侵蚀性好、后期强度增进率大、吸水性及干缩性小、抗裂性较好，缺点是早强低、需水性大和抗冻性差。

❸【答案】B

【解析】本题考查的是无机胶凝材料。石灰、石膏、水泥等工地上俗称为“灰”的建筑材料属于无机胶凝材料，而沥青、天然树脂或合成树脂等属于有机胶凝材料。

❹【答案】B

【解析】本题考查的是水泥。水泥是一种良好的矿物胶凝材料，属于水硬性胶凝材料。

❺【答案】ABD

【解析】本题考查的是水泥。矿渣硅酸盐水泥、火山灰硅酸盐水泥、粉煤灰硅酸盐水泥的缺点是早强低、抗冻性差，不适用于需要早强、冻融或干湿交替工程混凝土施工。

3. 混凝土

混凝土是指以胶凝材料、粗细骨料、水及其他材料为原料，按适当比例配制而成的混合物再经硬化而成的复合材料。

分类	内容
（1）普通混凝土	组成：水泥、砂、石子、水，外加剂（减水剂、早强剂、引气剂、缓凝剂、膨胀剂）。 影响强度的因素：水灰比和水泥强度等级、养护的温度和湿度、龄期 和易性：流动性、黏聚性、保水性。 影响和易性的因素：水泥浆、骨料品种与品质、砂率，其他因素。 耐久性：抗冻性、抗渗性、抗侵蚀性、混凝土碳化

续表

<table>
<tr><th>分类</th><th colspan="3">内容</th></tr>
<tr><td>（2）预拌混凝土</td><td colspan="3">在搅拌站生产的、通过运输设备送至使用地点的、交货时为拌合物的混凝土称为预拌混凝土。预拌混凝土作为商品出售时，也称为商品混凝土。
优点：质量稳定、技术先进、节能环保，能提高施工效率，有利于文明施工。
经济运距：一般以15～20km为宜，运输时间一般不宜超过1h</td></tr>
<tr><td rowspan="11">（3）特种混凝土</td><td>高性能混凝土</td><td colspan="2">是一种新型高技术混凝土。
优点：自密实性好、体积稳定性好、强度高、水化热低、收缩量小、徐变少、耐久性好，延长混凝土结构的使用年限，降低工程造价。
适用：高层建筑、桥梁以及暴露在严酷环境中的建筑物</td></tr>
<tr><td>高强混凝土</td><td colspan="2">是用普通水泥、砂石作为原料。
特点：硬化后强度等级不低于C60</td></tr>
<tr><td>轻骨料混凝土</td><td colspan="2">是用轻粗骨料、轻细骨料（或普通砂）和水泥配制而成的。
优点：大幅度地降低建筑物的自重，可使建筑物绝热性改善，节约能源，降低建筑产品的使用费用</td></tr>
<tr><td rowspan="3">多孔混凝土</td><td>加气混凝土</td><td>特点：重量轻、保温性高、吸声性好，具有一定的强度和可加工性等</td></tr>
<tr><td>泡沫混凝土</td><td>特点：与加气混凝土基本相同，但其强度低，所以只能作为围护材料和隔热保温材料</td></tr>
<tr><td>大孔混凝土</td><td>适用：制作墙体小型空心砌块、砖和各种板材、现浇墙体。
普通大孔混凝土可制成滤水管、滤水板等，广泛用于市政工程</td></tr>
<tr><td>防水混凝土</td><td colspan="2">又叫抗渗混凝土，可提高混凝土结构自身的防水能力，节省外用防水材料。
施工中应尽量少留或不留施工缝，必须留施工缝时需设止水带</td></tr>
<tr><td>碾压混凝土</td><td colspan="2">由级配良好的骨料、较低的水泥用量和用水量、较多的混合材料制成的超干硬性混凝土拌合物。
优点：高密度、高强度。
适用：道路工程、机场工程和水利工程</td></tr>
<tr><td>纤维混凝土</td><td colspan="2">是以混凝土为基体，外掺各种纤维材料而成。
适用：高层建筑楼面、高速公路路面、荷载较大的仓库地面、停车场、贮水池等</td></tr>
<tr><td>聚合物混凝土</td><td colspan="2">由有机聚合物、无机胶凝材料、集料有效结合而形成的一种新型混凝土材料的总称。
优点：快硬、高强和显著改善抗渗、耐蚀、耐磨、抗冻融以及粘结等。
适用：混凝土工程快速修补、地下管线工程快速修建、隧道衬里等工程</td></tr>
</table>

混凝土思维导图

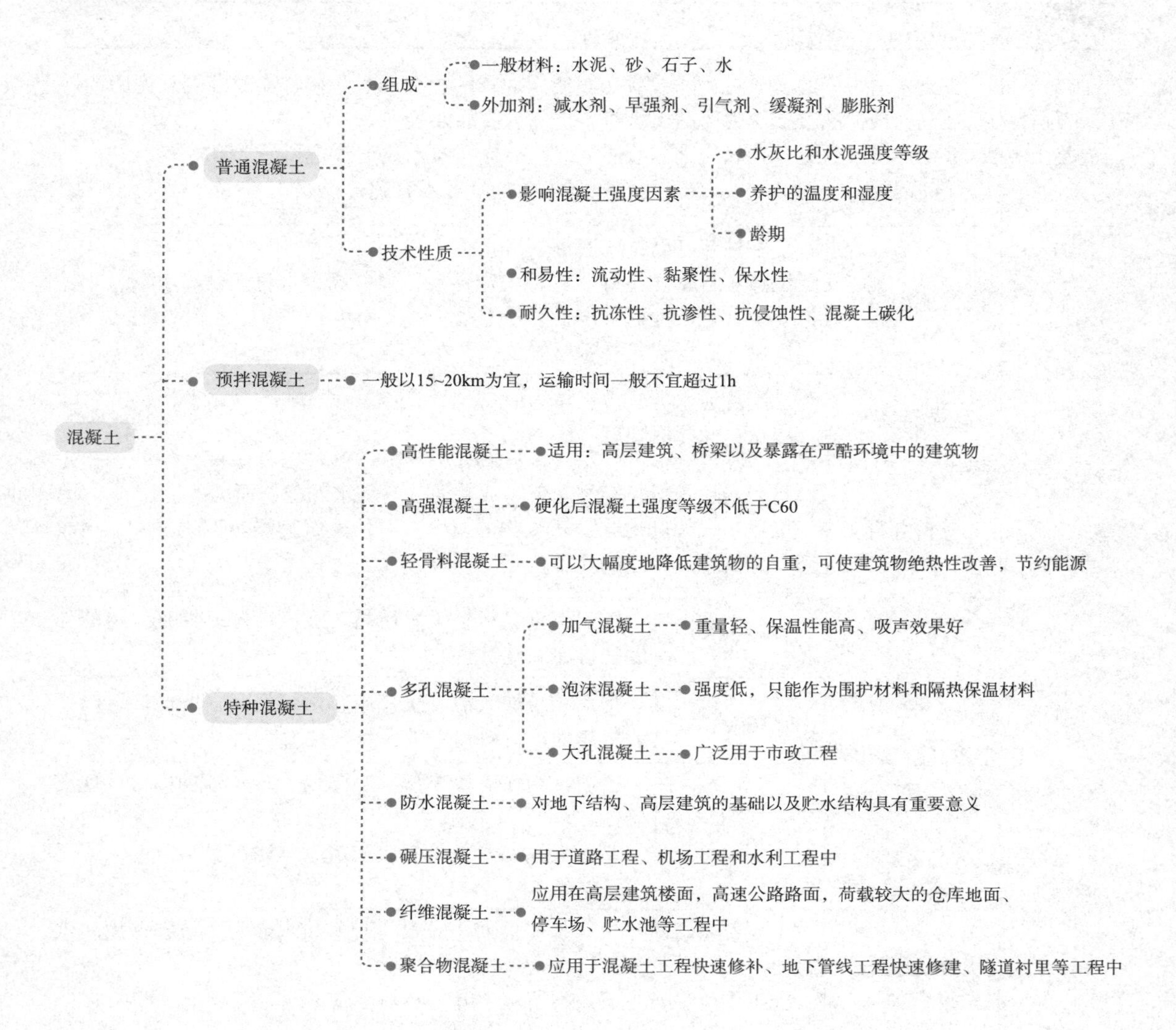

习题及答案解析

一、习题

1 【单选】下列选项中，不属于高性能混凝土具备的特征（　　）。

A．耐久性高　　B．工作性高

C．体积稳定性高　　D．耐高温（火）性高

2 【单选】影响混凝土强度的因素不包括（　　）。

A．砂率　　B．龄期

C．养护的温度和湿度　　D．水灰比和水泥的强度等级

❸【多选】混凝土耐久性是指混凝土在实际使用条件下抵抗各种破坏因素作用，长期保持强度和外观完整性的能力，评定混凝土耐久性的主要指标是（　　）。

A．抗渗性　　B．抗冻性　　C．抗蚀性

D．抗碳化能力　　E．抗疲劳性

❹【多选】混凝土的和易性是一项综合技术指标，主要包括（　　）方面。

A．保水性　　B．流动性　　C．黏聚性

D．抗冻性　　E．抗渗性

二、答案与解析

❶【答案】D

【解析】本题考查的是混凝土。高性能混凝土是一种新型高技术混凝土，采用常规材料和工艺生产，具有混凝土结构所要求的各项力学性能，具有高耐久性、高工作性和高体积稳定性。

❷【答案】A

【解析】本题考查的是混凝土。影响混凝土强度的因素：①水灰比和水泥的强度等级；②养护的温度和湿度；③龄期。

❸【答案】ABCD

【解析】本题考查的是混凝土。混凝土耐久性是指混凝土在实际使用条件下抵抗各种破坏因素作用，长期保持强度和外观完整性的能力，包括混凝土的抗冻性、抗渗性、抗侵蚀性及抗碳化能力等。

❹【答案】ABC

【解析】本题考查的是混凝土。和易性是一项综合技术指标，包括流动性、黏聚性、保水性三个主要方面。

4. 砌筑材料

<table>
<tr><th colspan="2">分类</th><th colspan="2">组成及用途</th></tr>
<tr><td rowspan="4">（1）砖</td><td rowspan="3">烧结砖</td><td>烧结普通砖</td><td>标准尺寸：240mm×115mm×53mm；考虑8～10mm厚的灰缝。
适用：可用作墙体材料，砌筑柱、拱、窑炉、烟囱、沟道及基础等</td></tr>
<tr><td>烧结多孔砖</td><td>特点：孔洞率不小于28%；
适用：六层以下建筑物的承重墙体</td></tr>
<tr><td>烧结空心砖</td><td>特点：孔洞率大于40%，砖强度不高，且自重较轻
适用：多用于非承重墙，如多层建筑内隔墙或框架结构的填充墙</td></tr>
<tr><td>蒸养（压）砖</td><td colspan="2">属于硅酸盐制品，是以石灰和含硅原料（砂、粉煤灰、炉渣、矿渣、煤矸石等）加水拌和，经成型、蒸养（压）而制成的。主要有粉煤灰砖、灰砂砖和炉渣砖</td></tr>
</table>

续表

<table>
<tr><th colspan="2">分类</th><th colspan="4">组成及用途</th></tr>
<tr><td rowspan="4">（2）砌块</td><td>粉煤灰砌块</td><td colspan="3">以粉煤灰、石灰、石膏为原料，经加水搅拌、振动成型、蒸汽养护制成</td><td rowspan="4">可使墙体自重减轻，建筑功能改善，工程造价降低</td></tr>
<tr><td>中型空心砌块</td><td colspan="3">按胶结材料不同分为水泥混凝土型及煤矸石硅酸盐型两种。空心率大于或等于25%</td></tr>
<tr><td>混凝土小型空心砌块</td><td colspan="3">以水泥或无熟料水泥为胶结料，配以砂、石或轻骨料（浮石、陶粒等），经搅拌、成型、养护而成</td></tr>
<tr><td>蒸压加气混凝土砌块</td><td colspan="3">是一种多孔轻质的块状墙体材料，也可作绝热材料</td></tr>
<tr><td rowspan="10">（3）石材</td><td rowspan="6">天然石材</td><td rowspan="2">岩浆岩（火成岩）</td><td>花岗石</td><td>孔隙率小，吸水率低，耐磨、耐酸、耐久，磨光好、但不耐火</td><td>用于基础、地面、路面、室内外装饰、混凝土集料</td></tr>
<tr><td>玄武岩</td><td>硬度大、细密、耐冻性好，抗风化性强</td><td>用于高强混凝土集料、道路路面</td></tr>
<tr><td rowspan="2">沉积岩（水成岩）</td><td>石灰岩</td><td>耐久性及耐酸性均较差，力学性质随组成不同变化范围很大</td><td>用于基础、墙体、桥墩、路面、混凝土集料</td></tr>
<tr><td>砂岩</td><td>硅质砂岩（以氧化硅胶结），坚硬、耐久，耐酸性与花岗石相近</td><td>用于基础、墙体、衬面、踏步、纪念碑石</td></tr>
<tr><td rowspan="2">变质岩</td><td>大理石</td><td>质地致密，硬度不高，易加工，磨光性好，易风化，不耐酸</td><td>用于室内墙面、地面、柱面、栏杆等装修</td></tr>
<tr><td>石英岩</td><td>硬度大，加工困难，耐酸、耐久性好</td><td>用于基础、栏杆、踏步、饰面材料、耐酸材料</td></tr>
<tr><td rowspan="4">人造石材</td><td>水泥型人造石材</td><td colspan="2">各种水磨石制品</td><td rowspan="4">优点：质量轻、强度高、耐腐蚀、耐污染、施工方便等</td></tr>
<tr><td>聚酯型人造石材</td><td colspan="2">光泽好、颜色浅，可调配成各种鲜明的花色图案。与天然大理石相比，强度高、密度小、厚度薄、耐酸碱腐蚀及美观等优点。但其耐老化性能不及天然花岗石，故多用于室内</td></tr>
<tr><td>复合型人造石材</td><td colspan="2">由无机胶结料和有机胶结料共同组合而成</td></tr>
<tr><td>烧结型人造石材</td><td colspan="2">如仿花岗石瓷砖，仿大理石陶瓷艺术板等</td></tr>
</table>

续表

分类		组成及用途	
（4）砌筑砂浆	水泥砂浆	M5、M7.5、M10、M15、M20、M25、M30（砌筑基础）	M15及以下的砌筑砂浆宜选用32.5级的通用硅酸盐水泥；M15以上的宜选用42.5级。砂宜选用中砂，且应全部通过4.75mm的筛孔。严禁使用脱水硬化的石灰膏
	水泥石灰混合砂浆	M5、M7.5、M10、M15（砌筑主体及砖柱）	
	石灰砂浆	砌筑简易工程	
（5）预拌砂浆	湿拌砂浆	将水泥、细骨料、矿物掺合料、外加剂、添加剂和水，按一定比例，在搅拌站经计量、拌制后，运至使用地点，并在规定时间内使用的拌合物	湿拌砂浆按用途可分为湿拌砌筑砂浆、湿拌抹灰砂浆、湿拌地面砂浆和湿拌防水砂浆
	干混砂浆	将水泥、干燥骨料或粉料、添加剂以及根据性能确定的其他组分，按一定比例，在专业生产厂计量、混合而成的混合物，在使用地点按规定比例加水或配套组分拌合使用	普通干混砂浆主要用于砌筑、抹灰、地面及普通防水工程

砌筑材料思维导图

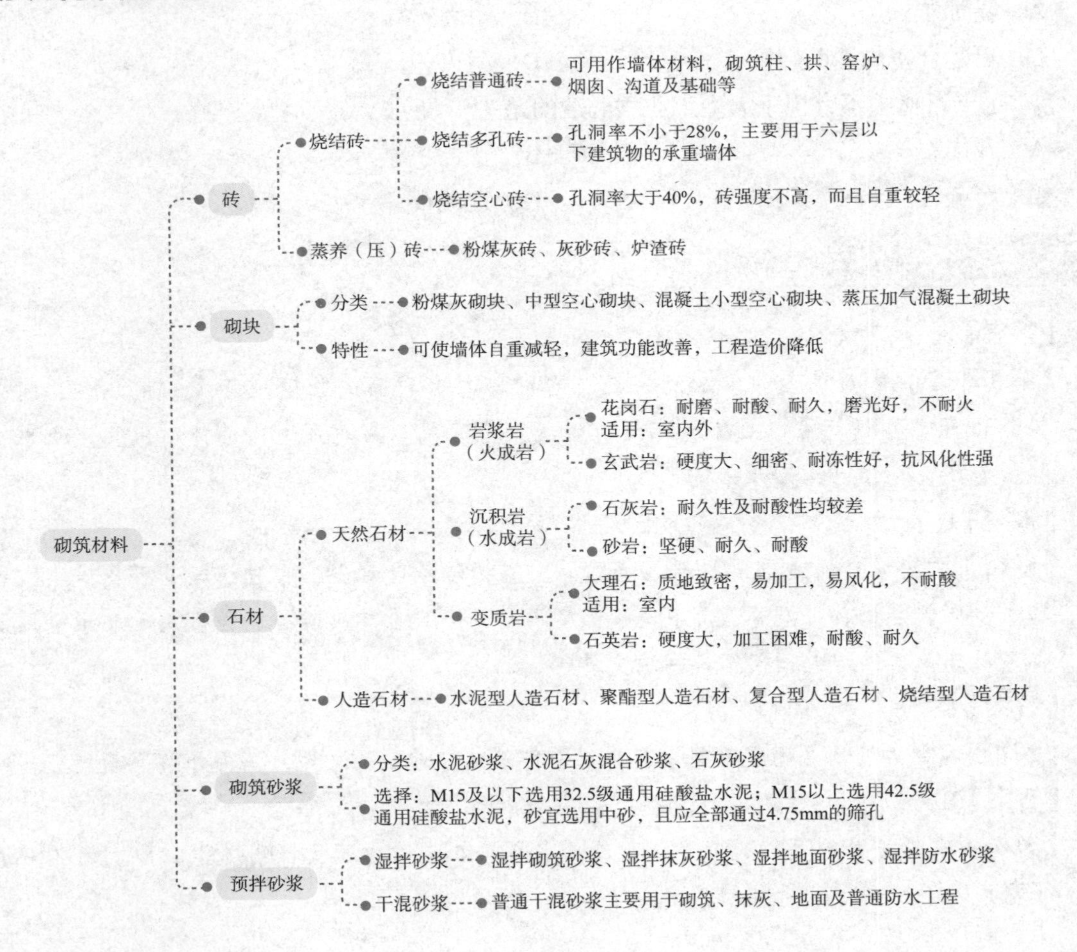

习题及答案解析

一、习题

❶【单选】通常用于砌筑烟囱、沟道的砖为（　　）。

A．烧结普通砖

B．烧结多孔砖

C．蒸压灰砂砖

D．烧结空心砖

❷【单选】不可用于六层以下建筑物承重墙体砌筑的墙体材料是（　　）。

A．烧结黏土多孔砖　　B．烧结黏土空心砖

C．烧结页岩多孔砖　　D．烧结煤矸石多孔砖

❸【单选】建筑物外墙装饰所用石材，主要采用的是（　　）。

A．大理石　　B．人造大理石　　C．石灰岩　　D．花岗石

❹【单选】建筑工程使用的花岗石比大理石（　　）。

A．易加工　　B．耐磨

C．更适合室内墙面装饰　　D．耐火

❺【单选】石材中不宜用于大型工业酸洗池的是（　　）。

A．花岗石　　B．砂岩

C．石英岩　　D．大理石

二、答案与解析

❶【答案】A

【解析】本题考查的是砌筑材料。烧结普通砖具有较高的强度，良好的绝热性、耐久性、透气性和稳定性，且原料广泛，生产工艺简单，因而可用作墙体材料，砌筑柱、拱、窑炉、烟囱、沟道及基础等。

❷【答案】B

【解析】本题考查的是砌筑材料。烧结黏土空心砖是以黏土、页岩、煤矸石及粉煤灰等为主要原料烧制，孔洞率大于40%，强度不高，而且自重较轻，因而多用于非承重墙，如多层建筑内隔墙或框架结构的填充墙等。

❸【答案】D

【解析】本题考查的是砌筑材料。花岗石用作基础、地面、路面、室内外及混凝土集料。

❹【答案】B

【解析】本题考查的是砌筑材料。花岗石孔隙率小、吸水率低，耐磨、耐酸、耐久，但不耐火。

❺【答案】D

【解析】本题考查的是砌筑材料。大理石质地致密，硬度不高、易加工，磨光性好，但易风化、不耐酸。

1.2.2 建筑装饰材料

1. 饰面材料

（1）饰面石材

分类		特性	用途
1）天然饰面石材	花岗石板	优点：质地坚硬密实，抗压强度高，耐磨性好、化学稳定性好，不易风化变质，耐久性好； 缺点：耐火性差	A类产品不受制；B类产品可用于Ⅰ类民用建筑的外饰面及其他建筑物的内、外饰面；C类产品只可用于建筑物的外饰面
	大理石板	优点：吸水率小、耐磨性好以及耐久性好； 缺点：抗风化性能较差，一般不宜用作室外装饰	用于公共建筑工程的室内柱面、地面、窗台板、服务台、电梯间门脸的饰面等
2）人造饰面石材	建筑水磨石板材	优点：强度高、坚固耐久、美观、刷洗方便、不易起尘、较好的防水与耐磨性、施工简便	可制成各种形状的饰面板，用于墙面、地面、窗台、踢脚、台面、踏步、水池等
	合成石面板	优点：具有天然石材的花纹和质感、体积密度小、强度高、厚度薄、耐酸碱性与抗污染性好	可用于室内外立面、柱面装饰，作室内墙面与地面装饰材料，还可作楼梯面板、窗台板等

（2）饰面陶瓷

分类	特性	用途
1）釉面砖	又称瓷砖，表面平整、光滑，坚固耐用，色彩鲜艳，易清洁，防火、防水、耐磨、耐腐蚀	不应用于室外
2）墙地砖	坚固耐用，易清洁、防火、防水、耐磨、耐腐蚀	用于建筑物外墙装饰贴面用砖和室内外地面装饰
3）陶瓷锦砖	俗称马赛克，色泽稳定、美观、耐磨、耐污染、易清洁，抗冻性能好，坚固耐用，且造价较低	主要用于室内地面铺装
4）瓷质砖	又称同质砖、通体砖、玻化砖。具有天然石材的质感，而且具有高光度、高硬度、高耐磨、吸水率低、色差少，以及规格多样化和色彩丰富等优点	装饰在建筑物外墙壁上能起到隔声、隔热的作用，瓷质砖正逐渐成为天然石材装饰材料的替代产品

（3）其他饰面材料

分类	用途
1）石膏饰面材料，包括石膏花饰、装饰石膏板及嵌装式装饰石膏板等	主要用作室内吊顶及内墙饰面
2）塑料饰面材料，包括各种塑料壁纸、塑料装饰板材（塑料贴面装饰、硬质PVC板、玻璃钢板、钙塑泡沫装饰吸声板等）、塑料卷材地板、块状塑料地板、化纤地毯等	
3）木材、金属等饰面材料，包括薄木贴面板、胶合板、木地板、铝合金装饰板、彩色不锈钢板	

建筑饰面材料思维导图

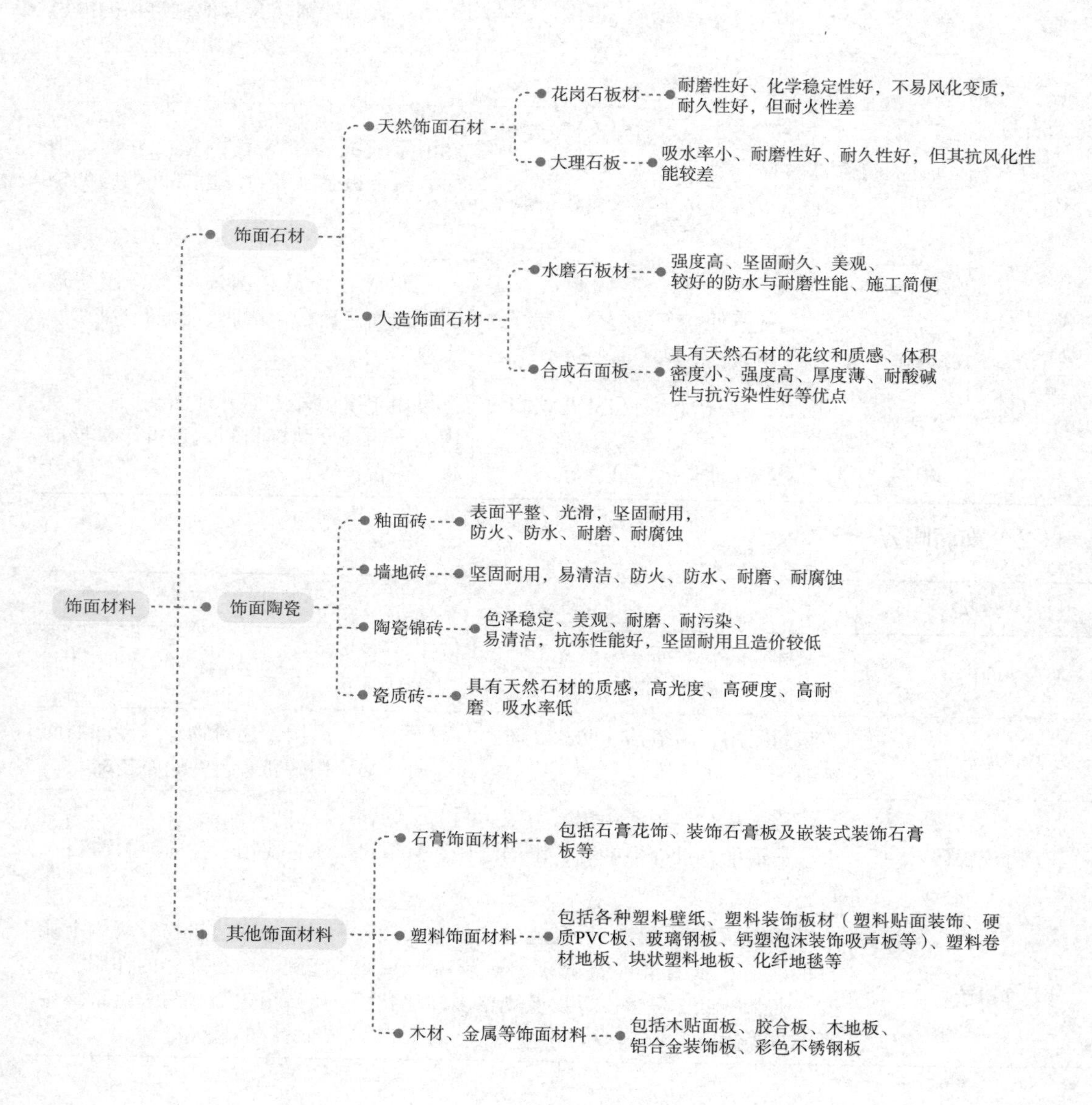

2. 建筑玻璃

分类		特性	用途
（1）平板玻璃		①良好的透视、透光性能；②隔声，有一定的保温性能；③有较高的化学稳定性；④热稳定性较差，急冷急热，易发生炸裂	3～5mm的平板玻璃一般直接用于有框门窗的采光，8～12mm的平板玻璃可用于隔断、橱窗、无框门。作为钢化、夹层、镀膜、中空等深加工玻璃的原片
（2）装饰玻璃	彩色平板玻璃	又称有色玻璃或饰面玻璃，分为透明的和不透明的两种。耐腐蚀、抗冲刷、易清洁	主要用于建筑物的内外墙、门窗装饰及对光线有特殊要求的部位
	釉面玻璃	图案精美，不褪色、不掉色，易于清洗	可按用户的要求或艺术设计图案制作
	压花玻璃	又称花纹玻璃或滚花玻璃。分为一般压花玻璃、真空镀膜压花玻璃和彩色膜压花玻璃等	
	喷花玻璃	又称胶花玻璃，给人以高雅、美观的感觉	适用于室内门窗、隔断和采光
	乳花玻璃	花纹柔和、清晰、美丽，富有装饰性	
	刻花玻璃	图案的立体感非常强	主要用作高档场所的室内隔断或屏风
	冰花玻璃	具有花纹自然、质感柔和、透光不透明、视感舒适的特点	可用作宾馆、酒楼、饭店、酒吧间等场所的门窗、隔断、屏风和家庭装饰
（3）安全玻璃	防火玻璃	经特殊工艺加工和处理、在规定的耐火试验中能保持其完整性和隔热性	主要用于有防火隔热要求的建筑幕墙、隔断等构造和部位
	钢化玻璃	机械强度高、弹性好、热稳定性好、碎后不易伤人，但可发生自爆	常用作建筑物的门窗、隔墙、幕墙及橱窗、家具等
	夹丝玻璃	又称防碎玻璃或钢丝玻璃。具有安全性、防火性和防盗抢性	应用于建筑的天窗、采光屋顶、阳台及有防盗、防抢功能要求的营业柜台的遮挡部位
	夹层玻璃	具有透明度好、抗冲击性好、耐久、耐热、耐湿、耐寒等性能	用于高层建筑的门窗、天窗、楼梯栏板和有抗冲击作用要求的商店、银行、橱窗、隔断及水下工程
（4）节能装饰型玻璃	着色玻璃	能合理利用太阳光，调节室内温度，节省空调费用	一般多用作建筑物的门窗或玻璃幕墙
	镀膜玻璃	分为阳光控制镀膜玻璃和低辐射镀膜玻璃。既能保证可见光良好透过，又可有效反射热射线并节能	
	中空玻璃	具有光学性能良好、保温隔热性好、降低能耗、防结露、隔声性能好等优点	主要用于保温隔热、隔声等功能要求较高的建筑物
	真空玻璃	比中空玻璃有更好的隔热、隔声性能	

建筑结构材料－建筑玻璃思维导图

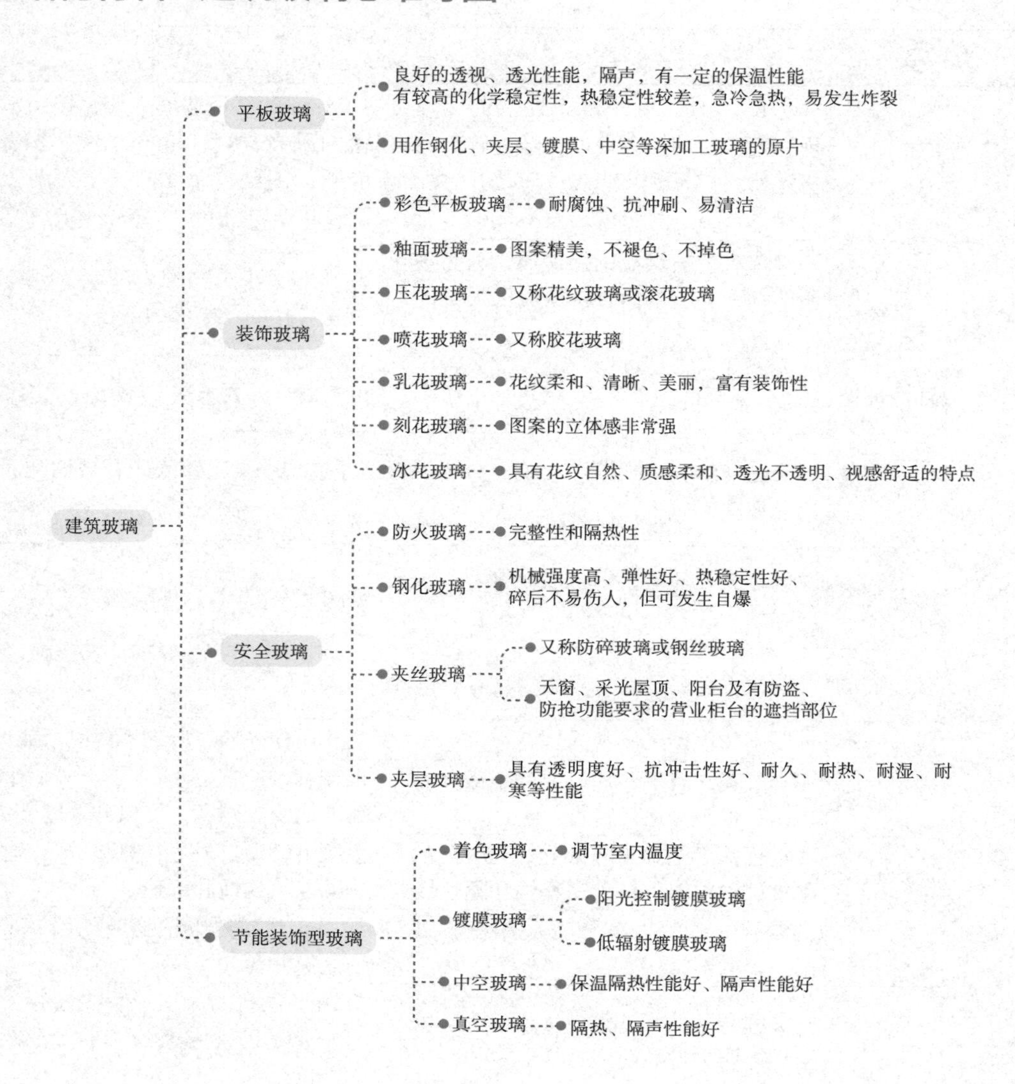

习题及答案解析

一、习题

1 【单选】（　　）又称同质砖、通体砖或玻化砖，是由天然石料破碎后添加化学粘合剂压合，并经高温烧结而成。

A．瓷砖　　B．墙地砖　　C．陶瓷锦砖　　D．瓷质砖

2 【单选】下列关于平板玻璃的特性，表述错误的是（　　）。

A．良好的透视性　　B．良好的透光性能

C．较高的热稳定性　　D．较高的化学稳定性

❸【单选】营业柜台的玻璃，一般应采用（　　）。

A. 钢化玻璃
B. 夹丝玻璃
C. 夹层玻璃
D. 镀膜玻璃

❹【多选】装饰玻璃，主要包括（　　）。

A. 彩色玻璃
B. 釉面玻璃
C. 浮法玻璃
D. 刻花玻璃
E.冰花玻璃

❺【多选】下列选项中，不属于安全玻璃的是（　　）。

A. 防火玻璃
B. 钢化玻璃
C. 乳花玻璃
D. 中空玻璃
E. 真空玻璃

❻【多选】夹丝玻璃的特性包括（　　）。

A. 装饰性
B. 安全性
C. 防火性
D. 防盗抢性
E. 防腐蚀性

二、答案与解析

❶【答案】D

【解析】本题考查的是装饰材料。瓷质砖又称同质砖、通体砖或玻化砖，是由天然石料破碎后添加化学粘合剂压合，并经高温烧结而成。

❷【答案】C

【解析】本题考查的是装饰材料。平板玻璃具有良好的透视、透光性能，有较高的化学稳定性，但其热稳定性较差，急冷急热，易发生炸裂。

❸【答案】B

【解析】本题考查的是装饰材料。夹丝玻璃主要应用于建筑的天窗、采光屋顶、阳台以及必须有防盗、防抢功能的营业柜台遮挡部位。

❹【答案】ABDE

【解析】本题考查的是装饰材料。装饰玻璃主要有彩色平板玻璃、釉面玻璃、压花玻璃、喷花玻璃、乳花玻璃、刻花玻璃及冰花玻璃等。

❺【答案】CDE

【解析】本题考查的是装饰材料。乳花玻璃属于装饰玻璃；中空玻璃、真空玻璃属于节能装饰玻璃。

❻【答案】BCD

【解析】本题考查的是装饰材料。夹丝玻璃具有安全性、防火性和防盗抢性。

3. 建筑装饰涂料

分类	特性		
（1）涂料组成	主要成膜物质		也称胶粘剂，在被涂基层的表面形成坚韧的保护膜。现代建筑涂料中，成膜物质多用树脂，尤以合成树脂为主
	次要成膜物质	颜料	不溶于水和油，赋予涂料美观的色彩
		填料	能增加涂膜厚度，提高涂膜的耐磨性和硬度，减少收缩，常用的有碳酸钙、硫酸钡、滑石粉等
	辅助成膜物质	助剂	不能构成涂膜，但可用于改善涂膜的性能或影响成膜过程。助剂包括催干剂（铝、锰氧化物及其盐类）、增塑剂等；溶剂则起溶解成膜物质、降低黏度、利于施工的作用，常用的溶剂有苯、丙酮、汽油等
		溶剂	
（2）外墙涂料	外墙涂料主要起装饰和保护外墙墙面的作用，要求有良好的装饰性、耐水性、耐候性、耐污染性和施工及维修容易。常用的外墙涂料有苯乙烯－丙烯酸酯乳液涂料、丙烯酸酯系外墙涂料、聚氨酯系外墙涂料、合成树脂乳液砂壁状涂料等		
（3）内墙涂料	对内墙涂料的基本要求是：色彩丰富、细腻、调和；耐碱性、耐水性、耐粉化性良好；透气性良好；涂刷方便，重涂容易。常用的内墙涂料有聚乙烯醇水玻璃涂料（106 内墙涂料）、聚醋酸乙烯乳液涂料、醋酸乙烯－丙烯酸酯有光乳液涂料、多彩涂料等		
（4）地面涂料	对地面涂料的基本要求是：耐碱性良好；耐水性良好；耐磨性良好；抗冲击性良好；与水泥砂浆有好的粘结性能；涂刷施工方便，重涂容易。一是用于木质地面的涂饰，如常用的聚氨酯漆、钙脂地板漆和酚醛树脂地板漆等；二是用于地面装饰，做成无缝涂布地面等，如常用的过氯乙烯地面涂料、聚氨酯地面涂料、环氧树脂地面涂料等		

4. 建筑塑料

分类	特性	
（1）塑料的基本组成	合成树脂	在塑料中含量为30%～60%，在塑料中起胶粘剂作用
	填料	占塑料组成材料的40%～60%。填料可增强塑料的强度、硬度、韧性、耐热性、耐老化性、抗冲击性等，同时可以降低塑料的成本。常用的填料有木粉、棉布、纸屑、石棉、玻璃纤维等
	增塑剂	主要作用是提高塑料加工时的可塑性和流动性，改善塑料制品的韧性。常用的增塑剂有邻苯甲酸二丁酯（DBP）、邻苯二甲酸二辛酯（DOP）等
	着色剂	按其在有色介质中或水中的溶解性分为染料和颜料两类
	固化剂	主要是使热固性树脂的线型分子的支链发生交联，转变为立体网状结构，从而制得坚硬的塑料制品。常用的固化剂有六亚甲基四胺、乙二胺等
	根据塑料用途及成型加工的需要，还可加入稳定剂、润滑剂、抗静电剂、发泡剂、阻燃剂、防霉剂等添加剂	

续表

分类	特性	
（2）建筑塑料制品组成	塑料门窗	在节约能耗、保护环境方面，塑料门窗比木、钢、铝合金门窗有明显的优越性
	塑料地板	应满足耐磨性、耐火性、装饰性好，脚感舒适的各项要求。常用的主要有聚氯乙烯塑料地板，其具有较好的耐燃性，且价格便宜
	塑料墙纸	广泛用于室内墙面装饰装修，也可用于天棚、梁、柱以及车辆、船舶、飞机的内部装饰
	玻璃钢制品	常见的玻璃钢建筑制品有玻璃钢波形瓦、玻璃钢采光罩、玻璃钢卫生洁具等
	塑料管材及配件	常用的塑料管材有：①硬聚氯乙烯（PVC－U）管；②氯化聚氯乙烯（PVC－C）管；③无规共聚聚丙烯（PP－R）管；④丁烯（PB）管；⑤交联聚乙烯（PEX）管

5. 建筑装饰用钢

现代建筑装饰工程中，钢材制品得到广泛应用。常用的主要有不锈钢钢板和钢管、彩色不锈钢板、彩色涂层钢板和彩色涂层压型钢板，以及镀锌钢卷帘门板及轻钢龙骨等。

分类	特性
（1）不锈钢及其制品	不锈钢是指含铬量在12%以上的铁基合金钢。铬的含量越高，钢的抗腐蚀性越好。具有较好的耐大气和水蒸气侵蚀性。用于建筑装饰的不锈钢材主要有薄板（厚度小于2mm）和用薄板加工制成的管材、型材等
（2）轻钢龙骨	具有强度高、防火、耐潮、便于施工安装等特点。轻钢龙骨主要分为吊顶龙骨（代号D）和墙体龙骨（代号Q）两大类。吊顶龙骨分为主龙骨（承载龙骨）、次龙骨（覆面龙骨）。墙体龙骨分为竖龙骨、横龙骨和通贯龙骨等

6. 木材

分类	特性	
（1）木材的分类和性质	针叶树木	树干通直，易得大材，强度较高，体积密度小，胀缩变形小，其木质较软，易加工，常称为软木材，包括松树、杉树和柏树等，为建筑工程中主要应用的木材品种
	阔叶树木	大多为落叶树，树干通直部分较短，不易得大材，其体积密度较大，胀缩变形大，易翘曲开裂，其木质较硬，加工较困难，常称为硬木材，包括榆树、桦树、水曲柳、檀树等众多树种。阔叶树大部分具有美丽的天然纹理。 适用：室内装修或制造家具及胶合板、拼花地板等装饰材料
（2）木材的含水率	纤维饱和点	是木材物理力学性质是否随含水率而发生变化的转折点
	平衡含水率	是木材和木制品使用时避免变形或开裂而应控制的含水率指标

续表

分类			特性
（3）木材的湿胀干缩与变形			仅当木材中细胞壁内吸附水的含量发生变化才会引起木材的变形，即湿胀干缩。木材在加工或使用前应预先进行干燥，使其接近与环境湿度相适应的平衡含水率
（4）木材的强度			木材的强度除由本身组成构造因素决定外，还与含水率、外力持续时间、温度等因素有关。在顺纹方向的抗拉强度是木材各种力学强度中最高的，顺纹抗压强度仅次于顺纹抗拉和抗弯强度
（5）木材的应用	旋切微薄木		优点：具有天然的花纹，较好的装饰性。 适用：压贴在胶合板或其他板材表面，用作墙、门和柜体的面板
	软木壁纸		优点：手感好，隔声、吸声，典雅舒适。 适用：室内墙面和天棚的装修
	木质合成金属装饰材料		优点：克服了木材易腐烂、虫蛀、易燃等缺点，又保留了木材易加工、安装的优良工艺性能。 适用：主要用于装饰门框、墙面、柱面和天棚等
	木地板	实木地板	由天然木材经锯解、干燥后直接加工而成，其断面结构为单层结构
		强化木地板	是多层结构地板，由面耐磨层、装饰层、缓冲层、人造板基材和平衡层组成，具有很高的耐磨性，力学性能较好，安装简便，维护保养简单
		实木复合地板	利用珍贵木材等材料作表层，材质较差部分作中层或底层，经高温高压制成的多层结构的地板
		软木地板	被称为“地板的金字塔尖上的消费”。与实木地板相比，它更具有环保性、隔声性，防潮效果更加优秀，带给人们极佳的脚感。软木地板可分为粘贴式软木地板和锁扣式软木地板
	人造木材	胶合板	胶合板可用于隔墙板、天花板、门芯板、室内装修和家具等
		纤维板	硬质纤维板密度大、强度高，主要用作壁板、门板、地板、家具和室内装修材料等
		胶合夹心板（细木工板）	分为实心板和空心板两种。 实心板内部将干燥的短木条用树脂胶拼成，表皮用胶合板加压加热粘结制成。 空心板内部则由厚纸蜂窝结构填充，表面用胶合板加压加热粘结制成
		刨花板	分为加压刨花板、砂光或刨光刨花板、饰面刨花板、单板贴面刨花板等。普通刨花板成本低、性能优；饰面刨花板则材质均匀、花纹美观、质量较小，大量应用于家具制作、室内装修、车船装修等

建筑涂料、塑料、钢、木材思维导图

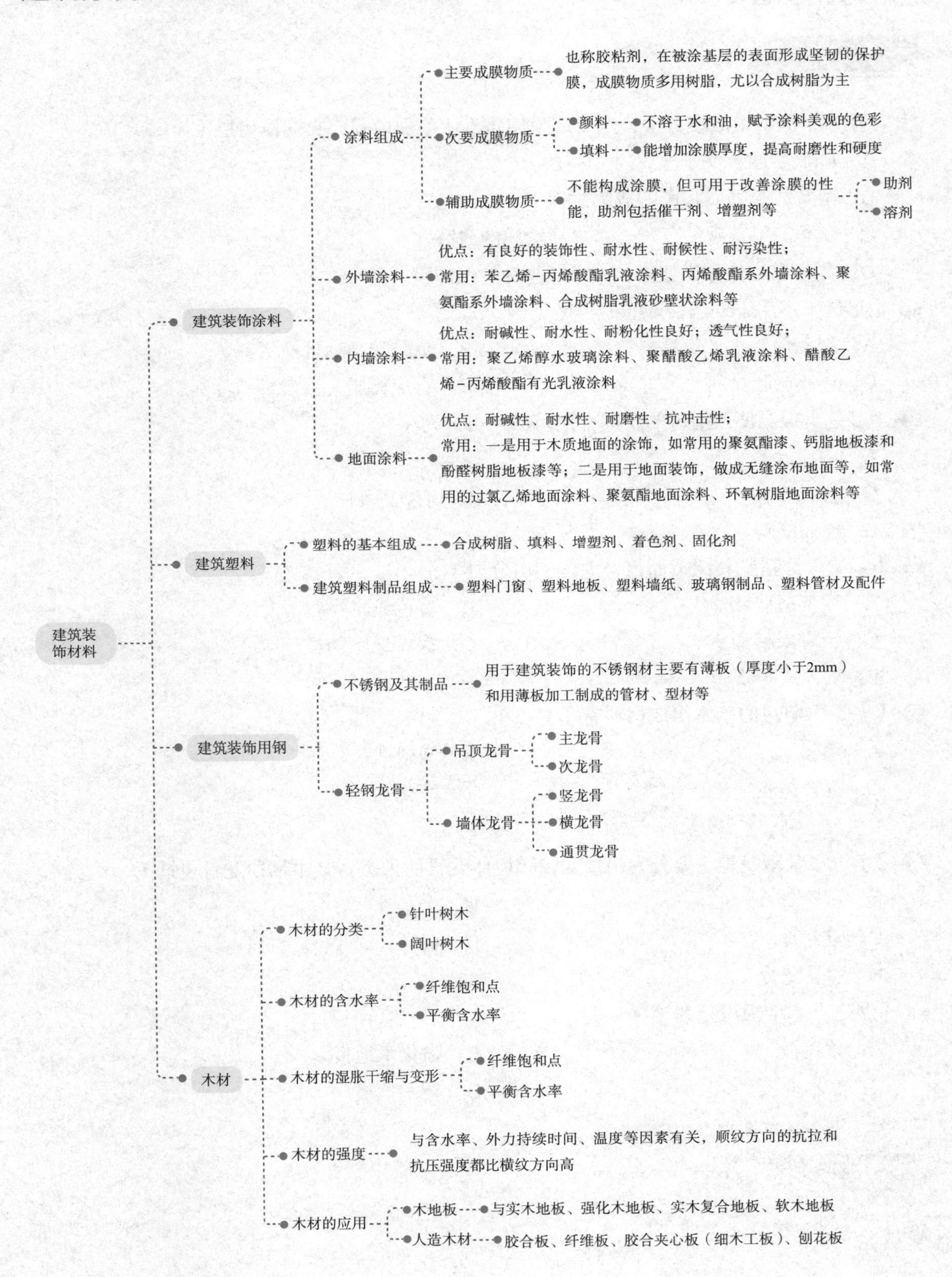

☑ 习题及答案解析

一、习题

❶【单选】涂料组成成分中，次要成膜物质不能单独成膜，它的作用是（　　）。

A．降低黏度，便于施工

B．溶解成膜物质，影响成膜过程

C．赋予涂料美观的色彩，并提高涂膜的耐磨性

D．将其他成分黏成整体，并形成坚韧的保护膜

❷【单选】常用于外墙装饰的涂料是（　　）。

A．聚乙烯醇水玻璃涂料　　B．聚醋酸乙烯乳液涂料

C．环氧树脂涂料　　D．合成树脂乳液砂壁状涂料

❸【多选】根据使用部位的不同，建筑涂料可分为（　　）。

A．内墙涂料　　B．外墙涂料

C．合成涂料　　D．有机涂料

E．地面涂料

❹【多选】涂料就其组成而言，大体上可分为（　　）。

A．主要成膜物质　　B．着色成膜物质

C．合成成膜物质　　D．次要成膜物质

E．辅助成膜物质

❺【多选】塑料的基本组成材料有（　　）。

A．填料　　B．增塑剂

C．复合树脂　　D．固化剂

E．着色剂

❻【多选】轻钢龙骨主要分为吊顶龙骨和墙体龙骨两大类。其中吊顶龙骨包括（　　）。

A．主龙骨　　B．次龙骨

C．竖龙骨　　D．横龙骨

E．通贯龙骨

❼【多选】木地板可分为（　　）。

A．竹地板　　B．强化木地板

C．软木地板　　D．硬木地板

E．实木复合地板

二、答案与解析

❶【答案】C

【解析】本题考查的是装饰材料。次要成膜物质不能单独成膜，它包括颜料与填料。颜料不溶于水和油，赋予涂料美观的色彩；填料能增加涂膜厚度，提高涂膜的耐磨性和硬度，减少收缩，常用的填料有碳酸钙、硫酸钡和滑石粉等。

❷【答案】D

【解析】本题考查的是装饰材料。常用于外墙的涂料有苯乙烯-丙烯酸酯乳液涂料、丙烯酸酯系外墙涂料、聚氨酯系外墙涂料、合成树脂乳液砂壁状涂料等。

❸【答案】ABE

【解析】本题考查的是装饰材料。建筑材料按其使用不同而分为外墙涂料、内墙涂料及地面涂料。

❹【答案】ADE

【解析】本题考查的是装饰材料。根据涂料中各成分的作用，其基本组成可分为主要成膜物质、次要成膜物质和辅助成膜物质三部分。

❺【答案】ABDE

【解析】本题考查的是装饰材料。塑料的基本组成包括合成树脂、填料、增塑剂、着色剂、固化剂、其他成分。

❻【答案】AB

【解析】本题考查的是装饰材料。轻钢龙骨主要分为吊顶龙骨（代号D）和墙体龙骨（代号Q）两大类。吊顶龙骨又分为主龙骨（承载龙骨）、次龙骨（覆面龙骨）；墙体龙骨分为竖龙骨、横龙骨和通贯龙骨等。

❼【答案】BCE

【解析】本题考查的是装饰材料。木地板可分为实木地板、强化木地板、实木复合地板和软木地板。

1.2.3 建筑功能材料

1. 防水材料

（1）防水卷材

分类		含义及用途
1）聚合物改性沥青防水卷材	SBS改性沥青防水卷材	属于弹性体沥青防水卷材中的一种。 适用：各类建筑防水、防潮工程。尤其适用：寒冷地区和结构变形频繁的建筑物防水，并可采用热熔法施工
	APP改性沥青防水卷材	属于塑性体沥青防水卷材中的一种。 适用：各类建筑防水、防潮工程。 尤其适用：高温或有强烈太阳辐射地区的建筑物防水

续表

分类		含义及用途
1）聚合物改性沥青防水卷材	沥青复合胎柔性防水卷材	以橡胶、树脂等高聚物材料作改性剂制成的改性沥青材料为基料，以两种材料复合毡为胎体，以细砂、矿物粒（片）料、聚酯膜或聚乙烯膜等为覆盖材料，以浸涂、滚压等工艺制成的防水卷材
2）合成高分子防水卷材	以合成橡胶、合成树脂或它们两者的共混体为基料，加入适量的化学助剂和填充料等，经混炼、压延或挤出等工序加工而制成的可卷曲的片状防水材料。 分类：加筋增强型和非加筋增强型两种。 优点：具有拉伸强度和撕裂强度高，伸长率大，耐热性和低温柔性好，耐腐蚀、耐老化等优异的性能，是新型高档防水卷材	
	三元乙丙（EPDM）橡胶防水卷材	优点：耐候性、耐臭氧性和耐热性，耐酸碱腐蚀性等均较好。 适用：防水要求高、耐用年限长的土木建筑工程的防水
	聚氯乙烯（PVC）防水卷材	优点：尺度稳定性、耐热性、耐腐蚀性、耐细菌性等均较好。 适用：各类建筑的屋面防水工程和水池、堤坝等防水抗渗工程
	氯化聚乙烯防水卷材	优点：热塑性能，弹性，耐候性、耐臭氧性和耐油性、耐化学药品性以及阻燃性均较好。 适用：屋面防水、地下防水、防潮隔气、室内墙地面防潮、地下室卫生间的防水
	氯化聚乙烯-橡胶共混型防水卷材	优点：高强度、耐臭氧性、耐老化性能均较好，高弹性、高延伸性和良好的低温柔性。 适用：寒冷地区或变形较大的土木建筑防水工程

（2）防水涂料

防水涂料是一种流态或半流态物质，可用刷、喷等工艺涂布在基层表面，经溶剂或水分挥发或各组分间的化学反应，形成具有一定弹性和一定厚度的连续薄膜，使基层表面与水隔绝，起到防水、防潮作用。防水涂料广泛适用于工业与民用建筑的屋面防水工程、地下室防水工程和地面防潮、防渗工程等，特别适用于各种不规则部位的防水工程。

分类	特性
1）高聚物改性沥青防水涂料	在柔韧性、抗裂性、拉伸强度、耐高低温性、使用寿命等方面比沥青基涂料有很大改善
2）合成高分子防水涂料	具有高弹性、高耐久性及优良的耐高低温性，有聚氨酯防水涂料、丙烯酸酯防水涂料、环氧树脂防水涂料和有机硅防水涂料等

（3）建筑密封材料

建筑密封材料是能承受接缝位移以达到气密、水密目的而嵌入建筑接缝中的材料。建筑密封材料分为定形密封材料和非定形密封材料。为保证防水密封的效果，建筑密封材料应具有较高水密性和气密性，良好的粘结性、耐高低温性和耐老化性能，有一定的弹塑性和拉伸–压缩循环性能。

分类		特性
1）非定型密封材料	沥青嵌缝油膏	主要作为屋面、墙面、沟槽的防水嵌缝材料
	聚氯乙烯接缝膏和塑料油膏	有良好的粘结性、防水性、弹塑性，耐热、耐寒、耐腐蚀和抗老化性能
	丙烯酸类密封膏	具有良好的粘结性能、弹性和低温柔性，无溶剂污染、无毒，具有优异的耐候性和抗紫外线性能
	聚氨酯密封膏	弹性、粘结性及耐候性特别好，与混凝土的粘结性也很好，同时不需要打底
	硅酮密封膏	具有优异的耐热、耐寒性和良好的耐候性、有较好的粘结性能、耐拉伸、耐水性好
2）定型密封材料	密封条带	铝合金门窗橡胶密封条、丁腈橡胶–PVC门窗密封条、自粘型橡胶、橡胶止水带、塑料止水带等； 定形密封材料按密封机理的不同可分为遇水非膨胀型和遇水膨胀型两类
	止水带	

2. 保温隔热材料

在建筑工程中，常把用于控制室内热量外流的材料称为保温材料，将防止室外热量进入室内的材料称为隔热材料，两者统称为绝热材料。绝热材料主要用于墙体及屋顶、热工设备及管道、冷藏库等工程或冬期施工的工程。

分类		含义及特性
（1）纤维状绝热材料	岩棉及矿渣棉	由熔融的岩石经喷吹制成的称为岩棉。 由熔融矿渣经喷吹制成的称为矿渣棉。 岩棉及矿渣棉统称为矿物棉
	石棉	优点：具有耐火、耐热、耐酸碱、绝热、防腐、隔声及绝缘等特性。 适用：工业建筑的隔热、保温及防火覆盖等
	玻璃棉	玻璃棉是将熔融玻璃纤维化，形成棉状的材料，化学成分属于玻璃类，是一种无机质纤维，具有成型好、体积密度小、热导率低、保温绝热、吸声性能好、耐腐蚀、化学性能稳定等特点
	陶瓷纤维	是一种纤维状轻质耐火材料，具有重量轻、耐高温、热稳定性好、导热率低、比热小及耐机械振动等优点

续表

分类		含义及特性
（2）散粒状绝热材料	膨胀蛭石	是一种复杂的镁、铁含水铝硅酸盐矿物，由云母类矿物经风化而成，具有层状结构
	膨胀珍珠岩	膨胀珍珠岩是由天然珍珠岩煅烧而成，呈蜂窝泡沫状的白色或灰白色颗粒，是一种高效能地绝热材料
	玻化微珠	是一种酸性玻璃质熔岩矿物质（松脂岩矿砂），内部多孔、表面玻化封闭，呈球状体的细径颗粒
（3）多孔状绝热材料		多孔状材料由固相和孔隙良好的分散材料组成，主要有泡沫类和发气类产品，常见的有：①轻质混凝土，作为建筑物墙体及屋面材料，具有良好的节能效果；②微孔硅酸钙；③泡沫玻璃，是一种高级保温绝热材料，可用于砌筑墙体或冷库隔热。它们整个体积内含有大量均匀分布的气孔
（4）有机绝热材料	泡沫塑料	是以合成树脂为基料，加入适当发泡剂、催化剂和稳定剂等辅助材料，经加热发泡而制成的具有轻质、保温、绝热、吸声、抗震性能的材料
	植物纤维类绝热板	该类绝热材料可用稻草、麦秸、甘蔗渣等为原料经加工制成

3. 吸声隔声材料

分类		含义及特性
（1）吸声材料	薄板振动吸声结构	建筑中常用胶合板、薄木板、硬质纤维板、石膏板、石棉水泥板或金属板等，将其固定在墙或天棚的龙骨上，并在背后留有空气层，形成薄板振动吸声结构
	柔性吸声结构	具有密闭气孔和一定弹性的材料（如聚氯乙烯泡沫塑料），声波引起的空气振动不是直接传递到材料内部，只能相应地产生振动，在振动过程中由于克服材料内部的摩擦而消耗声能，引起声波衰减
	悬挂空间吸声结构	悬挂于空间的吸声体，由于声波与吸声材料的两个或两个以上的表面接触，增加了有效地吸声面积，产生边缘效应，加上声波的衍射作用，大大提高了吸声效果
	帘幕吸声结构	具有通气性能的纺织品，安装在离开墙面或窗洞一段距离处，背后设置空气层
（2）隔声材料		能减弱或隔断声波传递的材料。必须选用密实、质量大的材料作为隔声材料，如黏土砖、钢板、混凝土和钢筋混凝土等

4. 防火材料

燃烧是一种同时伴有放热和发光效应的剧烈氧化反应。放热、发光、生成新物质是燃烧的三个特征。可燃物、助燃物和火源是燃烧的三要素。

<table>
<tr><th colspan="2">分类</th><th>含义及特性</th></tr>
<tr><td rowspan="2">（1）阻燃剂</td><td>添加型阻燃剂</td><td>添加型阻燃剂是通过机械混合方法加入到聚合物中，使聚合物具有阻燃性，可分为有机阻燃剂和无机阻燃剂</td></tr>
<tr><td>反应型阻燃剂</td><td>是作为一种单体参加聚合反应，使聚合物本身含有阻燃成分</td></tr>
<tr><td colspan="2" rowspan="3">（2）防火涂料</td><td>是指涂覆于物体表面上，能降低物体表面的可燃性，阻隔热量向物体的传递，从而防止物体快速升温，阻止火势的蔓延，提高物体耐火极限的物质</td></tr>
<tr><td>主要由基料和防火助剂两部分组成。除了应具有普通涂料的装饰作用和对基材提供的物理保护作用外，防火涂料还需要具有隔热、阻燃和耐火的功能，可在一定的温度和一定时间内形成防火隔热层。因此，防火涂料是一种集装饰和防火为一体的特种涂料</td></tr>
<tr><td>按防火涂料的使用目标来分，可分为饰面型防火涂料、钢结构防火涂料、电缆防火涂料、预应力混凝土楼板防火涂料、隧道防火涂料、船用防火涂料等多种类型。其中，钢结构防火涂料根据其使用场合不同分为室内用和室外用两类，根据其涂层厚度和耐火极限又可分为厚型、薄型和超薄型三类</td></tr>
<tr><td colspan="2">（3）水性防火阻燃液</td><td>又称水性防火剂、水性阻燃剂，是以水为分散介质，采用喷涂或浸渍等方法，使木材、织物或纸板等获得规定的燃烧性能的阻燃剂。
根据水性防火阻燃液的使用对象不同，可分为木材阻燃处理用的水性防火阻燃液、织物阻燃处理用的水性防火阻燃液及纸板阻燃处理用的水性防火阻燃液三类</td></tr>
<tr><td rowspan="4">（4）防火堵料</td><td colspan="2">防火堵料是专门用于封堵建筑物中的各种贯穿物，如电缆、风管、油管、气管等穿过墙壁、楼板形成的各种开孔以及电缆桥架等，具有防火隔热功能且便于更换的材料</td></tr>
<tr><td>有机防火堵料</td><td>又称可塑型防火堵料，以合成树脂为胶粘剂，并配以防火助剂、填料制成的</td></tr>
<tr><td>无机防火堵料</td><td>又称速固型防火堵料，是以快干水泥为基料，添加防火剂、耐火材料等经研磨、混合而制成的，使用时加水拌和</td></tr>
<tr><td>防火包</td><td>又称耐火包或阻火包，是采用特选的纤维织物做包袋，装填膨胀性的防火隔热材料制成的枕状物体，又称防火枕</td></tr>
</table>

建筑功能材料思维导图

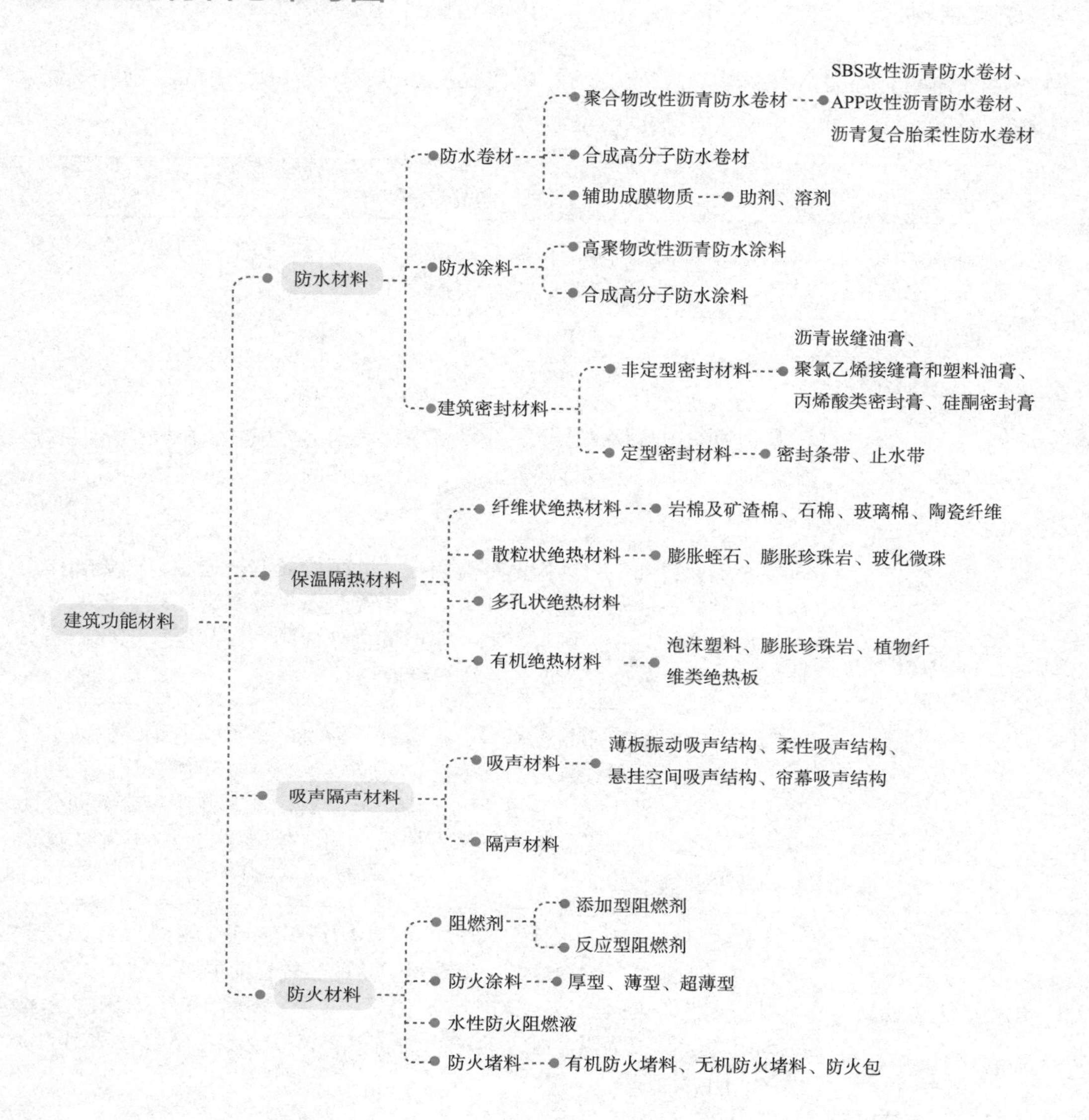

习题及答案解析

一、习题

❶【单选】**属于塑性体沥青防水卷材的是（　　）。**

A．APP改性沥青防水卷材　　B．SBS改性沥青防水卷材

C．沥青复合胎柔性防水卷材　　D．三元乙丙橡胶防水卷材

❷【单选】**下列选项中，不属于燃烧三个特征的是（　　）。**

A．放热　　B．发光　　C．火源　　D．生成新物质

3 【单选】**建筑定型密封材料有（　　）。**

A．密封条、止水阀　　B．密封条带、止水带

C．密封带、止水带　　D．密封条带、止水阀

4 【多选】**根据其涂层厚度和耐火极限，可以将钢结构防火涂料分为（　　）。**

A．超厚质型防火涂料　　B．厚质型防火涂料

C．中型防火涂料　　D．薄型防火涂料

E．超薄型防火涂料

5 【多选】**防火涂料按使用目标分为（　　）。**

A．隧道防火涂料　　B．饰面型防火涂料

C．电缆防火涂料　　D．钢结构防火涂料

E．非预应力混凝土楼板防火涂料

二、答案与解析

1 **【答案】**A

【解析】本题考查的是建筑功能材料。APP改性沥青防水卷材属于塑性体沥青防水卷材。

2 **【答案】**C

【解析】本题考查的是建筑功能材料。燃烧是一种同时伴有放热和发光效应的剧烈的氧化反应。放热、发光、生成新物质是燃烧现象的三个特征。

3 **【答案】**B

【解析】本题考查的是建筑功能材料。定型密封材料包括密封条带和止水带，如铝合金门窗橡胶密封条、丁腈橡胶-PVC门窗密封条、自粘型橡胶、橡胶止水带、塑料止水带等。

4 **【答案】**BDE

【解析】本题考查的是建筑功能材料。钢结构防火涂料根据其使用场合不同可分为室内用防火涂料和室外用防火涂料两类，根据其涂层厚度和耐火极限又可分为厚质型防火涂料、薄型防火涂料和超薄型防火涂料三类。

5 **【答案】**ABCD

【解析】本题考查的是建筑功能材料。按防火涂料的使用目标来分，可分为饰面型防火涂料、钢结构防火涂料、电缆防火涂料、预应力混凝土楼板防火涂料、隧道防火涂料、船用防火涂料等多种类型。

第三节 土建工程主要施工工艺与方法

1.3.1 土石方工程施工

1. 土石方工程分类

分类	内容
（1）场地平整	场地平整前必须确定场地设计标高，计算挖方和填方的工程量，确定挖方、填方的平衡调配，选择土方施工机械，拟定施工方案
（2）基坑（槽）开挖	开挖深度在5m以内的称为浅基坑（槽），挖深超过5m（含5m）的称为深基坑（槽）。应根据建筑物、构筑物的基础形式，坑（槽）底标高及边坡坡度要求开挖基坑（槽）
（3）基坑（槽）回填	填土必须具有一定的密实度，以避免建筑物产生不均匀沉降。填方应分层进行，并尽量采用同类土填筑
（4）地下工程大型土石方开挖	对人防工程、大型建筑物的地下室、深基础施工等地下大型土石方开挖会涉及降水、排水、边坡稳定与支护、地面沉降与位移等问题

2. 土石方工程的准备与辅助工作

土石方工程施工前的准备工作：场地清理、排除地面水、修建临时设施、材料及机械的进场工作、土方工程测量及其他辅助工作。

（1）土方边坡

土方边坡	内容
1）土方边坡：用其高度（H）与底宽度（B）之比表示	边坡可做成直线形、折线形或踏步形。边坡坡度应根据土质、开挖深度、开挖方法、施工工期、地下水位、坡顶荷载及气候条件等因素确定
2）护坡：施工中除应正确确定边坡，还要进行护坡，以防边坡发生滑动	在土方施工中，要预估各种可能出现的情况，采取必要的措施护坡防坍塌，特别要注意及时排除雨水、地面水，防止坡顶集中堆载及振动。必要时可采用钢丝网细石混凝土（或砂浆）护坡面层加固。如果是永久性土方边坡，则应做好永久性加固措施

（2）基坑（槽）支护

方式	类别组成		含义或适用范围
1）横撑式支撑：开挖较窄的沟槽，多用横撑式土壁支撑。如图1-23所示	①水平挡土板式	间断式	湿度小的黏性土挖土深度小于3m时，可用间断式水平挡土板支撑
		连续式	对松散、湿度大的土可用连续式水平挡土板支撑，挖土深度可达5m
	②垂直挡土板式		对松散和湿度很高的土可用垂直挡土板式支撑，挖土深度不限

续表

方式	类别组成	含义或适用范围

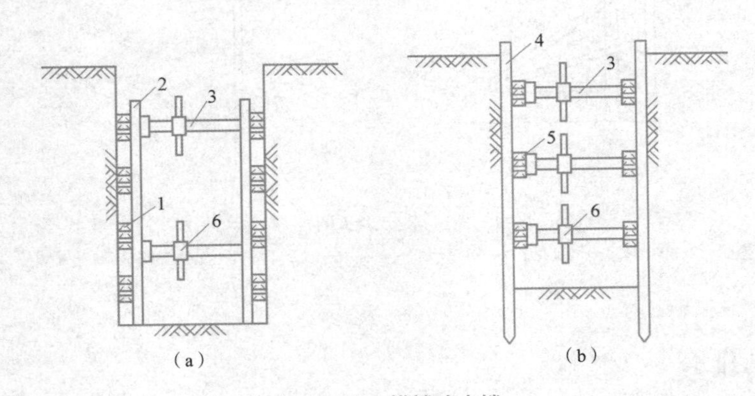

图1-23 横撑式支撑

（a）水平挡土板支撑；（b）垂直挡土板支撑

1—横撑式支撑水平挡土板；2—立柱；3—工具式横撑；4—垂直挡土板；5—横楞木；6—调节螺栓

方式	类别组成	含义或适用范围
2）重力式支护结构：通过加固基坑周边土形成一定厚度的重力式墙，以达到挡土的目的	水泥土搅拌桩（或称深层搅拌桩）支护结构	这种支护墙具有防渗和挡土的双重功能。 当需要增加墙体的抗拉性能时，可在水泥土桩内插入钢筋、钢管或毛竹等杆筋。杆筋插入深度宜大于基坑深度，并应锚入面板内。面板厚度不宜小于150mm，混凝土强度等级不宜低于C15。 工艺：①“一次喷浆、二次搅拌”；②“二次喷浆、三次搅拌”。 适用：水泥掺量较小，土质较松时，可用前者；反之，可用后者
3）板式支护结构：由挡墙系统和支撑（或拉锚）系统组成。悬臂式板桩支护结构则不设支撑（或拉锚），如图1-24所示	①挡墙系统	常用材料：槽钢、钢板桩、钢筋混凝土板桩、灌注桩及地下连续墙。 分类：钢板桩有平板型和波浪型两种。 优点：连接牢固，形成整体；隔水能力好，截面积小，易于打入；U形、Z形抗弯能力较好；可重复使用
	②支撑系统	常用材料：一般采用大型钢管、H型钢或格构式钢支撑，也可采用现浇钢筋混凝土支撑。 基坑较浅，挡墙具有一定刚度时，可采用悬臂式挡墙而不设支撑点
	③拉锚系统	常用材料：一般用钢筋、钢索、型钢或土锚杆
支撑或拉锚与挡墙系统通过围檩、冠梁等连接成整体。 板桩墙的施工根据挡墙系统的形式选取相应的方法： a. 一般钢板桩、混凝土板桩采用打入法； b. 灌注桩及地下连续墙采用就地成孔（槽）现浇的方法		

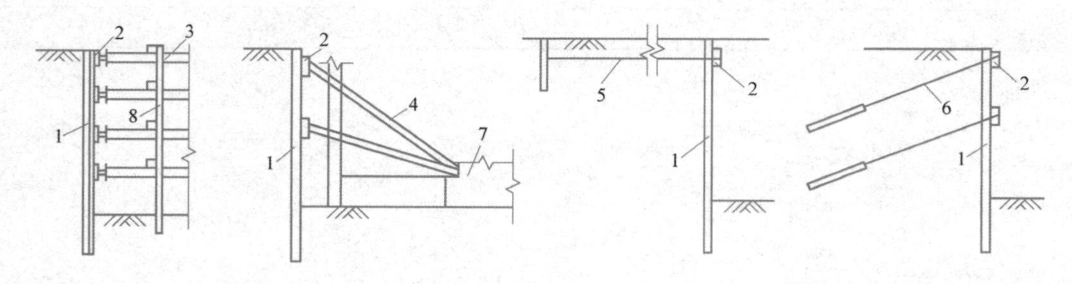

图 1-24　板式支护结构

1—板桩墙；2—围檩；3—钢支撑；4—斜撑；5—拉锚；6—土锚杆；7—先施工的基础；8—竖撑

（3）降水与排水

降水方法可分为重力降水（如积水井、明渠等）和强制降水（如轻型井点、深井泵、电渗井点等）。土石方工程中采用较多是明排水法和轻型井点降水法。

排除地面水一般采取在基坑周围设置排水沟、截水沟或筑土堤等办法，并尽量利用原有的排水系统，使临时排水系统与永久排水设施相结合。

<table>
<tr><th>分类</th><th colspan="3">要求及使用范围</th></tr>
<tr><td>1）明排水法施工：在基坑开挖过程中，在坑底设置集水坑，并沿坑底周围或中央开挖排水沟，使水流入集水坑，然后用水泵抽走。抽出的水应引走，以防倒流</td><td colspan="3">①宜用于粗粒土层，也用于渗水量小的黏土层。但当土为细砂和粉砂时，应采用井点降水法。
②集水坑应设置在基础范围以外，地下水走向的上游，每隔20～40m设置一个。
③集水坑的直径或宽度，一般为0.6～0.8m。其深度随着挖土的加深而加深，要低于挖土面0.7～1.0m。坑壁可用竹、木或钢筋笼等简易加固。当基础挖至设计标高后，集水坑坑底应低于基础底面标高1～2m，并铺设碎石滤水层。
④边坡坡面上如有局部渗出地下水时，应在渗水处设置过滤层，防止土粒流失，并设置排水沟，将水引出坡面</td></tr>
<tr><td rowspan="5">2）井点降水施工：在基坑开挖之前，预先在基坑四周埋设一定数量的滤水管（井），利用抽水设备抽水，使地下水位下降到坑底以下，并在基坑开挖过程中仍不断抽水（按表1-7选择）</td><td rowspan="5">①轻型井点</td><td>单排布置</td><td>适用：基坑、槽宽度小于6m，且降水深度不超过5m的情况</td></tr>
<tr><td>双排布置</td><td>适用：基坑宽度大于6m或土质不良的情况</td></tr>
<tr><td>环形布置</td><td>适用：大面积基坑</td></tr>
<tr><td>U形布置</td><td>当土方施工机械需进出基坑时，也可采用U形布置。
井点管不封闭的一段应设在地下水的下游方向</td></tr>
<tr><td colspan="2">井点系统安装顺序：挖井点沟槽，铺设集水总管→冲孔，陈设井点管，灌填砂滤料→用弯联管将井点管与集水总管连接→安装抽水设备→试抽。弯联管宜采用软管</td></tr>
</table>

续表

<table>
<tr><th>分类</th><th colspan="3">要求及使用范围</th></tr>
<tr><td rowspan="8">2）井点降水施工：在基坑开挖之前，预先在基坑四周埋设一定数量的滤水管（井），利用抽水设备抽水，使地下水位下降到坑底以下，并在基坑开挖过程中仍不断抽水（按表1－7选择）</td><td>①轻型井点</td><td colspan="2">井点管沉设方法：用冲水管冲孔后，沉设井点管；直接利用井点管水冲下沉；用套管式冲枪水冲法或振动水冲法成孔后沉设井点管</td></tr>
<tr><td rowspan="4">②喷射井点</td><td>单排布置</td><td>当基坑宽度小于等于10m时，井点可作单排布置</td></tr>
<tr><td>双排布置</td><td>当基坑宽度大于10m时，井点可做双排布置</td></tr>
<tr><td>环形布置</td><td>当基坑面积较大时，井点宜采用环形布置</td></tr>
<tr><td colspan="2">井点间距一般采用2～3m，每套喷射井点宜控制在20～30根井管。
喷射井点的降水深度可达8～20m</td></tr>
<tr><td>③电渗井点</td><td colspan="2">在饱和黏土中，特别是淤泥和淤泥质黏土中，由于土的透水性较差，持水性较强，用一般喷射井点和轻型井点降水效果较差，此时宜增加电渗井点来配合轻型或喷射井点降水</td></tr>
<tr><td>④深井井点</td><td colspan="2">当降水深度超过15m时，在管井井点内采用一般的潜水泵和离心泵满足不了降水要求时，可加大管井深度，改用深井泵（即深井井点）来解决。深井井点一般可降低水位30～40m，有的甚至可达百米以上。
深井泵分类：电动机在地面上的深井泵及深井潜水泵（沉没式深井泵）</td></tr>
<tr><td>⑤管井井点</td><td colspan="2">在土的渗透系数大、地下水量大的土层中，宜采用管井井点。
管井的直径一般为150～250mm。管井的间距一般为20～50m</td></tr>
</table>

各种井点的适用范围　　表1－7

井点类别	土的渗透系数（m/d）	▲降低水位深度（m）
单级轻型井点	0.005~20	<6
多级轻型井点	0.005~20	<20
喷射井点	0.005~20	<20
电渗井点	<0.1	根据选用的井点确定
管井井点	0.1~200	不限
深井井点	0.1~200	>15

土石方工程施工思维导图

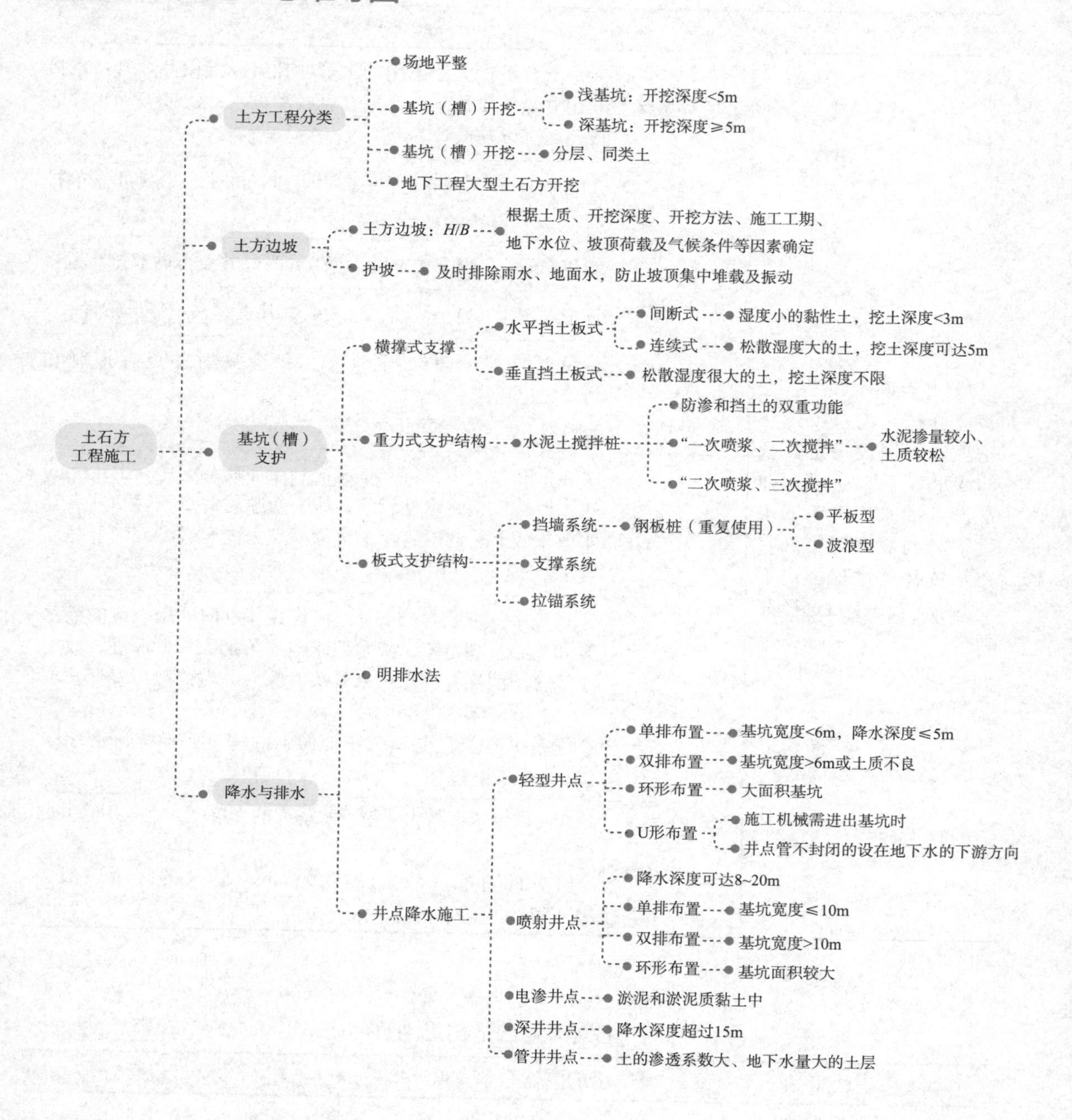

习题及答案解析

一、习题

1 【单选】下列关于横撑式的沟槽支护，表述正确的是（　　）。

A. 对湿度大的黏土，可以采用间断式水平挡土板支撑

B. 对湿度大的黏土，可以采用连续式水平挡土板支撑

C. 对湿度很高的黏土，可以采用连续式水平挡土板支撑

D. 采用垂直式挡土板支撑时，挖土深度不超过5m

❷【单选】**宜采用管井井点降水的情况（　　）。**

A. 土的渗透系数小、地下水量小的土层

B. 土的渗透系数大、地下水量小的土层

C. 土的渗透系数大、地下水量大的土层

D. 土的渗透系数小、地下水量大的土层

❸【多选】**搅拌桩成桩工艺可采用（　　）工艺，主要依据水泥渗入比及土质情况而定。**

A. 一次喷浆、一次搅拌　　B. 一次喷浆、二次搅拌

C. 二次喷浆、二次搅拌　　D. 二次喷浆、三次搅拌

E. 三次喷浆、三次搅拌

❹【多选】**地面水的排水一般采用在基坑周围设置（　　）等方法。**

A. 轻型井点　　B. 截水沟　　C. 管井井点

D. 筑土堤　　E. 排水沟

二、答案与解析

❶**【答案】**B

【解析】本题考查的是基坑（槽）支护。水平挡土板分为间断式和连续式，对于湿度小的黏性土，可采用间断式水平挡土板支撑，挖土深度可达到3m；对松散、湿度大的黏性土，可采用连续式水平挡土板支撑，挖土深度可达5m。对松散的和湿度很高的黏性土，可采用垂直挡土板支撑，挖土深度可超过5m。

❷**【答案】**C

【解析】本题考查的是降水与排水。在土的渗透系数大、地下水量大的土层中，宜采用管井井点。当降水深度超过15m时，改用深井泵（即深井井点）来解决。在饱和黏土中，特别是淤泥和淤泥质黏土中，宜增加电渗井点来配合轻型或喷射井点降水。

❸**【答案】**BD

【解析】本题考查的是基坑（槽）支护。搅拌桩成桩工艺可采用“一次喷浆、二次搅拌”或“二次喷浆、三次搅拌”工艺，主要依据水泥掺入比及土质情况而定。水泥掺量较小，土质较松时，可用前者；反之，可用后者。

❹**【答案】**BDE

【解析】本题考查的是降水与排水。排除地面水一般采取在基坑周围设置排水沟、截水沟或筑土堤等方法。

1.3.2 地基与基础工程施工

1. 地基加固处理

方法	分类	适用范围及要求
（1）换填地基法	1）灰土地基	当建筑物基础下的持力层比较软弱时采用。 换填地基法是先将基础底面以下一定范围内的软弱土层挖去，然后回填强度较高、压缩性较低并且没有侵蚀性的材料，如中粗砂、碎石或卵石、灰土、素土、石屑、矿渣等，再分层夯实后作为地基的持力层
	2）砂和砂石地基	
	3）粉煤灰地基	
（2）夯实地基法	①重锤夯实法	适用：地下水位距地面0.8m以上稍湿的黏土、砂土、湿陷性黄土、杂填土和分层填土，但在有效夯实深度内存在软黏土层时不宜采用
	②强夯法	适用：加固碎石土、砂土、低饱和度粉土、黏性土、湿陷性黄土、高填土、杂填土以及“围海造地”地基、工业废渣、垃圾地基等的处理；也可用于防止粉土及粉砂的液化，消除或降低大孔土的湿陷性等级；对于高饱和度淤泥、软稀土、泥炭、沼泽土，如采取一定技术措施也可采用，还可用于水下夯实。 不适用：对工程周围建筑物和设备有一定振动影响的地基加固，必需时，应采取防振、隔振措施
（3）预压地基法（又称排水固结法）		适用：处理道路、仓库、罐体、飞机跑道、港口等各类大面积淤泥质土、淤泥及冲填土等饱和黏性土地基
（4）振冲地基法（又称振动水冲法）		在地基中形成一个大直径的密实桩体与原地基构成复合地基，从而提高地基的承载力，减少不均匀沉降，是一种快速、经济、有效的加固方法
（5）砂桩、碎石桩和水泥粉煤灰碎石桩		①碎石桩和砂桩合称为粗颗粒土桩：用振动、冲击或振动水冲等方式在软弱地基中成孔，再将碎石或砂挤压入孔，形成大直径的由碎石或砂所构成的密实桩体，具有挤密、置换、排水、垫层和加筋等加固作用 ②水泥粉煤灰碎石桩（CFG桩）：在碎石桩基础上加进一些石屑、粉煤灰和少量水泥，加水拌和制成的具有一定粘结强度的桩。桩的承载能力来自桩全长产生的摩阻力及桩端承载力，桩越长，承载力越高，桩土形成的复合地基承载力提高幅度可达4倍以上且变形量小，适用于多层和高层建筑地基
（6）土桩和灰土桩		适用：处理地下水位以上，深度5～15m的湿陷性黄土或人工填土地基。 土桩作用：消除湿陷性黄土地基的湿陷性。 灰土桩作用：提高人工填土地基的承载力。 不适用：地下水位以下或含水量超过25%的土
（7）深层搅拌桩		用于增加软土地基的承载能力，减少沉降量，提高边坡的稳定性

续表

方法	分类	适用范围及要求
（8）高压喷射注浆桩		高压喷射注浆法适用于处理淤泥、淤泥质土、流塑、软塑或可塑黏性土、粉土、砂土、黄土、素填土和碎石土等地基。 高压喷射注浆法分为旋喷、定喷和摆喷三种方法。 根据工程需要和土质要求，施工时可分别采用单管法、二重管法、三重管法和多重管法。 高压喷射注浆法固结体形状可分为垂直墙状、水平板状、柱列状和群状

地基加固处理思维导图

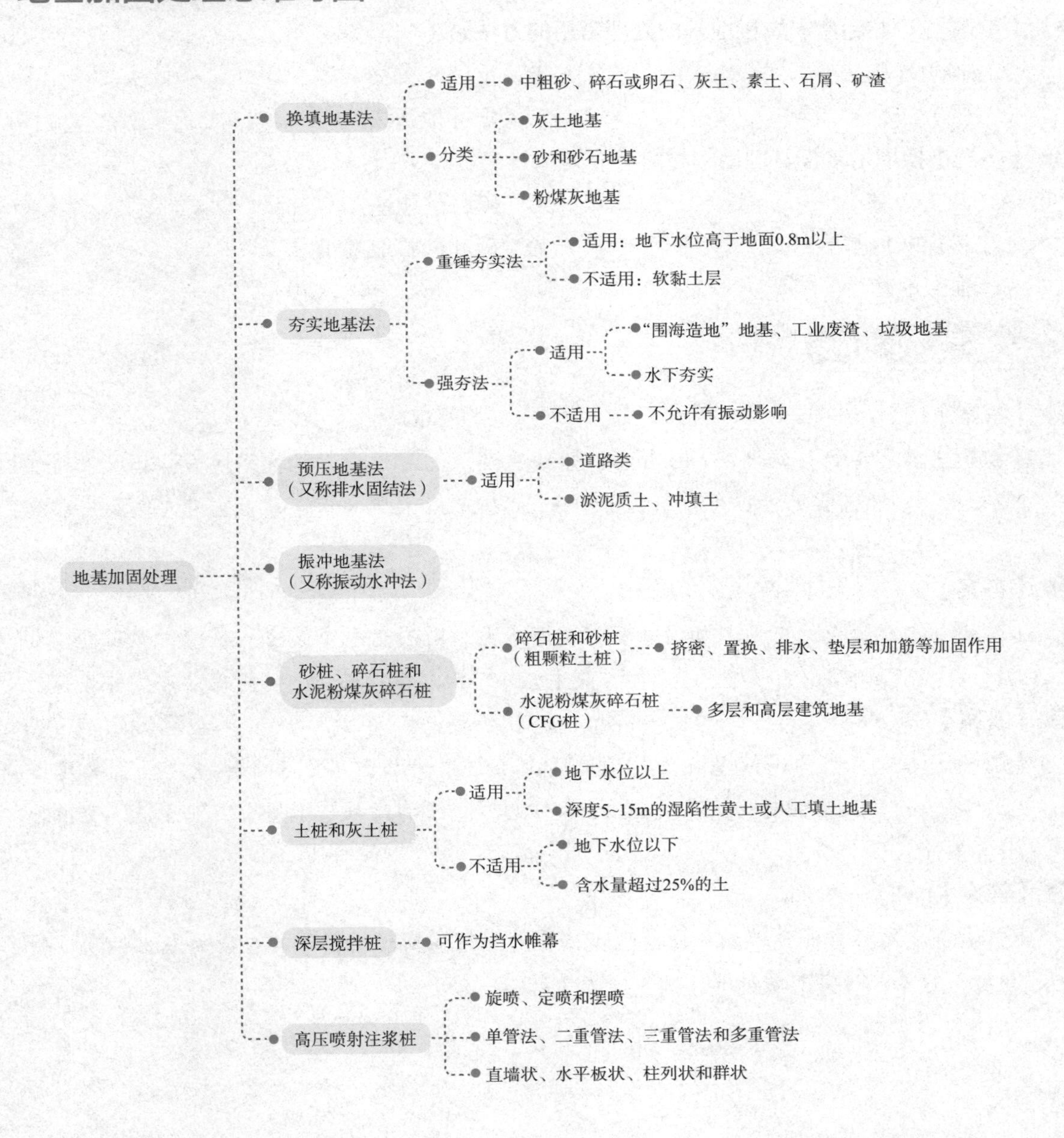

习题及答案解析

一、习题

❶【单选】重锤夯实法适用于加固地下水距地面（ ）稍湿的黏土、砂土、湿陷性黄土、杂填土和分层填土，不适于有效夯实深度存在软黏土层的地基。

A．1.2m以下　　B．1.2m以上

C．0.8m以下　　D．0.8m以上

❷【单选】下列选项中，不属于地基加固处理的桩加固法的是（ ）。

A．振冲桩法　　B．CFG桩　　C．灌注桩法　　D．灰土桩法

❸【单选】工业废渣、垃圾地基的处理常用的方法是（ ）。

A．换填地基法　　B．重锤夯实法

C．强夯法　　D．振冲地基法

❹【多选】换填地基按其回填的材料可分为（ ）。

A．灰土地基　　B．碎石桩地基

C．粉煤灰地基　　D．砂和砂石地基

E．强夯地基

二、答案与解析

❶【答案】D

【解析】本题考查的是地基加固处理。重锤夯实法适用于地下水位距地面0.8m以上稍湿的黏土、砂土、湿陷性黄土、杂填土和分层填土，但在有效夯实深度内存在软黏土层时不宜采用。

❷【答案】C

【解析】本题考查的是地基加固处理。常用的桩加固法有振冲桩法、砂桩和碎石桩、水泥粉煤灰碎石桩法（CFG桩）、土桩和灰土桩法、深层搅拌桩法、高压喷射注浆桩法等。

❸【答案】C

【解析】本题考查的是地基加固处理。强夯法适用于加固碎石土、砂土、低饱和度粉土、黏性土、湿陷性黄土、高填土、杂填土以及“围海造地”地基、工业废渣、垃圾地基等的处理。

❹【答案】ACD

【解析】本题考查的是地基加固处理。换填地基按其回填材料不同可分为灰土地基、砂和砂石地基、粉煤灰地基等。

2. 桩基础施工

特点	分类方法	分类
承载能力大、抗震性能好、沉降量小，可省去大量土方、排水、支撑、降水设施，而且施工简便，可以节约劳动力和压缩工期	1）根据桩在土中受力不同	分为端承桩和摩擦桩
	2）根据施工方法的不同	分为预制桩（如钢筋混凝土桩、钢桩、木桩等）和灌注桩
	3）根据成孔方法的不同	分为钻孔灌注桩、挖孔灌注桩、冲孔灌注桩、沉管灌注桩和爆扩桩等

（1）钢筋混凝土预制桩施工（不受地下水和潮湿变化的影响）

钢筋混凝土预制桩断面有实心方桩与预应力混凝土空心管桩两种。方形桩边长通常为200～550mm，桩内设纵向钢筋或预应力钢筋和横向钢筋，在尖端设置桩靴。预应力混凝土管桩直径为400～600mm，在工厂内用离心法制成。

1）桩的制作、起吊、运输和堆放

过程	要求
①桩的制作	长度在10m以下的短桩，一般多在工厂预制； 较长的桩，通常就在打桩现场附近露天预制； 多采用重叠法预制，重叠层数不宜超过4层，层与层之间应涂刷隔离剂，上层桩或邻近桩的灌注，应在下层桩或邻近桩混凝土达到设计强度等级的30%以后方可进行
②起吊和运输	钢筋混凝土预制桩应在混凝土达到设计强度的70%方可起吊；达到100%方可运输和打桩
③堆放	桩堆放时，地面必须平整、坚实，不得产生不均匀沉陷。堆放层数不宜超过4层。不同规格的桩分别堆放

2）沉桩

沉桩方法	特点及要求
①锤击沉桩（打入桩）	优点：施工速度快，机械化程度高，适应范围广，现场文明程度高。 缺点：有挤土、噪声和振动等危害。 适用：用于桩径较小（桩径0.6m以下），地基土土质为可塑性黏土、砂性土、粉土、细砂以及松散的碎卵石类土的情况。 选择打桩机具：打桩机具主要包括桩锤、桩架和动力装置。要求锤重应有足够的冲击能，锤重应大于等于桩重。在施工中，宜采用“重锤低击”。 确定打桩顺序：当基坑不大时，打桩应从中间向两边或四周进行；当基坑较大时，应将基坑分为数段，而后在隔断范围内分别进行。宜先深后浅，先大后小、先长后短
②静力压桩（压入桩）	优点：施工时无冲击力，噪声和振动较小，桩顶不易损坏，且无污染，对周围环境的干扰小。 适用：软土地区、城市中心或建筑物密集处的桩基础工程，以及精密工厂的扩建工程。 工艺顺序：测量定位→压桩机就位→吊桩、插桩→桩身对中调制→静压沉桩→接桩→再静压沉桩→送桩→终止压桩→切割桩头
③射水沉桩（旋入桩）	适用：砂土和碎石土，有时对于特别长的预制桩，用射水沉桩法辅助。 一般是边冲水边打桩，当沉桩至最后1～2m时停止冲水，用锤击至规定标高

续表

沉桩方法	特点及要求
④振动沉桩（振入桩）	适用：砂土、砂质黏土、亚黏土层。在含水砂层中的效果更为显著，但在沙砾层中采用时，尚需配以水冲法。 不适用：黏性土以及土层中夹有孤石的情况

3）接桩与拔桩

接桩与拔桩	方式	适用范围
①接桩	焊接（应用最多）	用于各种土层，宜用低碳钢
	法兰接	
	硫黄胶泥锚接	只适用于软弱土层
②拔桩	用拔桩机进行，一般桩可用人字桅杆借卷扬机或用钢丝绳捆紧桩头部借横梁，用液压千斤顶抬起，采用气锤打桩可直接用蒸汽锤拔桩	

4）桩头处理

各种预制桩在施工完毕后，按设计要求的桩顶标高将桩头多余的部分截去。截桩头时不能破坏桩身，要保证桩身的主筋伸入承台，长度应符合设计要求。当桩顶标高在设计标高以下时，在桩位上挖成喇叭口，凿掉桩头混凝土，剥出主筋并焊接接长至设计要求长度，与承台钢筋绑扎在一起，用桩身同强度等级的混凝土与承台一起浇筑接长桩身。

（2）钢管桩施工

优点：重量轻、刚性好，承载力高，桩长易于调节，排土量小，对邻近建筑物影响小，接头连接简单，工程质量可靠，施工速度快。

缺点：钢材用量大，工程造价较高；打桩机具设备较复杂，振动和噪声较大；桩材保护不善、易腐蚀等。

钢管桩	要求
1）构造	钢管桩的管材，一般用普通碳素钢，或按设计要求选用
2）打桩机械的选择	以三点支撑桅杆式（履带行走）柴油打桩机使用较普遍。 优点：打桩精度较高，整机稳定性好，操作方便、安全，工效较高。 缺点：对场地要求较高，要铺填厚100～300mm碎石并碾压密实
3）施工准备	平整和清理场地，测量定位放线，标出桩心位置并用石灰撒圈标出桩径大小和位置，标出打桩顺序和桩机开行路线并在桩机开行路线上铺垫碎石
4）打桩顺序	一般采取先打桩后挖土的施工方法。钢管桩的施工顺序是：桩机安装→桩机移动就位→吊桩→插桩→锤击下沉→接桩→锤击至设计深度→内切钢管桩→精割→焊桩盖→浇筑垫层混凝土
5）桩的运输与吊放	场地宽敞时宜用单层排列。吊钢管桩多采用一点绑扎起吊
6）打桩	空打1～2m，再次校正垂直度后正式打桩，至桩顶高出地面60～80cm时，停止锤击，进行接桩，再用同样步骤直至达到设计深度为止
7）接桩	钢管接长时，如管径相同，宜采用等强度的坡口焊缝焊接； 如管径不同，可采用法兰盘和螺栓连接，同样应满足等强度要求
8）送桩	当桩顶标高离地面有一定差距，而不再需要接桩时，可用送桩筒将桩打至设计标高

续表

钢管桩	要求
9）贯入度控制	铜管桩一般都不设桩靴，直接开口打入。停打标准以贯入深度为主，并结合打桩时的贯入量，最后1m锤击数和每根桩的总锤击数等综合判定
10）钢管桩切割	只能在钢管桩的管内切割。割出的短桩头用内胀式拔桩装置借吊车拔出，拔出的短桩焊接接长后可再次使用
11）焊桩盖	在每个钢管桩上加焊一个桩盖，并在外壁加焊8～12根ϕ20mm的锚固钢筋
12）桩端与承台连接	钢管桩顶端与承台的连接一般采用刚性接头，将桩头嵌入承台内的长度不小于1d（为铜管桩外径）长度，或仅嵌入承台内100mm左右，再利用钢筋予以补强或在钢管桩顶端焊以基础锚固钢筋，再按常规方法施工上部钢筋混凝土基础

（3）混凝土灌注桩施工

灌注桩是直接在桩位上就地成孔，在孔内安放钢筋笼（也有直接插筋或不插钢筋的），灌注混凝土而成，能适应地层变化，施工时无振动、无挤土、噪声小，适宜在建工程密集地区使用。对混凝土灌注桩施工，成孔是关键。根据成孔工艺不同，灌注桩分为泥浆护壁成孔、干作业成孔、人工挖孔、套管成孔和爆扩成孔等。

灌注桩	分类	适用	工艺要求
（1）泥浆护壁成孔灌注桩	正循环钻孔	黏性土、砂土、强风化岩石、中等-微风化岩石。桩径<1.5m，孔深一般≤50m	灌注桩的桩顶标高至少要比设计标高高出0.8～1.0m
	反循环钻孔	黏性土、砂土、细粒碎石土及强风化岩石、中等－微风化岩石。桩径<1m，孔深≤60m	
	钻孔扩底	黏性土、砂土、细粒碎石土、全风化岩石、强风化岩石、中等风化岩石时，孔深≤40m	
	冲击成孔	黏性土、砂土、碎石土和各种岩层。对厚砂层软塑-流塑状态的淤泥及淤泥质土应慎重使用	
（2）干作业成孔灌注桩	螺旋钻孔	优点：施工振动小、噪声低、环境污染少。干作业成孔灌注桩是在没有地下水的情况下进行施工的方法	螺旋钻孔灌注桩的施工机械有长螺旋钻孔机（一次成孔）和短螺旋钻孔机（多次成孔）两种
	螺旋钻孔扩孔		
	机动洛阳铲挖孔		
	人工挖孔		
（3）套管成孔灌注桩	目前采用最广泛，锤击沉管、振动沉管、套管夯打		
（4）爆扩成孔灌注桩（爆扩桩）	一次爆扩法；两次爆扩法	优点：操作简便、节省劳动力、降低成本、承载力较大。 除软土和新填土外，其他各种土层中均可使用此方法	过程：采用简易的麻花钻钻小孔，孔内安放适量的炸药，爆炸成孔，灌注混凝土或钢筋混凝土而成

桩基础施工思维导图

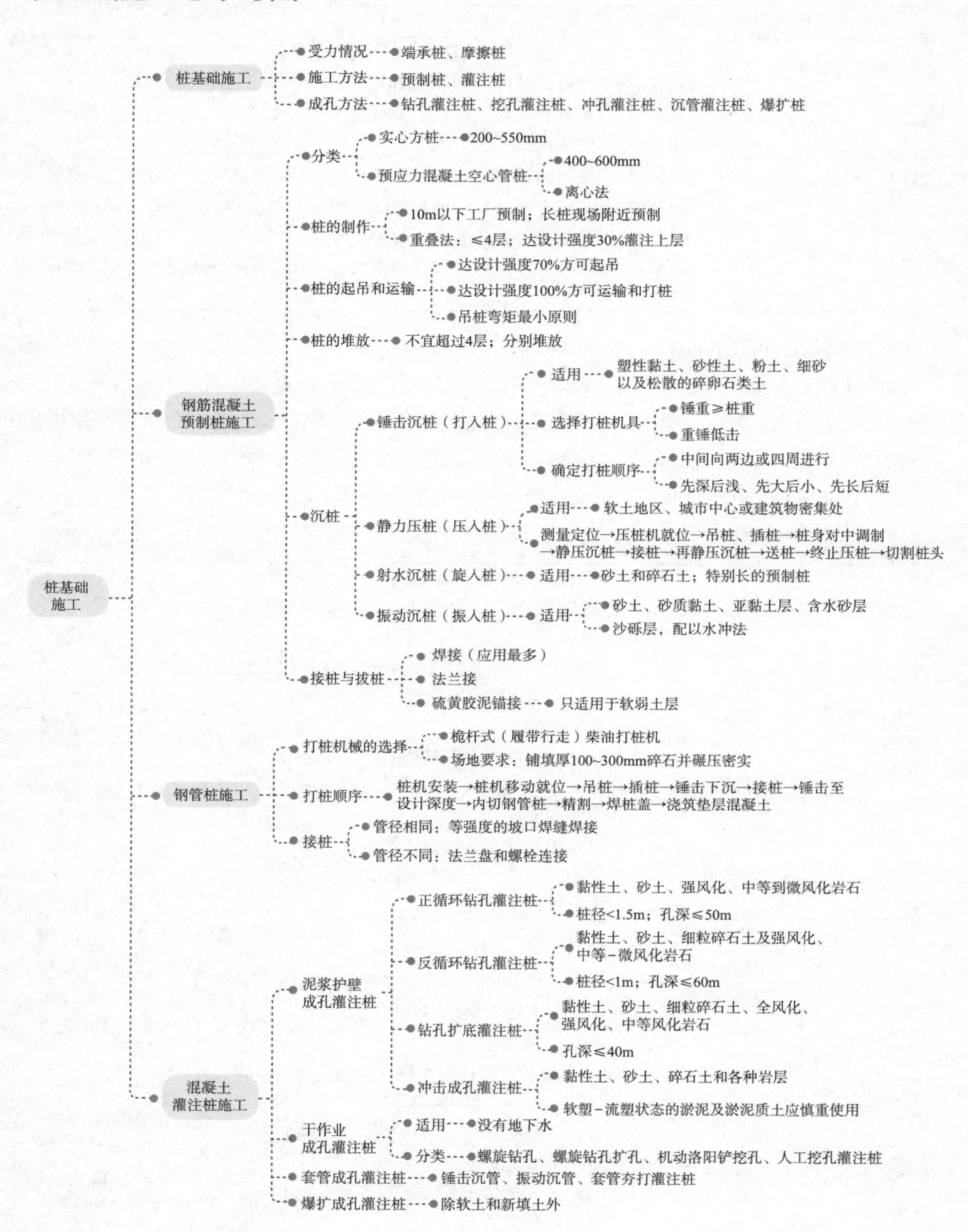

桩基础施工
桩基础施工
受力情况
端承桩、摩擦桩
施工方法
预制桩、灌注桩
成孔方法
钻孔灌注桩、挖孔灌注桩、冲孔灌注桩、沉管灌注桩、爆扩桩
钢筋混凝土预制桩施工
分类
实心方桩
200~550mm
预应力混凝土空心管桩
400~600mm
离心法
桩的制作
10m以下工厂预制；长桩现场附近预制
重叠法：≤4层；达设计强度30%灌注上层
桩的起吊和运输
达设计强度70%方可起吊
达设计强度100%方可运输和打桩
吊桩弯矩最小原则
桩的堆放
不宜超过4层；分别堆放
沉桩
锤击沉桩（打入桩）
适用
塑性黏土、砂性土、粉土、细砂以及松散的碎卵石类土
选择打桩机具
锤重≥桩重
重锤低击
确定打桩顺序
中间向两边或四周进行
先深后浅、先大后小、先长后短
静力压桩（压入桩）
适用
软土地区、城市中心或建筑物密集处
测量定位→压桩机就位→吊桩、插桩→桩身对中调制→静压沉桩→接桩→再静压沉桩→送桩→终止压桩→切割桩头
射水沉桩（旋入桩）
适用
砂土和碎石土；特别长的预制桩
振动沉桩（振入桩）
适用
砂土、砂质黏土、亚黏土层、含水砂层
沙砾层，配以水冲法
接桩与拔桩
焊接（应用最多）
法兰接
硫黄胶泥锚接
只适用于软弱土层
钢管桩施工
打桩机械的选择
桅杆式（履带行走）柴油打桩机
场地要求：铺填厚100~300mm碎石并碾压密实
打桩顺序
桩机安装→桩机移动就位→吊桩→插桩→锤击下沉→接桩→锤击至设计深度→内切钢管桩→精割→焊桩盖→浇筑垫层混凝土
接桩
管径相同：等强度的坡口焊缝焊接
管径不同：法兰盘和螺栓连接
混凝土灌注桩施工
泥浆护壁成孔灌注桩
正循环钻孔灌注桩
黏性土、砂土、强风化、中等到微风化岩石
桩径<1.5m；孔深≤50m
反循环钻孔灌注桩
黏性土、砂土、细粒碎石土及强风化、中等-微风化岩石
桩径<1m；孔深≤60m
钻孔扩底灌注桩
黏性土、砂土、细粒碎石土、全风化、强风化、中等风化岩石
孔深≤40m
冲击成孔灌注桩
黏性土、砂土、碎石土和各种岩层
软塑-流塑状态的淤泥及淤泥质土应慎重使用
干作业成孔灌注桩
适用
没有地下水
分类
螺旋钻孔、螺旋钻孔扩孔、机动洛阳铲挖孔、人工挖孔灌注桩
套管成孔灌注桩
锤击沉管、振动沉管、套管夯打灌注桩
爆扩成孔灌注桩
除软土和新填土外

☑ 习题及答案解析

一、习题

❶【单选】按施工方法不同，桩身可分为灌注桩和（　　）。

A. 摩擦桩　　B. 预制桩　　C. 端承桩　　D. 爆扩桩

❷【单选】钢筋混凝土预制桩应在混凝土达到设计强度的（　　）方可起吊；达到（　　）方可运输和打桩。

A. 30%；50%　　B. 50%；70%　　C. 70%；100%　　D. 80%；100%

❸【多选】关于钢筋混凝土预制桩加工制作，说法正确的是（　　）。

A. 常用的钢筋混凝土预制桩断面有实心方形桩和预应力混凝土空心管桩两种

B. 实心方形桩边长通常为400～600mm，桩内设纵向钢筋或预应力钢筋和横向钢筋

C. 制作预制桩有并列法、间隔法、重叠法、翻模法等

D. 长度在10m以下的短桩，一般多在工厂预制

E. 预应力混凝土空心管桩直径为200～550mm，在工厂内用离心法制成

❹【多选】采用泥浆护壁法成桩的灌注桩有（　　）。

A. 正螺旋钻孔灌注桩　　B. 正循环钻孔灌注桩

C. 反循环钻孔灌注桩　　D. 钻孔扩底灌注桩

E. 冲击成孔灌注桩

二、答案与解析

❶【答案】B

【解析】本题考查的是桩基础施工。桩身根据桩在土中受力情况的不同，可分为端承桩和摩擦桩。按施工方法的不同，可分为预制桩（如钢筋混凝土桩、钢桩、木桩等）和灌注桩两大类。

❷【答案】C

【解析】本题考查的是桩基础施工。钢筋混凝土预制桩应在混凝土达到设计强度的70%方可起吊；达到100%方可运输和打桩。

❸【答案】ACD

【解析】本题考查的是桩基础施工。方形桩边长通常为200～550mm，桩内设纵向钢筋或预应力钢筋和横向钢筋，在尖端设置桩靴。预应力混凝土管桩直径为400～600mm，在工厂内用离心法制成。长度在10m以下的短桩，一般多在工厂预制。

❹【答案】BCDE

【解析】本题考查的是桩基础施工。灌注桩按成孔工艺和成孔机械不同分为正循环钻孔灌注桩、反循环钻孔灌注桩、钻孔扩底灌注桩和冲击成孔灌注桩。

1.3.3 砌体结构工程施工

1. 砌筑砂浆的基本要求

项目	使用要求
（1）水泥	对其品种、等级、包装或散装仓号、出厂日期等检查，强度、安定性进行复验。 当对水泥质量有怀疑或水泥出厂超过三个月（快硬硅酸盐水泥超过一个月）时，应复查。 不同品种的水泥，不得混合使用
（2）石灰膏	建筑生石灰、建筑生石灰粉熟化为石灰膏，分别不得少于7d和2d。 严禁采用脱水硬化的石灰膏。 建筑生石灰粉、消石灰粉不得替代石灰膏配制水泥石灰砂浆
（3）砌筑砂浆	施工中不应采用强度等级小于M5水泥砂浆替代同强度等级水泥混合砂浆，如需替代，应将水泥砂浆提高一个强度等级
	水泥砂浆和水泥混合砂浆≥120s；水泥粉煤灰砂浆和掺用外加剂的砂浆≥180s；掺增塑剂的砂浆，从加水开始，搅拌时间≥210s
	现场拌制的砂浆应随拌随用，拌制的砂浆应在3h内使用完毕。 气温超过30℃时，应在2h内使用完毕
	①同一验收批砂浆试块强度平均值应≥设计强度等级值的1.10倍。 ②同一验收批砂浆试块抗压强度的最小一组平均值应≥设计强度等级值的85%

2. 砖砌体结构施工

工序	要求
砌砖施工通常包括抄平、放线、摆砖、立皮数杆、挂准线、铺灰、砌砖等工序。 如果是清水墙，则还要进行勾缝	（1）龄期≥28d。 （2）有冻胀环境的地区，地面以下或防潮层以下的砌体，不应采用多孔砖。 （3）不同品种的砖不得在同一楼层混砌。 （4）采用铺浆法砌筑砌体，铺浆长度≤750mm；当施工期间气温超过30℃时，铺浆长度≤500mm。 （5）多孔砖的孔洞应垂直于受压面砌筑。半盲孔多孔砖的封底面应朝上砌筑。 （6）砖墙灰缝宽度宜为10mm，且≥8mm，≤12mm。 （7）在抗震设防烈度为8度及8度以上地区，对不能同时砌筑而又必须留置的临时间断处应砌成斜槎，普通砖砌体斜槎水平投影长度≥高度的2/3，多孔砖砌体的斜槎长高比≥1/2。斜槎高度不得超过一步脚手架的高度。 （8）非抗震设防及抗震设防烈度为6度、7度地区的临时间断处，当不能留斜槎时，除转角处外，可留直槎，但直槎必须做成凸槎，且应加设拉结钢筋
（9）构造柱与墙体的连接。墙体应砌成马牙槎，马牙槎凹凸尺寸不宜小于60mm，高度不应超过300mm，马牙槎应先退后进，对称砌筑。拉结钢筋应沿墙高每隔500mm设2 ϕ 6钢筋，伸入墙内不宜小于600mm，钢筋的竖向移位不应超过100mm，且每一构造柱竖向移位不得超过2处，如图1-25所示	

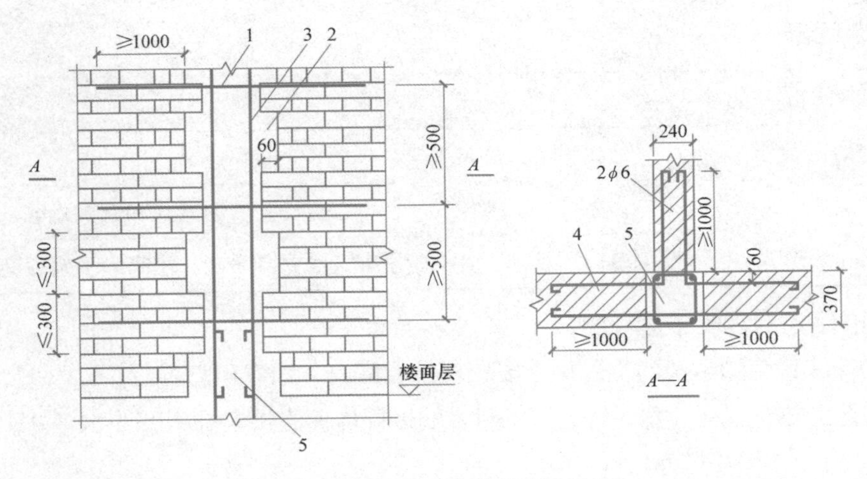

图 1-25　构造柱与墙体的连接构造

1—拉结钢筋；2—马牙槎；3—构造柱钢筋；4—墙；5—构造柱

3. 混凝土小型空心砌块施工

工序	要求
铺灰、砌块安装就位、校正、灌缝、镶砖	（1）小型砌块的产品龄期≥28d。 （2）底层室内地面以下或防潮层以下的砌体，应采用强度等级不低于C20（或Cb20）的混凝土灌实小型砌块的孔洞。 （3）轻骨料混凝土小型砌块，应提前浇水湿润，块体的相对含水率宜为40%～50%。 （4）小型砌块墙体应孔对孔、肋对肋错缝搭砌。单排孔小型砌块的搭接长度应为块体长度的1/2；多排孔小型砌块的搭接长度可适当调整，但不宜小于小型砌块长度的1/3，且≥90mm。 （5）小型砌块应将生产时的底面朝上，反砌于墙上。 （6）砌体水平灰缝和竖向灰缝的砂浆饱满度，按净面积计算不得低于90%。 （7）墙体转角处和纵横交接处应同时砌筑。临时间断处应砌成斜槎，斜槎水平投影长度≥斜槎高度。施工洞口可预留直槎，但在洞口砌筑和补砌时，应在直槎上下搭砌的小型砌块孔洞内用强度等级≥C20或（Cb20）的混凝土灌实

4. 填充墙砌体工程

要求
（1）龄期≥28d，蒸压加气混凝土砌块的含水率宜<30%。 （2）堆置高度不宜超过2m。 （3）砌块、在厨房、卫生间、浴室等处采用轻骨料混凝土小型空心砌块、蒸压加气混凝土砌块砌筑墙体时，墙底部宜现浇混凝土坎台，其高度宜为150mm。 （4）不同品种和强度等级的不得混砌

5. 脚手架

划分方式	分类
按建筑物的位置分	外脚手架、里脚手架
按结构和组成分	多立杆式、碗扣式、门型、方塔式、附着式和悬挑式等
按脚手架布置形式分	单排、双排、多排脚手架、满堂脚手架、满高脚手架和交圈脚手架等

（1）扣件式钢管脚手架

1）扣件式钢管脚手架的构配件主要有杆件、底座、扣件和脚手板。

2）杆件主要有立杆、水平杆、扫地杆（贴近楼地面连接立杆根部的水平杆）、连墙件、横向斜撑、剪刀撑和托撑等；

3）杆件多为钢管，也有采用型钢和螺杆的。

（2）设计荷载

作用于脚手架的荷载可分为永久荷载与可变荷载。

分类	永久荷载	可变荷载
单、双排、满堂脚手架	1）架体结构自重，包括立杆、纵向水平杆、横向水平杆、剪刀撑及扣件等的自重。 2）构、配件自重，包括脚手板、栏杆、挡脚板及安全网等防护设施的自重	1）施工荷载，包括作业层上的人员、器具和材料等的自重。 2）风荷载
满堂支撑架	1）架体结构自重，包括立杆、纵向水平杆、横向水平杆、剪刀撑、可调托撑及扣件等的自重。 2）构、配件及可调托撑上主梁、次梁、支撑板等的自重	1）作业层上的人员、设备等的自重。 2）结构构件、施工材料等的自重。 3）风荷载

设计脚手架的承重构件时，应根据使用过程中可能出现的荷载取其最不利组合进行计算。

计算项目	荷载效应组合
纵向、横向水平杆强度与变形	永久荷载+施工荷载
脚手架立杆、地基承载力、型钢悬挑梁的强度、稳定与变形	永久荷载+施工荷载
	永久荷载+0.9（施工荷载+风荷载）
立杆稳定	永久荷载+可变荷载（不含风荷载）
	永久荷载+0.9（可变荷载+风荷载）
连墙件强度与稳定	单排脚手架，风荷载+2.0kN
	双排脚手架，风荷载+3.0kN

（3）构造要求

1）单排脚手架搭设高度不应超过24m；双排脚手架搭设高度不宜超过50m。对高度超过50m的双排脚手架，应采取分段搭设等措施。

2）型钢悬挑脚手架一次悬挑脚手架高度不宜超过20m。型钢悬挑梁宜采用双轴对称截面的型钢。悬挑钢梁型号及锚固件应按设计确定，钢梁截面高度不应小于160mm。

（4）搭设施工（略）

砌体结构工程施工思维导图

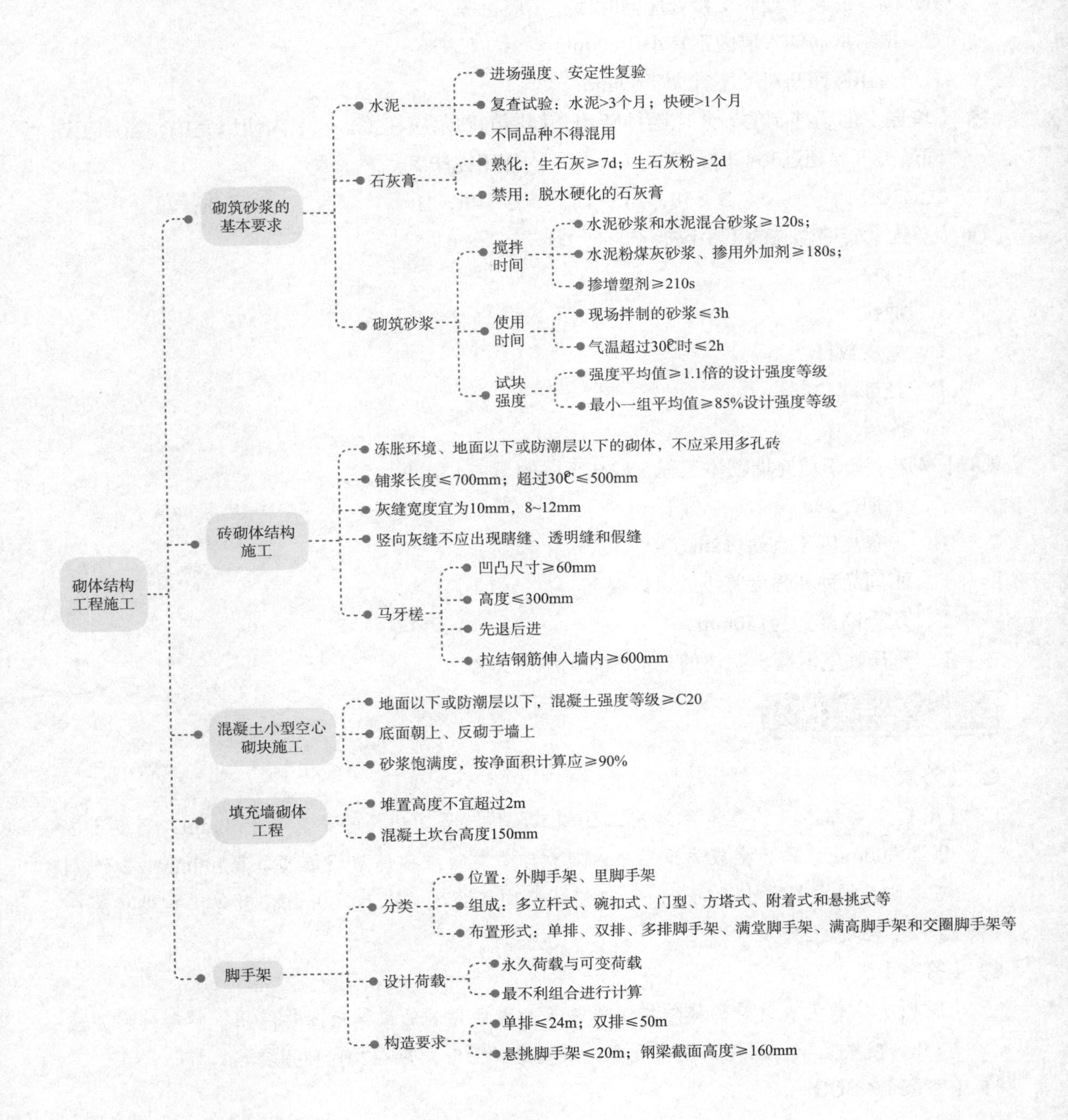

习题及答案解析

一、习题

1.【单选】下列关于砌体工程施工，表述正确的是（　　）。

A．马牙槎应先进后退，对称砌筑

B．砌体的转角处和交接处应同时砌，不应留槎

C．拉结钢筋伸入墙内不宜小于600mm

D．马牙槎凹凸尺寸不宜大于60mm

2.【单选】现场拌制的砂浆应随拌随用，拌制的砂浆应在（　　）内使用完毕；当施工期间最高气温超过30℃时，应在（　　）内使用完毕。

A．3h，1h　　B．3h，2h　　C．4h，1h　　D．4h，2h

3.【多选】砖墙砌筑的工序包括（　　）。

A．抄平

B．放线

C．立皮数杆

D．挂准线

E．抹灰

4.【多选】关于填充墙砌体工程，说法正确的是（　　）。

A．龄期≥28d

B．堆置高度不宜超过2m

C．不同品种和强度等级的可以混砌

D．坎台高度宜为150mm

E．蒸压加气混凝土砌块的含水率宜不小于30%

二、答案与解析

1.【答案】C

【解析】本题考查的是砌体结构工程施工。马牙槎凹凸尺寸不宜小于60mm，高度不应超过300mm，马牙槎应先退后进，对称砌筑。拉结钢筋应沿墙高每隔500mm设2ϕ6钢筋，伸入墙内不宜小于600mm，钢筋的竖向移位不应超过100mm，且每一构造柱竖向移位不得超过2处。

2.【答案】B

【解析】本题考查的是砌体结构工程施工。现场拌制的砂浆应随拌随用，拌制的砂浆应在3h内使用完毕；当施工期间最高气温超过30℃时，应在2h内使用完毕。

3.【答案】ABCD

【解析】本题考查的是砌体结构工程施工。砌砖施工通常包括抄平、放线、摆砖、立皮数杆、挂准线、铺灰、砌砖等工序。如果是清水墙，则还要进行勾缝。

4 【答案】ABD

【解析】本题考查的是砌体结构工程施工。①龄期≥28d，蒸压加气混凝土砌块的含水率宜<30%。②堆置高度不宜超过2m。③砌块、在厨房、卫生间、浴室等处采用轻骨料混凝土小型空心砌块、蒸压加气混凝土砌块砌筑墙体时，墙底部宜现浇混凝土坎台，其高度宜为150mm。④不同品种和强度等级的水泥不得混砌。

1.3.4 混凝土结构工程施工

1. 钢筋工程

（1）钢筋验收（略）

（2）钢筋加工

钢筋加工包括冷拉、调直、除锈、剪切和弯曲等，宜在常温状态下进行，加工过程中不应对钢筋进行加热。钢筋应一次弯折到位。

工序	要求	
1）调直	分为机械调直和冷拉调直。 当采用冷拉调直时，HPB300光圆钢筋的冷拉率不宜大于4%；HRB335、HRB400、HRB500、HRBF335、HRBF400、HRBF500及RRB400带肋钢筋的冷拉率不宜大于1%	
2）剪切	分为钢筋剪切机和手动剪切器。 手动剪切器一般只用于剪切直径小于12mm的钢筋；钢筋剪切机可剪切直径小于40mm的钢筋；直径大于40mm的钢筋则需用锯床锯断或用氧－乙炔焰或电弧切割	
3）弯曲	受力钢筋的弯折和弯钩应符合	HPB300级钢筋末端应做180°弯钩，弯弧内直径不应小于钢筋直径的2.5倍，弯钩的弯后平直部分长度不应小于钢筋直径的3倍。 设计要求钢筋末端做135°弯钩时，HRB335级、HRB400级钢筋的弯弧内直径不应小于4d。 钢筋作不大于90°的弯时，弯折处的弯弧内直径不应小于5d
	除焊接封闭箍筋外，设计无具体要求时，应符合	箍筋弯钩的弯弧内直径不应小于受力钢筋直径。 箍筋弯钩的弯折角度：一般结构不宜小于90°；有抗震等要求的结构弯钩应为135°。 弯钩后平直部分长度：一般结构不应小于箍筋直径的5倍；有抗震等要求的结构不应小于箍筋直径的10倍

（3）钢筋连接

钢筋的连接方法有焊接连接、绑扎搭接连接和机械连接。

钢筋连接	要求或适用范围
1）钢筋连接的基本要求	钢筋的接头宜设置在受力较小处。同一纵向受力钢筋不宜设置两个或两个以上接头，接头末端至钢筋弯起点的距离不应小于钢筋直径的10倍

续表

钢筋连接		要求或适用范围
1）钢筋连接的基本要求		当受力钢筋采用机械连接或焊接时，设置在同一构件内的接头宜相互错开。纵向受力钢筋机械连接接头及焊接接头连接区段的长度为35d（d为纵向受力钢筋的较大直径）且不小于500mm，凡接头中点位于该连接区段长度内的接头均属于同一连接区段。同一连接区段内，纵向受力钢筋的接头面积百分率应符合设计要求；当设计无具体要求时，应符合：A．在受拉区不宜大于50%；B．接头不宜设置在有抗震设防要求的框架梁端、柱端的箍筋加密区；当无法避开时，对等强度高质量机械连接接头，不应大于50%；C．直接承受动力荷载的结构构件中，不宜采用焊接接头；当采用机械连接接头时，不应大于50%
2）焊接连接（直接承受动力荷载的结构构件中，纵向钢筋不宜采用焊接接头）	常用的焊接方法有闪光对焊、电弧焊、电阻点焊、电渣压力焊、埋弧压力焊、气压焊等。直接承受动力荷载的结构构件中，纵向钢筋不宜采用焊接接头	
	闪光对焊	闪光对焊工艺通常有连续闪光焊、预热闪光焊和闪光-预热-闪光焊。闪光对焊广泛应用于钢筋纵向连接及预应力钢筋与螺栓端杆的焊接
	电弧焊	电弧焊广泛应用于钢筋接头、钢筋骨架焊接、装配式结构接头的焊接、钢筋与钢板的焊接及各种钢结构的焊接。钢筋电弧焊的接头形式有搭接焊接头、帮条焊接头、剖口焊接头、溶槽帮条焊接头和窄间隙焊接头
	电阻点焊	电阻点焊主要用于小直径钢筋的交叉连接，如用来焊接钢筋骨架、钢筋网中交叉钢筋的焊接
	电渣压力焊	电渣压力焊适用于现浇钢筋混凝土结构中直径14～40mm的竖向或斜向钢筋的焊接接长
	埋弧压力焊	是将下部钢筋与钢板安放T形连接形式，利用焊接电流通过，在焊剂层下产生电弧，形成熔池，加压完成的一种压焊方式
	气压焊	气压焊不仅适用于竖向钢筋的连接，也适用于各种方位布置的钢筋连接。当不同直径钢筋焊接时，两钢筋直径差不得大于7mm
3）绑扎搭接连接	同一构件中相邻纵向受力钢筋的绑扎搭接接头宜相互错开。绑扎搭接接头中钢筋的横向净距不应小于钢筋直径，且不应小于25mm	
	钢筋绑扎搭接接头连接区段的长度为1.3倍搭接长度，凡搭接接头中点位于该连接区段长度内的搭接接头均属于同一连接区段	
	纵向受拉钢筋搭接接头面积百分率应符合	对梁类、板类及墙类构件，不宜大于25%
		对柱类构件，不宜大于50%
		当工程中确有必要增大接头面积百分率时，对梁类构件不应大于50%；对其他构件，可根据实际情况放宽
	在梁、柱类构件的纵向受力钢筋搭接长度范围应符合	箍筋直径不应小于搭接钢筋较大直径的0.25倍
		受拉搭接区段的箍筋间距不应大于搭接钢筋较小直径的5倍，且不应大于100mm
		受压搭接区段的箍筋间距不应大于搭接钢筋较小直径的10倍，且不应大于200mm
		当柱中纵向受力钢筋直径大于25mm时，应在搭接接头两端外100mm范围内各设置两个箍筋，其间距宜为50mm
4）机械连接	钢筋套筒挤压连接	这种方法适用于竖向、横向及其他方向的较大直径变形钢筋的连接

续表

<table>
<tr><th colspan="2">钢筋连接</th><th>要求或适用范围</th></tr>
<tr><td>4）机械连接</td><td>钢筋螺纹套管连接</td><td>钢筋螺纹套筒连接分为锥螺纹套管连接和直螺纹套管连接两种。
钢筋螺纹套筒连接施工速度快，不受气候影响，自锁性能好，对中性好，能承受拉、压轴向力和水平力，可在施工现场连接同径或异径的竖向、水平或任何倾角的钢筋</td></tr>
</table>

2. 模板工程

<table>
<tr><th>类型</th><th>定义</th><th>特点和适用</th></tr>
<tr><td>1）木模板</td><td>由一些板条用拼条钉拼而成的模板系统</td><td>板条厚度一般为25～50mm，宽度不宜超过200mm，工具式模板宽度不宜超过150mm，拼条的间距多为400～500mm。
缺点：重复利用率低，损耗大，为节约木材，使用率已大大降低</td></tr>
<tr><td>2）组合模板</td><td>由一定模数的若干类型的板块、角膜、支撑和连接件组成</td><td>有组合钢模板、钢框竹（木）胶合板模板等，可以拼出多种尺寸和形状，大模板、隧道模和台模等。
优点：钢框木胶合板模板自重轻、面积大、拼缝少、维修方便，使用广泛</td></tr>
<tr><td>3）大模板</td><td>大尺寸的工具式模板</td><td>由面板、主肋、次肋、支撑桁架、稳定机构及附件组成。一般是一块墙面用一块大模板。
重量大，装拆皆需起重机械吊装，但可提高机械化程度，减少用工量和缩短工期。是我国剪力墙和筒体体系的高层建筑施工用得较多的一种模板</td></tr>
<tr><td>4）滑升模板</td><td>工具式模板，由模板系统、操作平台系统和液压系统三部分组成</td><td>适用：现场浇筑高耸的构筑物和高层建筑物等，如烟囱、筒仓、电视塔、竖井、沉井、双曲线冷却塔和剪力墙体系及筒体体系的高层建筑等</td></tr>
<tr><td>5）爬升模板</td><td>简称爬模，是施工剪力墙体系和筒体体系的钢筋混凝土高层建筑结构的一种有效的模板体系。
分类：有爬架和无爬架两种</td><td>由于模块能自爬，不需起重运输机械吊运，能避免大模板受大风影响而停止工作。省去了结构施工阶段的外脚手架，因而能减少起重机械的数量、加快施工速度而经济效益较好</td></tr>
<tr><td>6）台模</td><td>台模是一种大型工具式模板。
分类：支腿式和无支腿式两类</td><td>适用：浇筑平板式或带边梁的楼板。能降低劳动消耗和加速施工，但一次性投资较大</td></tr>
<tr><th colspan="3">模板安装要求</th></tr>
<tr><td colspan="3">1）模板的接缝严密，不应漏浆；在浇筑混凝土前，木模板应浇水湿润，但模板内不应有积水；
2）对跨度≥4m的钢筋混凝土梁、板，其模板应按设计要求起拱；当设计无具体要求时，起拱高度宜为跨度的1/1000～3/1000；
3）构件简单，装拆方便，能多次周转使用</td></tr>
<tr><th colspan="3">模板拆除要求</th></tr>
<tr><td colspan="3">1）底模及其支架拆除时，设计无具体要求，混凝土强度应符合表1-8的规定。
2）对后张法预应力混凝土结构构件，侧模板宜在预应力张拉前拆除；无设计要求时，底模及支架的拆除不应在结构构件建立预应力前拆除。
3）模板拆除顺序：
①一般是先拆非承重模板，后拆承重模板；先拆侧模板，后拆底模板。
②框架结构模板的拆除顺序：一般是柱、楼板、梁侧模、梁底模。
③拆除大型结构的模板时，必须事先制订详细的拆除方案</td></tr>
</table>

▲底模拆除时的混凝土强度要求　　表1－8

构件类型	构件跨度（m）	达到设计的混凝土立方体抗压强度标准值的百分率（%）
板	≤2	≥50
	＞2，≤8	≥75
	＞8	≥100
梁、拱、壳	≤8	≥75
	＞8	≥100
悬臂构件	/	≥100

钢筋、模板工程思维导图

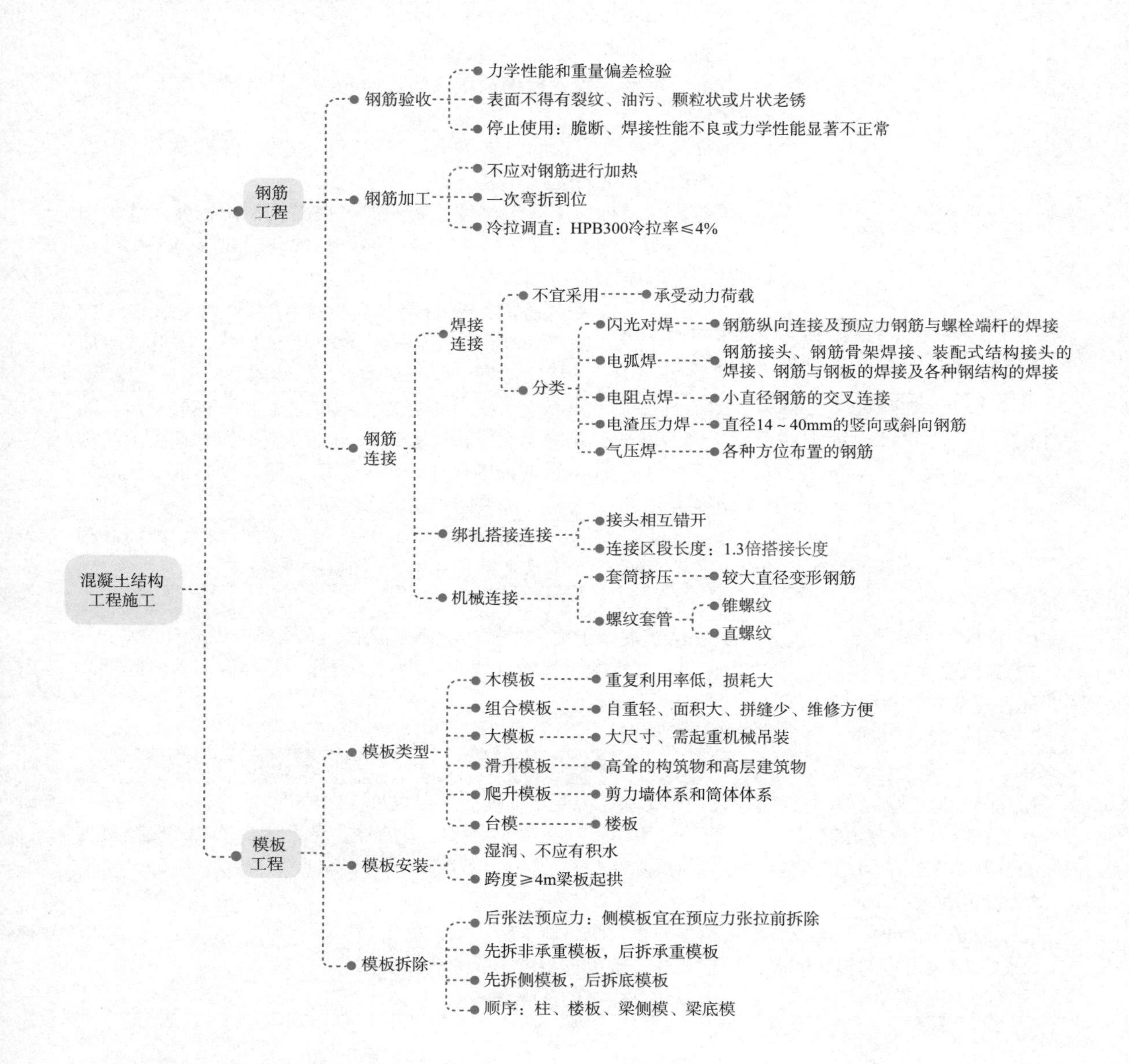

习题及答案解析

一、习题

1 【单选】下列适用于浇筑平板式楼板混凝土的模板是（　　）。

A. 组合模板　B. 台模　C. 爬升模板　D. 滑升模板

2 【单选】用来焊接钢筋骨架、钢筋网中交叉钢筋的焊接是（　　）。

A. 电弧焊　B. 电阻点焊　C. 电渣压力焊　D. 气压焊

3 【多选】爬升模板，适用于的工程是（　　）。

A. 剪力墙体系　B. 框架体系　C. 筒体体系　D. 框剪体系

E. 钢结构体系

4 【多选】关于模板拆除，下列说法正确的是（　　）。

A. 对后张法预应力混凝土结构构件，侧模板宜在预应力张拉后拆除

B. 先拆非承重模板，后拆承重模板

C. 先拆侧模板，后拆底模板

D. 拆模顺序是柱、楼板、梁底模、梁侧模

E. 板跨度在2～8m时，强度达到70%时可拆模

二、答案与解析

1 【答案】B

【解析】本题考查的是混凝土结构工程施工。台模是一种大型工具式模板，主要用于浇筑平板式或带边梁的楼板，一般是一个房间一块台模，有时甚至更大。

2 【答案】B

【解析】本题考查的是混凝土结构工程施工。电阻点焊主要用于小直径钢筋的交叉连接，如用来焊接钢筋骨架、钢筋网中交叉钢筋的焊接。

3 【答案】AC

【解析】本题考查的是混凝土结构工程施工。爬升模板简称爬模，是施工剪力墙体系和筒体体系的钢筋混凝土高层建筑结构的一种有效的模板体系。爬模分有爬架和无爬架两种。

4 【答案】BC

【解析】本题考查的是混凝土结构工程施工。对后张法预应力混凝土结构构件，侧模板宜在预应力张拉前拆除；模板的拆除顺序一般是先拆非承重模板，后拆承重模板；先拆侧模板，后拆底模板。框架结构模板的拆除顺序一般是柱、楼板、梁侧模、梁底模。板跨度在2～8m时，强度达到75%时方可拆模，详见表1-8。

3. 混凝土工程

（1）原材料的质量要求

1）钢筋混凝土结构、预应力混凝土结构中，严禁使用含氯化物的水泥、外加剂。

2）拌制混凝土宜采用饮用水。

（2）混凝土制备

混凝土制备就是根据混凝土的配合比，把水泥、砂、石、外加剂、矿物掺合料合水通过搅拌使其成为均质的混凝土。

混凝土搅拌，可采用自落式混凝土搅拌机（适用于搅拌塑性混凝土）和强制式搅拌机（适用于搅拌干硬性混凝土和轻骨料混凝土）。

按照原材料加入搅拌筒内的投料顺序的不同，常用的投料顺序有一次投料法和分次投料法，分次投料可提高强度；在强度相同的情况下，可节约水泥。

混凝土搅拌的最短时间应满足表1－9的规定。

混凝土搅拌的最短时间（s）　　表1－9

混凝土坍落度（mm）	搅拌机型	搅拌机出料量（L）		
		<250	250~500	>500
≤40	强制式	60	90	120
>40且<100	强制式	60	60	90
≥30	强制式	60		

（3）混凝土的运输

混凝土运输分为地面水平运输、垂直运输和楼（地）面运输三种。

（4）混凝土的浇筑

1）混凝土浇筑要求

混凝土浇筑要求
①混凝土运输、输送、浇筑过程中严禁加水；混凝土运输、输送、浇筑过程中散落的混凝土严禁用于结构浇筑；混凝土运输、浇筑及间歇的全部时间不应超过混凝土的初凝时间。同一施工段的混凝土应连续浇筑，并应在底层混凝土初凝之前将上一层混凝土浇筑完毕。当底层混凝土初凝后浇筑上一层混凝土时，应按施工方案中对施工缝的要求进行处理。 ②浇筑混凝土前，应清除、湿润；现场环境温度高于35℃时，宜对金属模板进行洒水降温；洒水后不得留有积水。 ③混凝土输送宜采用泵送方式。混凝土粗骨料最大粒径≤25mm时，可采用内径≥125mm的输送泵管；混凝土粗骨料最大粒径≤40mm时，可采用内径≥150mm的输送泵管。 ④在浇筑竖向结构混凝土前，应先在底部填充小于等于30mm厚且与混凝土内砂浆成分相同的水泥砂浆；浇筑过程中混凝土不得发生离析现象。 ⑤柱、墙模板内的混凝土浇筑时，粗骨料粒径大于25mm时，其自由倾落高度不宜超过3m；粗骨料粒径≤25mm时，其自由倾落高度不宜超过6m。 ⑥在浇筑与柱和墙连成整体的梁、板时，应在柱和墙浇筑完毕后停歇1～1.5h，再继续浇筑梁、板。 ⑦梁和板宜同时浇筑，有主、次梁的楼板宜顺着次梁方向浇筑，单向板宜沿着板的长边方向浇筑；拱和高度大于1m时的梁等结构，可单独浇筑

2）施工缝留置及处理

一般混凝土结构多要求整体浇筑，若浇筑不能连续进行时，应事先留施工缝。

项目	要求
施工缝	①施工缝宜留置在结构受剪力较小且便于施工的部位。 ②柱子宜留在基础顶面、梁或吊车梁牛腿的下面、吊车梁的上面、无梁楼盖柱帽的下面。 ③与板连成整体的大断面梁应留在板底面以下20～30mm处，板下有梁托时，留在梁托下部。 ④ 单向板应留在平行于板短边的任何位置。 ⑤有主、次梁楼盖宜顺着次梁方向浇筑，应留在次梁跨度的中间1/3跨度范围内。 ⑥楼梯应留在楼梯段跨度端部1/3长度范围内。 ⑦墙可留在门洞口过梁跨中1/3范围内，也可留在纵横墙的交接处
后浇带	后浇带通常根据设计要求留设，并在主体结构施工完一段时间（若设计无要求，则至少保留28d）后再浇筑。浇筑后浇带可采用微膨胀混凝土，强度等级比原结构强度等级提高一级，并保持至少14d湿润养护。后浇带接缝处按施工缝的要求处理

3）混凝土的养护

混凝土养护分为标准养护、加热养护和自然养护三种。选择养护方式应考虑现场条件、环境温湿度、构件特点、技术要求、施工操作等因素。

养护方式	做法和要求
标准养护	混凝土在温度为（20±2）℃，相对湿度为90%以上的潮湿环境或水中进行的养护
加热养护	为了加速混凝土的硬化过程，对混凝土拌合物进行加热处理，使其在较高的温度和湿度环境下迅速凝结、硬化的养护。常用的热养护方法是蒸汽养护
自然养护（常温，≥5℃）	洒水养护：用草帘将混凝土覆盖，经常浇水使其保持湿润
	喷涂薄膜养生液养护：适用于不宜浇水养护的高耸构筑物和大面积混凝土结构

自然养护要求
①应在浇筑完毕后的12h以内对混凝土加以覆盖并保湿养护；干硬性混凝土应于浇筑完毕后立即进行养护。当日最低温度低于5℃时，不应采用洒水养护
②混凝土浇筑后应及时进行保湿养护，保湿养护可采用洒水、覆盖、喷涂养护剂等方式。 a．混凝土洒水养护的时间：采用硅酸盐水泥、普通硅酸盐水泥或矿渣硅酸盐水泥配制的混凝土，不应少于7d。 b．采用缓凝型外加剂、大量矿物掺合料配制的混凝土，不应少于14d。 c．抗渗混凝土、强度等级C60及以上的混凝土，不应少于14d。 d．后浇带混凝土的养护时间不应少于14d。 e．地下室底层和上部结构首层柱、墙混凝土带模养护时间，不宜少于3d

4．冬季与高温期混凝土施工

（1）冬期混凝土施工
当室外日平均气温连续5日稳定低于5℃时，应采取冬期施工措施；当混凝土未达到受冻临界强度、气温骤降至0℃以下时，按冬期施工的要求采取应急防护措施

（1）冬期混凝土施工
1）混凝土受冻临界强度 指混凝土在遭受冻结前，具备抵抗冰胀应力的能力，并能使混凝土受冻后的强度损失不超过5%而必须达到的强度
2）混凝土冬期施工措施 ①宜采用硅酸盐水泥或普通硅酸盐水泥；当采用蒸汽养护时，宜采用矿渣硅酸盐水泥。 ②降低水灰比，减少用水量，使用低流动性或干硬性混凝土。 ③浇筑前，将混凝土或其组成材料加温，提高混凝土的入模温度，使混凝土早强不易冻结。 ④搅拌时加入一定的外加剂，加速混凝土硬化、尽快达到临界强度，或者降低水的冰点，使混凝土在负温下不致冻结。当采用非加热养护方法时，混凝土中宜掺入引气剂、引气型减水剂或其他含有引气组分的外加剂，混凝土含气量宜控制在3.0%～5.0%
3）混凝土冬期养护方法 ①混凝土养护期间不加热的方法，如蓄热法、掺外加剂法等。 ②混凝土养护期间加热的方法，如电热法、蒸汽加热法和暖棚法等。 ③综合方法，即把上述两种方法综合应用，如目前常用的综合蓄热法，即在蓄热法基础上掺外加剂（早强剂或防冻剂），或者进行短时加热等综合措施
（2）高温期混凝土施工
高温期混凝土施工当日平均气温达到30℃及以上时，应按高温期施工要求采取措施。 高温期施工宜采用低水化热水泥，或者采用粉煤灰取代部分水泥，降低水泥用量，混凝土坍落度≥70mm，混凝土浇筑入模温度≤35℃

5. 装配式混凝土施工

装配式混凝土		要求
（1）材料要求		1）在装配整体式结构中，预制构件的混凝土强度等级不宜低于C30；预应力混凝土预制构件的混凝土强度等级不宜低于C40，且不应低于C30；现浇混凝土的强度等级不应低于C25。 2）预制构件吊环应采用未经冷加工的HPB300钢筋制作。预制构件吊装所用的内埋式螺母或内埋式吊杆及配套吊具，应根据相应的产品标准和应用技术的规定选用
（2）构件预制		预制构件制作前，应对其技术要求和质量标准进行技术交底，并应制定生产方案，其内容应包括生产工艺、模具方案、生产计划、技术质量控制措施、成品保护、堆放及运输方案等内容
（3）构件储运		应制定预制构件的运输与堆放方案，其内容应包括运输时间、次序、堆放场地、运输线路、固定要求、堆放支垫及成品保护措施等。对于超高、超宽及形状特殊的大型构件的运输和堆放应有专门的质量安全保证措施
（4）装配施工	①一般规定	装配施工前，应制定施工组织设计，明确施工方案。施工组织设计的内容应符合现行国家标准规定，施工方案的内容应包括构件安装及节点施工方案、构件安装的质量管理及安全措施等

续表

装配式混凝土		要求
（4）装配施工	②构件吊装与就位	吊装用吊具应按国家现行有关标准的规定进行设计、验算或试验检验。吊具应根据预制构件形状、尺寸及重量等参数进行配置；未经设计允许不得对预制构件进行切割、开洞。预制构件吊装就位后，应及时校准并采取临时固定措施，每个预制构件的临时支撑不宜少于两道
	③构件安装	安装前，应清洁墙、柱构件结合面；采用钢筋套筒灌浆连接、钢筋浆锚搭接连接的，预制构件就位前，应检查套筒、预留孔的规格、位置、数量和深度，以及被连接钢筋的规格、数量、位置和长度，清理套筒、预留孔内的杂物；灌浆前，应对接缝周围进行封堵，封堵措施应符合结合面承载力的设计要求
		钢筋套筒灌浆前还应在现场模拟构件连接接头的灌浆方式，每种规格钢筋应制作不少于3个套筒灌浆连接接头，进行灌注质量以及接头抗拉强度的检验。经检验合格后，方可进行灌浆作业
		钢筋套筒灌浆连接接头、钢筋浆锚搭接连接接头应按检验批划分要求及时灌浆，灌浆作业应符合国家现行有关标准及施工方案的要求。灌浆操作全过程应有专职检验人员负责旁站监督，并及时形成施工质量检查记录
	④构件连接	在装配整体式结构中，节点及接缝处的纵向钢筋连接宜根据接头受力、施工工艺等要求选用机械连接、套筒灌浆连接、浆锚搭接连接、焊接连接或绑扎搭接连接等连接方式，并应符合国家现行有关标准的规定。预制楼梯与支承构件之间宜采用简支连接。预制楼梯端部在支承构件上的最小搁置长度，按6～7度抗震烈度设防时为75mm，按8度抗震烈度设防时为100mm
	⑤后浇混凝土施工	在浇筑混凝土前，应洒水润湿结合面，混凝土应振捣密实；当设计无要求时，浇筑用材料的强度等级不应低于连接处构件混凝土强度设计等级的较大值；对同一配合比的混凝土，每工作班且建筑面积不超过1000m²应制作一组标准养护试件，同一楼层应制作不少于3组标准养护试件。待构件连接部位的后浇混凝土及灌浆料的强度达到设计要求后，方可拆除临时固定措施

6. 预应力混凝土工程施工

在预应力混凝土结构中，混凝土的强度等级不应低于C30。

当采用钢绞线、钢丝或热处理钢筋作为预应力钢筋时，混凝土强度等级不宜低于C40。

在预应力混凝土构件的施工中，不能掺用对钢筋有侵蚀作用的氯盐、氯化钠等，否则会发生严重的质量事故。

施加预应力分为先张法施工、后张法施工两大类。

类别	概念	适用性
先张法施工	先张法是在台座或模板上先张拉预应力钢筋并用夹具临时固定，再浇筑混凝土，使之与预应力钢筋粘结。 待混凝土达到一定强度后，放张预应力钢筋，通过预应力钢筋与混凝土的粘结力，使混凝土产生预压应力	多用于预制构件厂生产定型的中小型构件，生产预应力桥跨结构等

续表

类别	概念	适用性
后张法施工	后张法是先浇筑构件混凝土并留置预应力钢筋的孔道，待混凝土达到一定强度后，在孔内穿入预应力钢筋，利用张拉机具直接在构件上张拉预应力钢筋，使构件在张拉预应力钢筋的过程中，完成混凝土的弹性压缩，并用锚具将预应力钢筋永久固定于构件，保持混凝土的预压应力	分为有粘结和无粘结，宜用于现场生产大型预应力构件、特种结构和构筑物，可作为一种预应力预制构件的拼装手段

（1）先张法施工要点

1）预应力筋的张拉

预应力筋的张拉一般先采用1.03或1.05倍设计张拉应力进行超张拉，维持2min后恢复到设计张拉应力，以超张拉抵消预应力松弛损失。钢筋长度大于20m的预应力筋宜采用两端张拉，长度小于20m的可采用一端张拉

2）预应力混凝土的浇筑与养护

预应力混凝土可采用自然养护或湿热养护。进行湿热养护的应采取正确的养护制度，以减少由于温差引起的预应力损失。采用重叠法生产构件时，应待下层构件的混凝土强度达到5.0MPa后，方可浇筑上层构件的混凝土

3）预应力钢筋的放张

为保证预应力钢筋与混凝土的良好粘结，当预应力钢筋放张时，混凝土强度不应低于设计的混凝土立方体抗压强度标准值的75%，先张法预应力钢筋放张时，混凝土强度不应低于30MPa。设计另有规定的以其规定为准

（2）后张法施工要点

1）孔道的留设

预留孔道的定位应牢固，孔道应平顺，成孔用管道应密封良好。孔道留置的方法有钢管抽芯法、胶管抽芯法和预埋波纹管法

2）预应力钢筋张拉

张拉预应力钢筋时，构件混凝土的强度应不低于混凝土设计抗压强度的75%。对后张法预应力梁和板，现浇结构混凝土的龄期分别不宜小于7d和5d

3）孔道灌浆

预应力钢筋张拉后应随即进行孔道灌浆，孔道内的水泥浆应饱满、密实，以防预应力钢筋锈蚀，同时也增加了结构的抗裂性和耐久性

（3）无粘结预应力混凝土施工

概念	优点	适用
无粘结预应力施工方法是后张法预应力混凝土的发展。 此法是先在预应力钢筋表面刷涂料并包塑料布（管），再铺设到安装好的模板内，然后浇筑混凝土。待混凝土达到设计要求强度后，进行预应力钢筋张拉锚固	不需要预留孔道，灌浆施工简单，张拉摩擦阻力较小	布置曲线预应力钢筋的预应力混凝土

混凝土工程思维导图

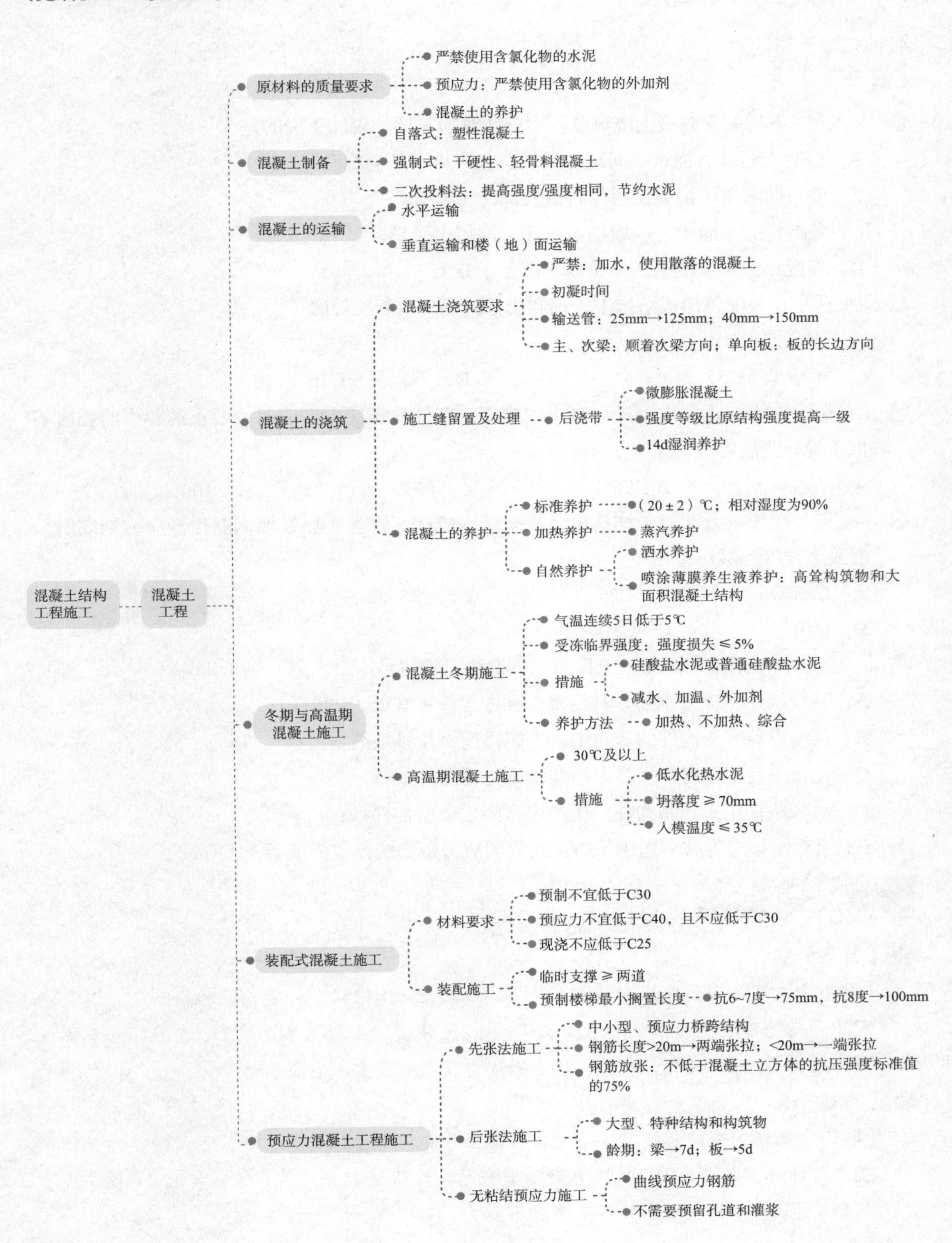

混凝土结构工程施工
混凝土工程
原材料的质量要求
严禁使用含氯化物的水泥
预应力：严禁使用含氯化物的外加剂
混凝土的养护
混凝土制备
自落式：塑性混凝土
强制式：干硬性、轻骨料混凝土
二次投料法：提高强度/强度相同，节约水泥
混凝土的运输
水平运输
垂直运输和楼（地）面运输
混凝土的浇筑
混凝土浇筑要求
严禁：加水，使用散落的混凝土
初凝时间
输送管：25mm→125mm；40mm→150mm
主、次梁：顺着次梁方向；单向板：板的长边方向
施工缝留置及处理
后浇带
微膨胀混凝土
强度等级比原结构强度提高一级
14d湿润养护
混凝土的养护
标准养护
（20±2）℃；相对湿度为90%
加热养护
蒸汽养护
自然养护
洒水养护
喷涂薄膜养生液养护：高耸构筑物和大面积混凝土结构
冬期与高温期混凝土施工
混凝土冬期施工
气温连续5日低于5℃
受冻临界强度：强度损失≤5%
措施
硅酸盐水泥或普通硅酸盐水泥
减水、加温、外加剂
养护方法
加热、不加热、综合
高温期混凝土施工
30℃及以上
措施
低水化热水泥
坍落度≥70mm
入模温度≤35℃
装配式混凝土施工
材料要求
预制不宜低于C30
预应力不宜低于C40，且不应低于C30
现浇不应低于C25
装配施工
临时支撑≥两道
预制楼梯最小搁置长度
抗6~7度→75mm，抗8度→100mm
预应力混凝土工程施工
先张法施工
中小型、预应力桥跨结构
钢筋长度>20m→两端张拉；<20m→一端张拉
钢筋放张：不低于混凝土立方体的抗压强度标准值的75%
后张法施工
大型、特种结构和构筑物
龄期：梁→7d；板→5d
无粘结预应力施工
曲线预应力钢筋
不需要预留孔道和灌浆

☑ 习题及答案解析

一、习题

❶【单选】**下列关于混凝土浇筑过程中应注意的事项，表述正确的是（　　）。**

A．混凝土运输、浇筑及间歇时间的总和应小于其初凝时间

B．浇筑时散落的混凝土可以再次使用

C．冬期混凝土施工，应增加水灰比，增加水用量

D．高温期混凝土浇筑入模温度不应低于35℃

❷【单选】**在装配整体式结构中，预制构件的混凝土强度等级（　　）。**

A．不应低于C30　　B．不宜低于C30

C．不应低于C35　　D．不宜低于C35

❸【单选】**先张法预应力钢筋混凝土的施工，在放松预应力钢筋时，要求混凝土的强度不低于设计强度等级的（　　）。**

A．70%　　B．75%　　C．85%　　D．100%

❹【多选】**在预应力混凝土结构中，当采用钢绞线、钢丝、热处理钢筋作预应力钢筋时，混凝土强度等级可采用（　　）。**

A．C20　　B．C25　　C．C35

D．C40　　E．C50

❺【多选】**关于预应力混凝土工程施工，说法正确的是（　　）。**

A．钢绞线作预应力钢筋，其混凝土强度等级不宜低于C40

B．预应力混凝土构件的施工中，不能掺用氯盐早强剂

C．先张法宜用于现场生产中小型预应力构件

D．后张法多用于预制构件厂生产定型的中小型构件

E．无粘结预应力施工适用于布置曲线预应力钢筋的预应力混凝土

二、答案与解析

❶ **【答案】A**

【解析】本题考查的是混凝土结构工程施工。选项B错误，混凝土运输、输送、浇筑过程中散落的混凝土严禁用于结构浇筑；选项C错误，混凝土冬期施工，应减少水灰比，减少水用量；选项D错误，高温期混凝土浇筑入模温度不应高于35℃。

❷ **【答案】B**

【解析】本题考查的是混凝土结构工程施工。在装配整体式结构中，预制构件的混凝土强度等级不宜低于C30；预应力混凝土预制构件的混凝土强度等级不宜低于C40，且不应低于C30；现浇混凝土的强度等级不应低于C25。

❸【答案】B

【解析】本题考查的是混凝土结构工程施工。为保证预应力钢筋与混凝土的良好粘结，当预应力钢筋放张时，混凝土强度不应低于设计的混凝土立方体抗压强度标准值的75%，先张法预应力钢筋放张时不应低于30MPa。设计另有规定的以其规定为准。

❹【答案】DE

【解析】本题考查的是混凝土结构工程施工。在预应力混凝土结构中，混凝土的强度等级不应低于C30；当采用钢绞线、钢丝或热处理钢筋作为预应力钢筋时，混凝土强度等级不宜低于C40。

❺【答案】ABCE

【解析】本题考查的是混凝土结构工程施工。选项C错误，先张法适用于预制构件厂生产定型中小型构件；选项D错误，后张法适用于大型预应力构件、特种结构和构筑物。

1.3.5 钢结构工程施工

1. 钢结构构件的连接

方式	图例	含义
（1）焊接		焊接有气焊、接触焊和电弧焊等方法，应根据结构特性、材料性能、厚度以及生产条件选择。电弧焊又分为焊条电弧焊、自动焊和半自动焊
（2）螺栓连接		螺栓连接分为普通螺栓连接和高强度螺栓连接两种。普通螺栓一般有粗制螺栓和精制螺栓两种
（3）铆接		铆钉连接传力可靠，韧性和塑性好，质量易于检查，抗动力荷载好。但由于铆接时必须进行钢板搭接，费钢、费工，现在较少使用

2. 钢构件的组装与预拼装

方式	类别	含义或适用范围
（1）钢构件组装：把已经加工好的钢构件按照施工图的要求组合装配成完整的钢结构。根据钢构件的特性以及组装程度，可分为部件组装、组装和预总装	①部件组装	将两个或两个以上的零件装配成为半成品的结构部件
	②组装	也称拼装、装配或组立，是把零件和半成品部件装配成为独立的成品构件
	③预总装	把相关的两个以上成品构件按空间相对位置总装起来，明确各构件的装配节点，以保证构件安装质量

续表

方式	类别	含义或适用范围
（2）钢构件预拼装：钢构件预拼装的方法有平装法、立拼法和利用模具拼装法三种	①平装法	适用于拼装跨度较小、构件相对刚度较大的钢结构
	②立拼法	适用于跨度较大、侧向刚度较差的钢结构
	③利用模具拼装法	利用的模具是符合工件几何形状或轮廓的模型（内模或外模）
常用选择方法		
钢构件的组装方法较多，较常采用的是地样组装法和胎膜组装法		

3. 钢结构安装

分类	内容
（1）钢柱安装	一般钢柱的刚度较好，吊装时通常采用一点起吊。 常用的吊装方法有旋转法、滑行法和递送法。对于重型钢柱，也可采用双机抬吊
（2）钢屋架	安装钢屋架侧向刚度较差，安装前需进行吊装稳定性验算。稳定性不足时，应进行吊装临时加固，通常可在钢屋架上、下弦处绑扎杉木杆加固
（3）吊车梁安装	吊车梁吊装常采用自行杆式起重机，以履带式起重机应用最多，有时也可采用塔式起重机或桅杆式起重机等进行吊装。 对重量很大的吊车梁，可用双机抬吊。个别情况下还可设置临时支架，分段进行吊装。 钢制吊车梁均为简支梁。梁端之间留有10mm左右的空隙。梁的搁置处与牛腿面之间设钢垫板。梁与牛腿用螺栓连接，梁与制动架之间用高强螺栓连接
（4）钢桁架安装	钢桁架可采用自行杆式起重机（尤其是履带式起重机）、塔式起重机和桅杆式起重机等进行吊装
（5）高层钢结构安装	高层钢结构的安装是在分片的基础上，采用综合吊装法。 一般是划分多个流水作业段进行安装。划分流水作业段时应注意：各段应满足最重构件的起重能力；满足下节流水段内构件的起吊高度；段内柱的长度应适应工厂加工、运输堆放和现场吊装，一般宜为2～3个楼层高度，宜在梁顶标高以上1.0～1.3m处分节；应与混凝土结构施工相适应；每节流水段可根据结构特点和现场条件，在平面上划分流水区进行施工

4. 轻型钢结构施工

步骤	内容
（1）制作	常采用彩色涂层钢板、H型钢和冷弯薄壁型钢等。 制作流程如下：

续表

<table>
<tr><th>步骤</th><th>内容</th></tr>
<tr><td></td><td>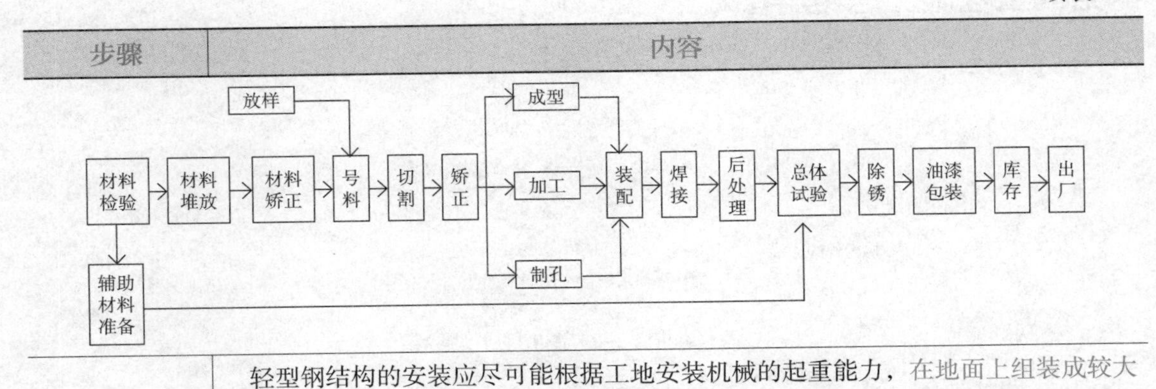
</td></tr>
<tr><td>（2）安装</td><td>轻型钢结构的安装应尽可能根据工地安装机械的起重能力，在地面上组装成较大的安装单元，以减少高空作业的工作量；宜采取综合安装方法，对容易变形的构件应做强度和稳定性计算，必要时应采取加固措施，以确保施工时结构的安全。
当吊装结构时，应采取适当措施防止产生过大的弯扭变形，同时应将绳扣与构件的接触部位加垫块垫好，以防损伤构件；待结构吊装就位后，应及时系牢支撑及其他连系构件，以保证结构的稳定性，且各种支撑的拧紧程度，以不将构件拉弯为原则。
所有上部结构的吊装必须在下部结构就位、校正并系牢支撑构件以后再进行；不得利用已安装就位的构件起吊其他重物；不得在主要受力部位焊接其他物件</td></tr>
</table>

5. 钢结构涂装施工

<table>
<tr><th>步骤</th><th colspan="2">内容</th></tr>
<tr><td>（1）表面处理</td><td colspan="2">钢结构的钢材表面不应有焊渣、焊疤、灰尘、油污、水和毛刺等，如果有应处理干净。对于镀锌钢结构构件，酸洗除锈后钢材表面应露出金属色泽，无污渍、锈迹和残留酸液</td></tr>
<tr><td rowspan="5">（2）防腐涂装施工</td><td>①施工工艺流程</td><td>主要施工工艺流程：基面处理→底漆涂装→中间漆涂装→面漆涂装→检查验收</td></tr>
<tr><td>②施工的顺序</td><td>先上后下、先左后右、先里后外、先难后易施涂，不漏涂，不流坠，应使漆膜均匀、致密、光滑和平整</td></tr>
<tr><td>③油漆防腐涂装</td><td>可采用涂刷法、手工滚涂法、空气喷涂法和高压无气喷涂法。
涂装环境温度和相对湿度应符合涂料产品说明书的规定，当产品说明书对涂装环境温度和相对湿度未作规定时，环境温度宜为5～38℃，相对湿度不应大于85%</td></tr>
<tr><td>④金属热喷涂</td><td>钢结构表面处理与热喷涂施工的间隔时间：
1）晴天或湿度不大的气候条件下应在12h以内。
2）雨天、潮湿及有盐雾的气候条件下不应超过2h</td></tr>
<tr><td>⑤防火涂装</td><td>防火涂料施工可采用喷涂、抹涂或滚涂等方法。
主要施工工艺流程：基层处理→调配涂料→涂装→检查验收。
防火涂料应分层涂装，应在上层涂层干燥或固化后，再进行下一道涂层施工。薄涂型防火涂料面层涂装，应在底层涂装干燥后开始</td></tr>
</table>

钢结构工程施工思维导图

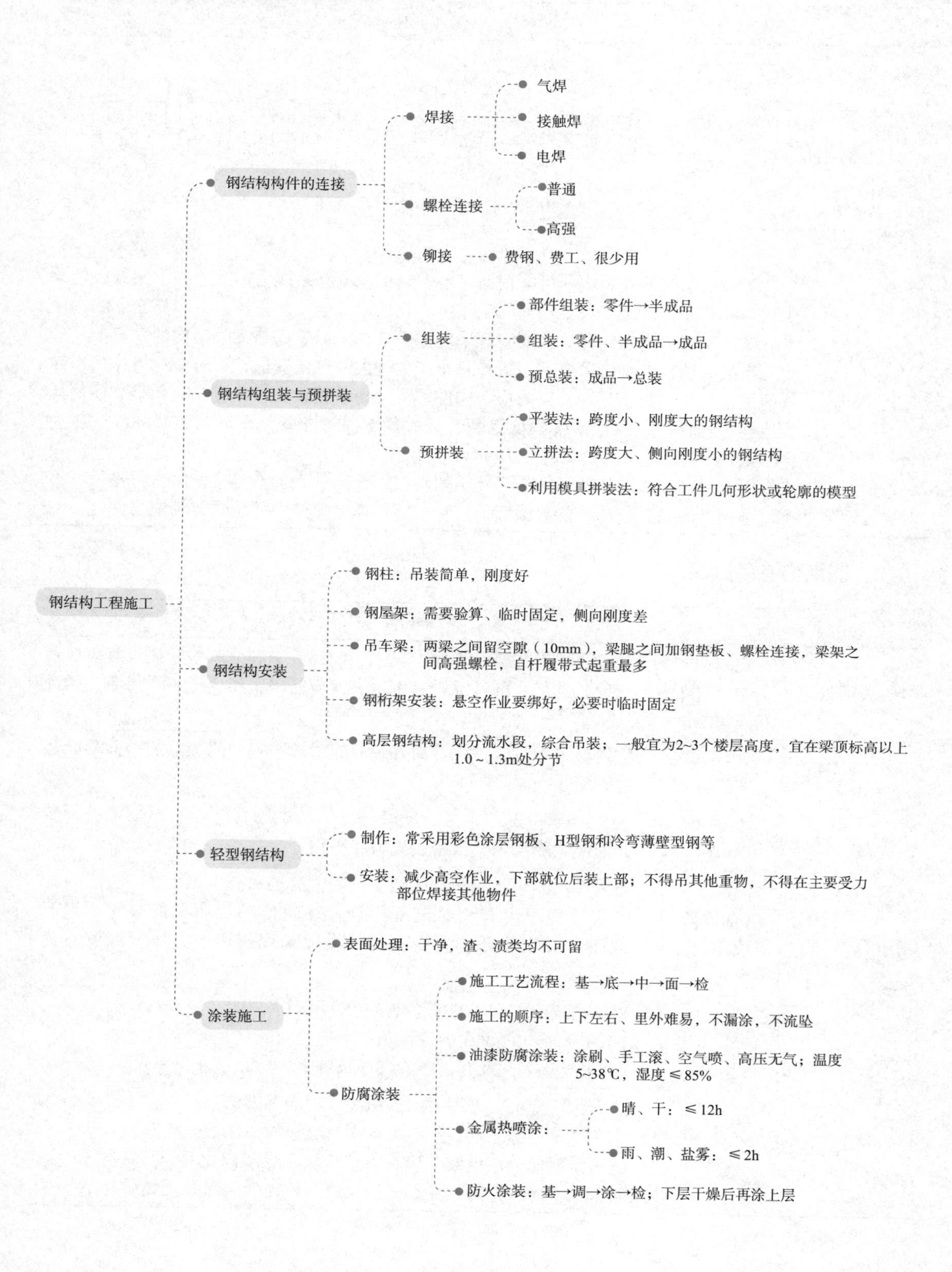

习题及答案解析

一、习题

❶【单选】下列选项中，常见的钢结构焊接方式，表述正确的是（　　）。

A．电弧焊　　B．电渣压力焊　　C．气焊　　D．接触焊

❷【单选】适用于拼装跨度较大、侧向刚度较差的钢结构的预拼装方法是（　　）。

A．平装法　　B．装配法　　C．立拼法　　D．拼接法

❸【单选】下列选项中，对钢结构防腐涂料的施工顺序，表述正确的是（　　）。

A．先下后上　　B．先右后左

C．先外后里　　D．先难后易

❹【多选】下列选项中，关于钢结构防腐涂装工程，说法正确的是（　　）。

A．施工工艺流程：基面处理→底漆涂装→中间漆涂装→面漆涂装→检查验收

B．可采用涂刷法、手工滚涂法、空气喷涂法和高压无气喷涂法

C．钢结构表面处理与金属热喷涂施工的间隔时间在晴天或湿度不大的气候条件下应在12h以上

D．钢结构表面处理与金属热喷涂施工的间隔时间在雨天、潮湿及有盐雾的气候条件下不应超过2h

E．施工顺序：先上后下、先左后右、先里后外、先难后易施涂，不漏涂，不流坠

二、答案与解析

❶【答案】B

【解析】本题考查的是钢结构工程施工技术。焊接有气焊、接触焊和电弧焊等方法，应根据结构特性、材料性能、厚度以及生产条件选择。

❷【答案】C

【解析】本题考查的是钢结构工程施工技术。钢构件预拼装中的立拼法，适用于拼装跨度较大、侧向刚度较差的钢结构的预拼装。

❸【答案】D

【解析】本题考查的是钢结构工程施工技术。钢结构防腐涂料的施工顺序为：先上后下、先左后右、先里后外、先难后易施涂，不漏涂，不流坠，应使漆膜均匀、致密、光滑和平整。

❹【答案】ABDE

【解析】本题考查的是钢结构工程施工技术。钢结构表面处理与金属热喷涂施工的间隔时间，在晴天或湿度不大的气候条件下应在12h以内。

1.3.6 结构吊装工程施工

1. 钢结构单层厂房安装

分类	内容
（1）钢柱安装	一般钢柱的刚度较好，吊装时通常采用一点起吊。 常用的吊装方法有旋转法、滑行法和递送法。对于重型钢柱，也可采用双机抬吊
（2）钢屋架安装	安装钢屋架侧向刚度较差，安装前需进行吊装稳定性验算。稳定性不足时，应进行吊装临时加固，通常可在钢屋架上、下弦处绑扎杉木杆加固
（3）吊车梁安装	吊车梁吊装常采用自行杆式起重机，以履带式起重机应用最多，有时也可采用塔式起重机或桅杆式起重机等进行吊装。 对重量很大的吊车梁，可用双机抬吊。个别情况下还可设置临时支架，分段进行吊装。 钢制吊车梁均为简支梁。梁端之间留有10mm左右的空隙。梁的搁置处与牛腿面之间设钢垫板。梁与牛腿之间用螺栓连接，梁与制动架之间用高强螺栓连接
（4）钢桁架安装	钢桁架可采用自行杆式起重机（尤其是履带式起重机）、塔式起重机和桅杆式起重机等进行吊装

2. 多层及高层、高耸钢结构安装

分类	内容
（1）多层及高层	高层钢结构的安装是在分片的基础上，采用综合吊装法。 一般是划分多个流水作业段进行安装。划分流水作业段时应注意：各段应满足最重构件的起重能力；满足下节流水段内构件的起吊高度；段内柱的长度应适应工厂加工、运输堆放和现场吊装，一般宜为2～3个楼层高度，宜在梁顶标高以上1.0～1.3m处分节；应与混凝土结构施工相适应；每节流水段可根据结构特点和现场条件，在平面上划分流水区进行施工
（2）高耸钢结构	可采用高空散件（单元）法、整体起扳法和整体提升（顶升）法等

3. 混凝土结构吊装

混凝土结构吊装分为构件吊装和结构吊装两大类。其中，结构吊装分为单层工业厂房结构吊装和多层装配式框架结构吊装。

（1）预制构件吊装工艺

预制构件吊装工艺包括构件的制作、运输、堆放、平面布置和构件的吊装过程。

工艺分类	内容
1）预制构件的制作和运输	构件预制尽可能采用叠浇法，重叠层数由地基承载能力和施工条件确定，构件运输时的混凝土强度，如设计无规定时，不应低于设计的混凝土强度标准值的75%
2）构件的平面布置	预制构件的堆放应考虑便于吊升及吊升后的就位，特别是大型构件，应做好构件堆放的布置图
3）预制构件的吊装	预制构件吊装一般包括绑扎、吊升、就位、临时固定、校正和最后固定等工序
	①柱的吊装 柱的绑扎：斜吊绑扎法和直吊绑扎法。 柱的起吊：旋转法和滑行法。 柱的就位和临时固定：当柱脚插入杯口后，应使柱的安装中心线对准杯口的安装中心线（吊装准线），然后用8个楔块从柱的四周插入杯口，打紧，将柱临时固定。当吊装重型、细长柱时，除采用以上措施进行临时固定外，必要时可增设缆风绳拉锚。 柱的校正：柱的校正包括平面定位轴线、标高和垂直度的校正。 柱的最后固定：在柱的底部四周与基础杯口的空隙之间浇筑细石混凝土，浇筑分两次进行，第一次先浇至楔块底面，待混凝土强度达到设计强度的25%后，拔去楔块第二次浇筑，待混凝土至杯口顶面
	②吊车梁的吊装 吊车梁的吊装须在柱子最后固定好，接头混凝土达到设计强度的70%后进行。吊车梁的校正，应在屋盖结构构件校正和最后固定后进行。校正的内容有：中心线对定位轴线的位移、标高、垂直度
	③屋盖的吊装 屋盖构件包括屋架（或屋面梁）、屋架上下弦水平支撑和垂直支撑、天沟板和屋面板、天窗架和天窗侧板等。屋盖的吊装一般都按节间依次采用综合吊装法。吊装的施工顺序是：绑扎、扶直堆放、吊升、就位、临时固定、校正和最后固定

（2）钢筋混凝土单层工业厂房结构吊装

工艺分类	内容
1）起重机械选择与布置	履带式起重机适用于安装4层以下结构，塔式起重机适用于安装4～10层结构，自升式塔式起重机适用于安装10层以上结构，还要保证起重机的起重量Q、起重高度H（图1-26）和起重幅度R三个工作参数均能满足结构吊装的要求
	起重机械的布置应根据房屋平面形状、构件重量、起重机性能及施工现场环境条件等确定。一般有四种布置方案：单侧布置、双侧布置、跨内单行布置和跨内环形布置
2）结构吊装方法与顺序	分件吊装法：起重机在车间内或沿着车间外每开行一次，仅吊装一种或两种构件。通常分三次开行吊装完全部构件：第一次开行，吊装全部柱子，并加以校正及最后固定；第二次开行，吊装全部吊车梁、连系梁及柱间支撑；第三次开行，分节间吊装屋架、天窗架、屋面板及屋面支撑等
	综合吊装法：起重机在车间内每开行一次（移动一次），就分节间吊装完节间内所有各种类型的构件。一个节间的全部构件吊装完后，起重机移至下一个节间进行吊装，直至整个厂房结构吊装完毕

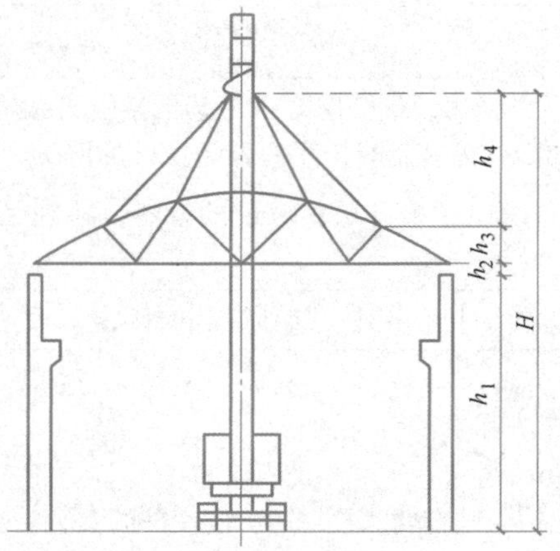

$H \geqslant h_1+h_2+h_3+h_4$

式中H——起重机的起重高度（m），从停机面算起至吊钩中心；

h_1——安装支座表面高度（m），从停机面算起；

h_2——安装空隙（m），一般不小于0.3m；

h_3——绑扎点至所吊构件底面的距离（m）；

h_4——索具高度（m），即自绑扎点至吊钩中心的距离，视具体情况而定

图1-26　起重机的起重高度

结构吊装工程施工思维导图

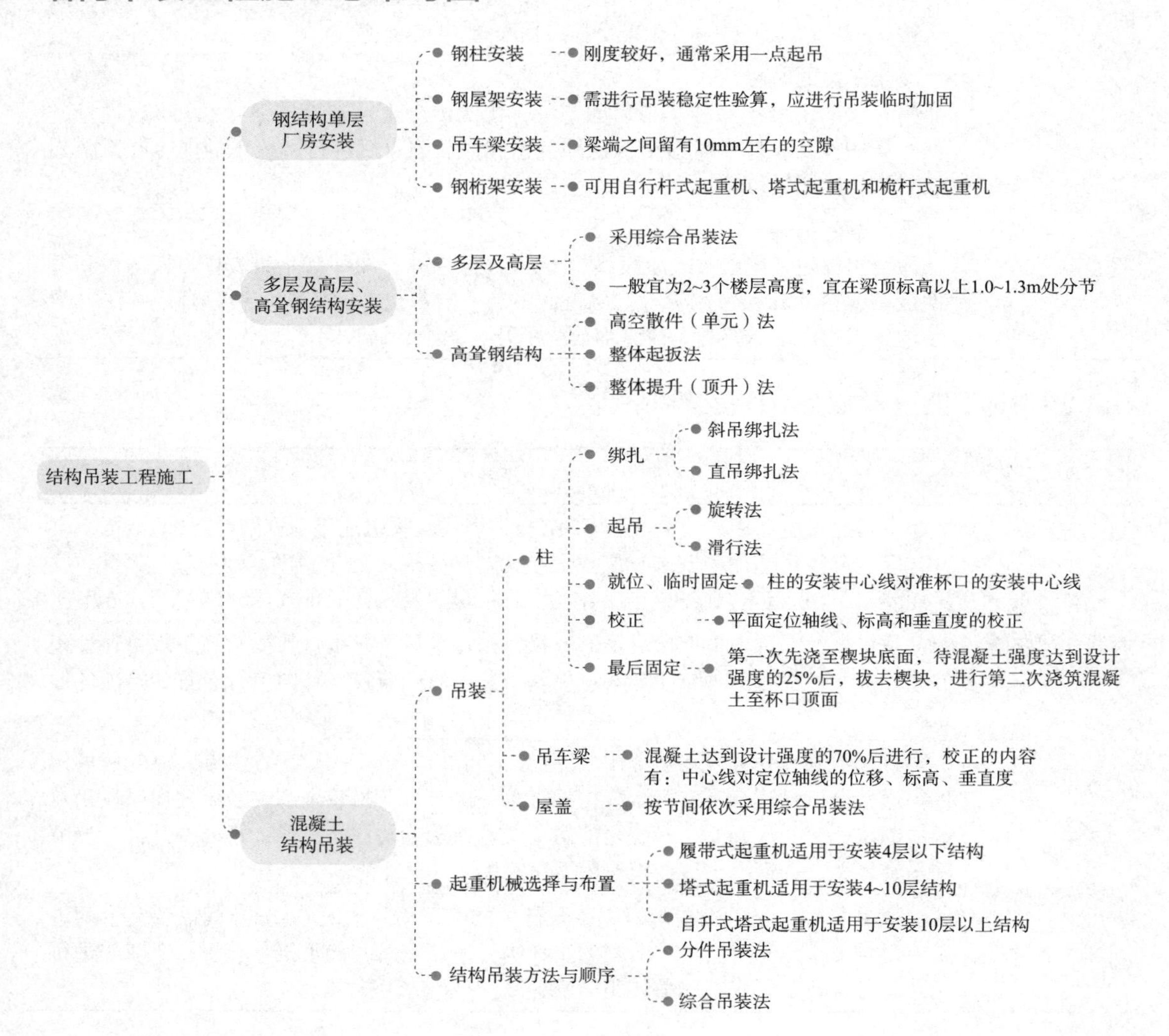

习题及答案解析

一、习题

❶【单选】柱吊升中所受振动较小，但对起重机的机动性要求高，一般采用自行式起重机的起吊方式为（　　）。

A．旋转法　　B．滑行法　　C．顶升法　　D．滑移法

❷【单选】吊装作业较安全，但吊升过程中柱所受振动较大，只有当起重机或场地受限时才采用的起吊方法为（　　）。

A．旋转法　　B．滑行法　　C．顶升法　　D．滑移法

❸【单选】柱的最后固定中，浇筑分两次进行，第一次浇筑后，待混凝土强度达到（　　）设计强度后，拔去楔块，进行第二次浇筑混凝土至杯口顶面。

A．25%　　B．30%　　C．70%　　D．75%

❹【单选】某11层工业建筑，其厂房结构吊装，适宜采用的起重机械为（　　）。

A．塔式起重机　　B．履带式起重机

C．汽车式起重机　　D．自升式塔式起重机

❺【单选】某结构吊装工程，待吊装结构为屋架，其安装支座表面高度为10m，屋架绑扎点至屋架底面距离1.5m，索具高度为1.5m，则起重机的起重高度至少为（　　）m。

A．11.5　　B．13.0　　C．13.3　　D．14.5

❻【多选】下列关于钢结构安装，表述正确的是（　　）。

A．一般钢柱的刚度较差，吊装时通常采用一点起吊

B．安装钢屋架侧向刚度较差，安装前需进行吊装稳定性验算

C．吊车梁与牛腿之间用焊接，梁与制动架之间用螺栓连接

D．吊车梁吊装常采用自行杆式起重机，以轮胎式起重机应用最多

E．一般宜为2～3个楼层高度，宜在梁顶标高以上1.0～1.3m处分节

二、答案与解析

❶【答案】A

【解析】本题考查的是结构吊装工程施工。旋转法吊柱，其特点是柱吊升中所受振动较小，但对起重机的机动性能要求高，一般采用自行式起重机。

❷【答案】B

【解析】本题考查的是结构吊装工程施工。滑行法吊柱，其特点是起重机只需转动吊杆即可将柱子吊装就位，吊装作业较安全，但滑行过程中柱所受振动较大，因此只有当起重机或场地受限时才采用此法。

❸【答案】A

【解析】本题考查的是结构吊装工程施工。在柱的底部四周与基础杯口的空隙之间，浇筑细石混凝土，捣固密实，使柱的底脚完全嵌固在基础内，完成柱的最后固定。浇筑分两次进行，第一次先浇至楔块底面，待混凝土强度达到设计强度的25%后，拔去楔块第二次浇筑混凝土至杯口顶面。

❹【答案】D

【解析】本题考查的是结构吊装工程施工。履带式起重机适用于安装4层以下结构，塔式起重机适用于安装4~10层结构，自升式塔式起重机适用于安装10层以上结构。

❺【答案】C

【解析】本题考查的是结构吊装工程施工。起重机的起重高度H（m），等于从停机面算起至吊钩中心的距离。$H=h_1+h_2+h_3+h_4=10+1.5+1.5+0.3=13.3$m。

h_1：安装支座表面高度（m），从停机面算起；

h_2：安装空隙，一般不小于0.3m；

h_3：绑扎点至所吊构件底面的距离（m）；

h_4：索具高度（m），即自绑扎点至吊钩中心的距离。

❻【答案】BCE

【解析】本题考查的是结构吊装工程施工。选项A错误，一般钢柱的刚度较好，吊装时通常采用一点起吊。常用的吊装方法有旋转法、滑行法和递送法。对于重型钢柱，也可采用双机抬吊；吊车梁吊装常采用自行杆式起重机，以履带式起重机应用最多。

1.3.7 建筑装饰装修工程施工

1. 抹灰工程

分类	内容
（1）基层处理	1）砖砌体，应清除表面杂物、尘土，抹灰前应洒水湿润。 2）混凝土表面应凿毛或在表面洒水润湿后涂刷1：1水泥砂浆（加适量胶粘剂）。 3）加气混凝土应在湿润后边刷界面剂边抹强度不小于M5的水泥混合砂浆
（2）材料选用	1）宜为硅酸盐水泥、普通硅酸盐水泥。 2）不同品种不同强度等级的水泥不得混合使用。 3）抹灰用砂子宜选用中砂，砂子使用前应过筛，不得含有杂物。 4）抹灰用石灰膏的熟化期不应少于15d，罩面用磨细石灰粉的熟化期不应少于3d
（3）施工工艺要求	不同材料基体交接处表面的抹灰应采取防止开裂的加强措施，水泥砂浆抹灰层应在抹灰24h后进行养护，抹灰应分层进行

2. 吊顶工程

分类	内容
（1）龙骨安装	1）在四周墙上弹线。弹线应清晰、位置应准确。 2）主龙骨吊点间距、起拱高度应符合设计要求。 3）吊杆应通直，距主龙骨端部的距离不得超过300mm。当吊杆与设备相遇时，应调整吊点构造或增设吊杆。 4）次龙骨应紧贴主龙骨安装。用沉头自攻钉安装饰面板时，接缝处次龙骨宽度不得小于40mm。 5）暗龙骨系列的横撑龙骨，应用连接件将其两端连接在通长次龙骨上。明龙骨系列的横撑龙骨与通长次龙骨搭接处的间隙不得大于1mm
（2）纸面石膏板和纤维水泥加压板安装	1）板材应在自由状态下进行安装，固定时应从板的中间向板的四周固定。 2）纸面石膏板螺钉与板边的距离应符合要求。 3）板周边钉距宜为150～170mm，板中钉距不得大于200mm。 4）安装双层石膏板时，上下层板的接缝应错开，不得在同一根龙骨上接缝。 5）螺钉头宜略埋入板面，并不得使纸面破损。钉眼应做防锈处理并用腻子抹平。 6）石膏板的接缝应按设计要求进行板缝处理
（3）石膏板、钙塑板安装	钉固法安装：螺钉与板边的距离不得小于15mm，螺钉间距宜为150～170mm，均匀布置，并应与板面垂直，钉帽应进行防锈处理，并用与板面颜色相同的涂料涂饰或用石膏腻子抹平
	粘结法安装：胶粘剂应涂抹均匀，不得漏涂

3. 轻质隔墙工程

分类	内容
（1）轻钢龙骨安装	1）应按弹线位置固定沿地龙骨、沿顶龙骨及边框龙骨。 2）竖向龙骨应垂直，龙骨间距应符合设计要求。 3）安装支撑龙骨时，应先将支撑卡安装在竖向龙骨的开口方向。 4）安装贯通龙骨时，低于3m的隔墙安装一道，3～5m隔墙安装两道。 5）饰面板横向接缝处不在沿地龙骨、沿顶龙骨上时，应加横撑龙骨固定
（2）木龙骨安装	1）木龙骨的横截面积及纵、横向间距应符合设计要求。 2）骨架横、竖龙骨宜采用开半榫、加胶、加钉连接。 3）安装饰面板前应对龙骨进行防火处理
（3）纸面石膏板安装	1）石膏板宜竖向铺设，长边接缝应安装在竖龙骨上。 2）龙骨两侧的石膏板及龙骨一侧的双层板的接缝应错开，不得在同一根龙骨上接缝。 3）轻钢龙骨应用自攻螺钉固定，木龙骨应用木螺钉固定。 4）安装石膏板时应从板的中部向板的四边固定。钉头略埋入板内，但不得损坏纸面，钉眼应进行防锈处理。 5）石膏板的接缝应按设计要求进行板缝处理。石膏板与周围墙或柱间应留有3mm的槽口，以便进行防开裂处理

续表

分类	内容
（4）胶合板安装	1）胶合板安装前应对板背面进行防火处理。 2）轻钢龙骨应采用自攻螺钉固定，木龙骨采用圆钉固定。 3）阳角处宜作护角。 4）胶合板用木压条固定时，固定点间距不应大于200mm

4. 墙面铺装工程

分类	内容
（1）墙面砖铺贴	1）墙面砖铺贴前应进行挑选，并应浸水2h以上，晾干表面水分。 2）铺贴前应进行放线定位和排砖，非整砖应排放在次要部位或阴角处。每面墙不宜有两列非整砖，非整砖宽度不宜小于整砖的1/3。 3）墙面砖表面应平整、接缝应平直、缝宽应均匀一致。阴角砖应压向正确，阳角线宜做成45°角对接，在墙面凸出物处，应整砖套割吻合，不得用非整砖拼凑铺贴。 4）结合砂浆宜采用1：2水泥砂浆，水泥砂浆应满铺在墙砖背面，一面墙不宜一次铺贴到顶，以防塌落
（2）墙面石材铺装	1）墙面砖铺贴前应进行挑选，并应按设计要求进行预拼。 2）强度较低或较薄的石材应在背面粘贴玻璃纤维网布。 3）当采用湿作业法施工时，固定石材的钢筋网应与预埋件连接牢固。每块石材与钢筋网拉结点不得少于4个。拉结用金属丝应具有防锈性能。灌注砂浆前应将石材背面及基层湿润，并应用填缝材料临时封闭石材板缝，避免漏浆。灌注砂浆时应分层进行，待其初凝后方可灌注上层水泥砂浆。 4）当采用粘贴法施工时，基层处理应平整但不应压光。胶粘剂的配合比应符合产品说明书的要求。胶液应均匀、饱满地抹刷在基层和石材背面，石材就位时应准确，并应立即挤紧、找平、找正，进行顶、卡固定。溢出的胶液应随时清除
（3）木装饰装修墙制作安装	1）打孔安装木砖或木楔，深度应不小于40mm，木砖或木楔应做防腐处理。 2）龙骨间距应符合设计要求。龙骨与木砖或木楔连接应牢固。龙骨木质基层板应进行防火处理

5. 涂饰工程

分类	内容
（1）施工环境	混凝土或抹灰基层，涂刷溶剂型涂料时，含水率不得大于8%；涂刷水性涂料时，含水率不得大于10%；木质基层在涂刷涂料时，含水率不得大于12%。施工现场环境温度宜在5～35℃之间，并应注意通风换气和防尘
（2）施工方法	1）滚涂法；2）喷涂法；3）刷涂法

续表

分类	内容
（3）施工要求	1）木质基层涂刷调和漆：先满刷清油一遍，待其干后用油腻子将钉孔、裂缝、残缺处嵌刮平整，干后打磨光滑，再刷中层和面层油漆。 2）对泛碱、析盐的基层应先用3%的草酸溶液清洗，然后用清水冲刷干净或在基层上满刷一遍耐碱底漆，待其干燥后刮腻子，再涂刷面层涂料。 3）浮雕涂饰的中层涂料应颗粒均匀，用专用塑料辊蘸煤油或水均匀滚压，厚薄一致，待完全干燥固化后，才可进行面层涂饰。面层为水性涂料时，应采用喷涂，溶剂型涂料应采用刷涂。间隔时间宜在4h以上

6. 地面工程

分类	内容
（1）石材、地面砖铺贴	1）石材、地面砖铺贴前应浸水湿润。 2）结合层砂浆宜采用体积比为1∶3的干硬性水泥砂浆，厚度宜高出实铺厚度2～3mm。铺贴前应在水泥砂浆上刷一道水灰比为1∶2的素水泥浆或干铺水泥1～2mm后洒水。 3）铺贴后应及时清理表面，24h后应用1∶1水泥浆灌缝，选择与地面颜色一致的颜料与白水泥拌和均匀后嵌缝
（2）竹、实木地板铺装	1）基层平整度误差不得大于5mm。 2）铺装前应对基层进行防潮处理，防潮层宜涂刷防水涂料或铺设塑料薄膜。 3）铺装前应对地板进行选配，宜将纹理、颜色接近的地板集中使用于一个房间或部位。 4）木龙骨应与基层连接牢固，固定点间距不得大于600mm。 5）毛地板应与龙骨呈30°或45°角铺钉，板缝应为2～3mm，相邻板的接缝应错开。 6）在龙骨上直接铺装地板时，主、次龙骨的间距应根据地板的长宽模数计算确定，地板接缝应在龙骨的中线上。 7）毛地板及地板与墙之间应留有8～10mm的缝隙
（3）强化复合地板铺装	1）防潮垫层应满铺平整，接缝处不得叠压。 2）安装第一排时应凹槽面靠墙。地板与墙之间应留有8～10mm的缝隙。 3）房间长度或宽度超过8m时，应在适当位置设置伸缩缝
（4）地毯铺装	1）地毯对花拼接应按毯面绒毛和织纹走向的同一方向拼接。 2）使用张紧器伸展地毯时，用力方向应呈V字形，由地毯中心向四周展开。 3）当使用倒刺板固定地毯时，应沿房间四周将倒刺板与基层固定牢固。 4）地毯铺装方向，应是毯面绒毛走向的背光方向。 5）满铺地毯时，应用扁铲将毯边塞入卡条和墙壁间的间隙中或塞入踢脚下面。 6）裁剪楼梯地毯时，长度应留有一定余量，以便在使用中可挪动常磨损的位置

建筑装饰装修工程施工思维导图

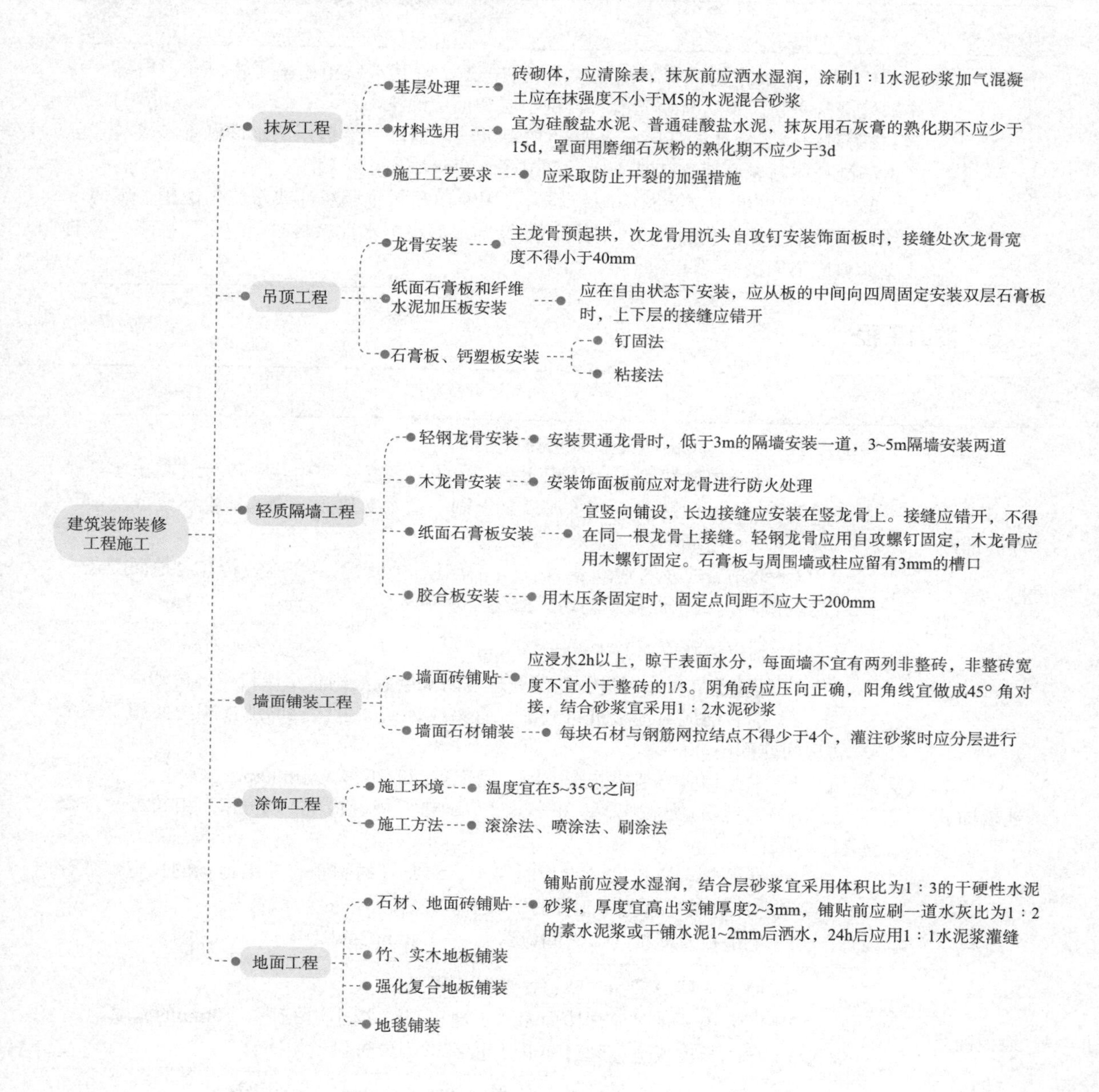

习题及答案解析

一、习题

1 【单选】加气混凝土块和板的底层抹灰时，一般宜选用（　　）。

A．水泥砂浆　　B．水泥混合砂浆

C．麻刀石灰砂浆　　D．纸筋石灰浆

② 【单选】下列关于吊顶工程施工，表述正确的是（　　）。

A．主龙骨应按房间短向跨度适当起拱

B．纸面石膏板固定时应从板的四周向板的中心固定

C．当安装双层石膏板时，上、下层板的接缝应对齐，固定在同一根龙骨上

D．当采用沉头自攻螺钉安装饰面板时，接缝处次龙骨的宽度不得小于45mm

③ 【单选】下列关于轻质隔墙工程施工，表述正确的是（　　）。

A．纸面石膏板宜竖向铺设，长边接缝应安装在竖向龙骨上

B．当胶合板用木压条固定时，固定点间距不应小于200mm

C．石膏板与周围的墙或柱应留有5mm的槽口，以便进行防开裂处理

D．安装贯通系列龙骨时，低于3m的隔墙只安装一道，5～8m的隔墙可安装两道

④ 【单选】下列关于墙面铺装工程施工的表述，正确的是（　　）。

A．墙面砖铺贴，结合砂浆宜采用1：2水泥砂浆

B．墙面石材铺装，采用湿法铺装时，灌注砂浆时应一次性连续进行

C．墙面砖铺贴，每面墙不应有两列非整砖，非整砖宽度不宜小于整砖的1/3

D．墙面石材铺装，采用湿法铺装时，每块石材与钢筋网的拉接点不得少于3个

⑤ 【单选】涂饰工程施工中，施工现场环境温度宜在（　　）之间。

A．5～25℃　　B．5～30℃

C．5～35℃　　D．5～36℃

二、答案与解析

① 【答案】B

【解析】本题考查的是建筑装饰装修工程施工。加气混凝土应在湿润后边刷界面剂边抹强度不小于M5的水泥混合砂浆。

② 【答案】A

【解析】本题考查的是建筑装饰装修工程施工。板材应在自由状态下进行安装，固定时应从板的中间向板的四周固定；当安装双层石膏板时，上、下层板的接缝应错开，不得在同一根龙骨上接缝；次龙骨应紧贴主龙骨安装，当采用沉头自攻螺钉安装饰面板时，接缝处次龙骨的宽度不得小于40mm。

③ 【答案】A

【解析】本题考查的是建筑装饰装修工程施工。当胶合板用木压条固定时，固定点间距不应大于200mm；石膏板的接缝应按设计要求进行板缝处理。石膏板与周围的墙或柱应留有3mm的槽口，以便进行防开裂处理；安装贯通系列龙骨时，低于3m的隔墙只安装一道，3～5m的隔墙可安装两道。

④ 【答案】A

【解析】本题考查的是建筑装饰装修工程施工。墙面石材铺装，采用湿法铺装时，灌注

砂浆时应分层进行，待其初凝后方可灌注上层水泥砂浆；每面墙不宜有两列非整砖，非整砖宽度不宜小于整砖的1/3；墙面石材铺装，采用湿法铺装时，每块石材与钢筋网的拉结点不得少于4个。

❺【答案】C

【解析】本题考查的是建筑装饰装修工程施工。混凝土或抹灰基层，涂刷溶剂型涂料时，含水率应符合设计要求；施工现场环境温度宜在5～35℃之间，并应注意通风换气和防尘。

1.3.8 防水和保温工程施工

1. 屋面防水工程施工

分类	内容
（1）卷材防水	分类：沥青防水卷材、高聚物改性沥青防水卷材、合成高分子防水卷材
	铺贴方法：满粘法、点粘法、条粘法和空铺法
	当卷材防水层上有重物覆盖或基层变形较大时，应优先采用空铺法、点粘法、条粘法或机械固定法，但距屋面周边800mm内以及叠层铺贴的各层之间应满粘；当防水层采取满粘法施工时，找平层的分隔缝处宜空铺，空铺的宽度宜为100mm。立面或大坡面铺贴卷材时，应采用满粘法，并宜减少卷材短边搭接。 高聚物改性沥青防水卷材的施工方法一般有热熔法、冷粘法和自粘法等。合成高分子防水卷材的施工方法一般有冷粘法、自粘法、焊接法和机械固定法。 卷材防水层施工要考虑环境温度，热熔法和焊接法不宜低于－10℃；冷粘法和热粘法不宜低于5℃；自粘法不宜低于10℃
	铺贴顺序：卷材防水层施工时，应先进行细部构造处理，然后由屋面最低标高向上铺贴；檐沟、天沟卷材施工时，宜顺檐沟、天沟方向铺贴，搭接缝应顺流水方向；卷材宜平行屋脊铺贴，上下层卷材不得相互垂直铺贴
（2）涂膜防水屋面施工	工艺流程：清理、修理基层表面→喷涂基层处理剂（底涂料）→特殊部位附加增强处理→涂布防水涂料及铺贴胎体增强材料→清理与检查修整→保护层施工
	工艺要求：涂膜防水层的施工应按“先高后低，先远后近”的原则进行。先涂高跨屋面，后涂低跨屋面；先涂布距离上料点远的部位，后涂布近处；先涂布排水较集中的水落口、天沟、檐沟、檐口等节点部位，再进行大面积涂布。应根据防水涂料的品种分层分遍涂布，需铺设胎体增强材料时，屋面坡度小于15%时，可平行屋脊铺设，屋面坡度大于15%时应垂直于屋脊铺设。采用二层胎体增强材料时，上下层不得相互垂直铺设，搭接缝应错开，其间距不应小于幅宽的1/3。涂膜防水层应沿找平层分隔缝增设带有胎体增强材料的空铺附加层，其空铺宽度宜为100mm

2. 地下室防水工程施工

分类		内容
(1)防水混凝土		种类：普通防水混凝土、外加剂或掺合料防水混凝土和膨胀水泥防水混凝土。 施工要求： 1)保持施工环境干燥，避免带水施工。 2)防水混凝土采用预拌混凝土时，混凝土坍落度宜控制在120～140mm，坍落度每小时损失不应大于20mm，坍落度总损失值不应大于40mm。 3)防水混凝土应自然养护，养护时间不少于14d。 4)喷射混凝土终凝2h后应采取喷水养护，养护时间不得少于14d；当气温低于5℃时，不得喷水养护
(1)防水混凝土		构造处理： 1)施工缝处理：墙体水平施工缝不应留在剪力与弯矩最大处或底板与侧墙的交接处，应留在高出底板表面不小于300mm的墙体上。拱(板)墙结合的水平施工缝，宜留在拱(板)墙接缝线以下150～300mm处。墙体有预留孔洞时，施工缝距孔洞边缘不应小于300mm。 2)贯穿铁件处理：为保证地下建筑的防水要求，可在铁件上加焊一道或数道止水铁片，延长渗水路径、减小渗水压力，达到防水目的。埋设件端部或预留孔、槽底部的混凝土厚度不得少于250mm；当混凝土厚度小于250mm时，应局部加厚或采取其他防水措施
(2)表面防水层防水	水泥砂浆防水	水泥砂浆防水是一种刚性防水层，它是依靠提高砂浆层的密实性来达到防水要求。常用的外加剂有氯化铁防水剂、铝粉膨胀剂和减水剂等
(2)表面防水层防水	涂膜防水层	工艺流程：清理、修理基层→涂刷基层处理剂→节点部位附加增强处理→涂布防水涂料及铺贴胎体增强材料→清理及检查修理→平面部位铺贴油毡保护隔离层→平面部位浇筑细石混凝土保护层→立面部位粘贴聚乙烯泡沫塑料保护层→基坑回填
(2)表面防水层防水	卷材防水层	卷材防水层是用沥青胶结材料粘贴油毡而成的，属于柔性防水层。具有良好的韧性和延伸性，可以适应一定的结构振动和微小变形，防水效果较好。 按施工顺序分类： 1)外贴法：在地下建筑墙体做好后，直接将卷材防水层铺贴墙上，然后砌筑保护墙。优点：不均匀沉降对防水层影响小，修补方便。缺点：工期长，占地大，接头处易受损。 2)内贴法：先砌筑保护墙，然后将卷材防水层铺贴在保护墙上，最后浇筑地下建筑墙。优点：施工方便，不留接头，占地小；缺点：不均匀沉降对防水层影响大，保护墙稳定性差，难修补
(3)止水带防水		按材料划分：常见的有橡胶止水带、塑料止水带、氯丁橡胶止水带和金属止水带等。 按构造形式划分：有粘贴式、可卸式和埋入式等。目前较多采用的是埋入式

3. 楼层、厕浴间、厨房间防水

建筑中穿过楼地面或墙体的上下水管道，供热、燃气管道一般都集中明敷在厕浴间和厨房间，应用柔性涂膜防水层和刚性防水砂浆防水层，或两者复合的防水层防水。

分类	内容
（1）涂膜防水	涂膜防水的材料可以用合成的高分子防水涂料和高聚物改性沥青防水涂料。该防水层必须在管道安装完毕，管孔四周堵填密实后，做地面工程之前，做一道柔性防水层
（2）刚性防水	理想材料是具有微胀性能的补偿收缩混凝土和补偿收缩水泥砂浆。厕浴间、厨房间中的穿楼板管道、地漏口、蹲便器下水管等节点是重点防水部位

4. 保温工程

分类	内容
（1）外墙外保温工程	施工前提：保温层施工前，应进行基层处理，使之坚实、平整。除 EPS 板和 EPS 钢丝网架板现浇混凝土外保温系统外，外保温工程施工前，基层施工质量、外门窗洞口应通过验收，门窗框或辅框应安装完毕，伸出墙面的消防梯、雨水管、各种进户管线和空调器等的预埋件、连接件应安装完毕，且按外保温系统厚度留出间隙。 施工环境：外保温工程施工期间以及完工后的 24h 内，基层及环境空气温度应不低于 5℃。夏季应避免阳光曝晒。在 5级以上大风天气和雨天不得施工。 构造要求：外保温工程应做好系统在檐口、勒脚处的包边处理。装饰缝、门窗四角和阴阳角等处应做好局部加强网的安装。基层墙体变形缝处应做好防水和保温构造处理
（2）屋面保温工程	1）对材料的要求：保温材料的导热系数、表观密度或干密度、抗压强度或压缩强度及燃烧性能，必须符合设计要求。 2）干铺法施工。 3）纤维材料保温层施工：纤维材料填充后，不得上人踩踏。 4）喷涂硬泡聚氨酯保温层施工：作业面应分遍喷涂完成，每遍厚度不宜大于15mm；当日的作业面应当日连续喷涂施工完毕。硬泡聚氨酯喷涂后20min内严禁上人，喷涂完成后应及时做保护层。 5）泡沫混凝土保温层施工。 6）种植隔热层施工：种植隔热层的屋面坡度大于20%时，其排水层、种植土层应采取防滑措施。 7）蓄水隔热层施工：防水混凝土初凝后应覆盖养护，终凝后浇水养护不得少于14d

防水和保温工程施工思维导图

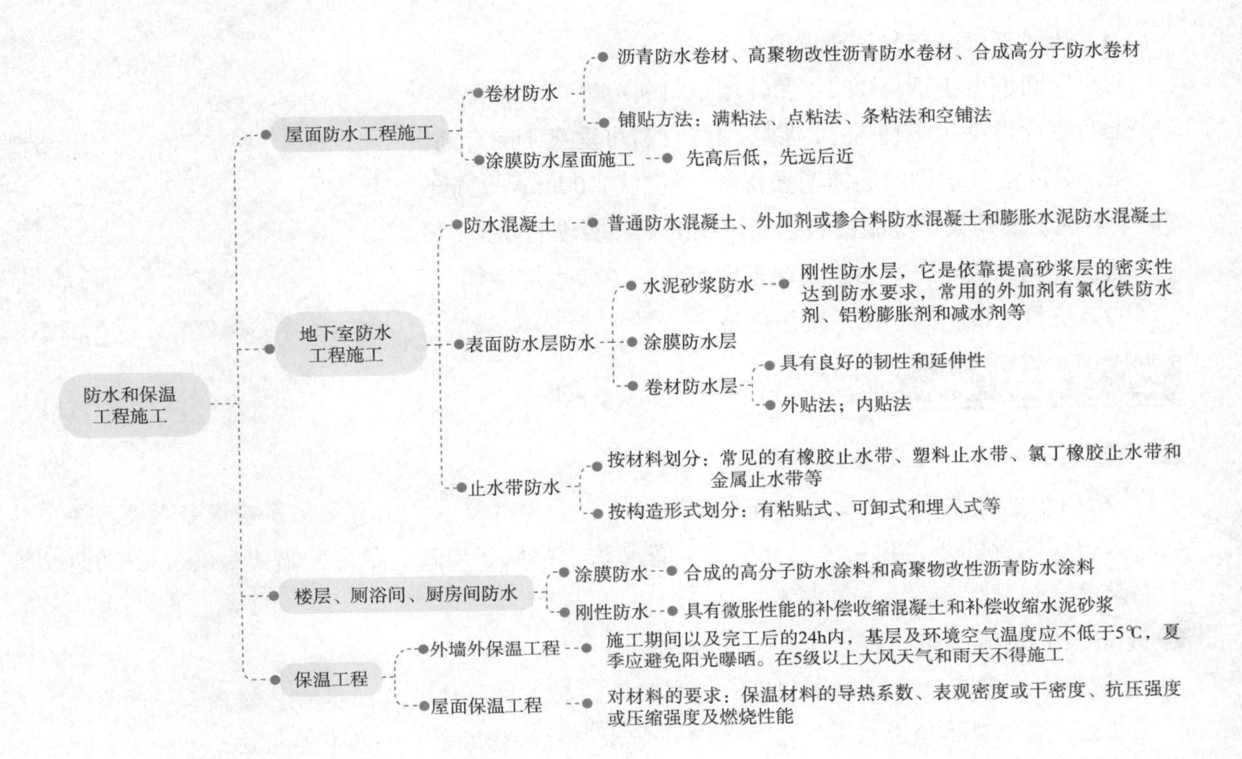

习题及答案解析

一、习题

1.【单选】当卷材防水层上有重物覆盖或基层变形较大时，不应优先采用的铺贴方式为（　　）。

A．满粘法　　B．点粘法　　C．条粘法　　D．空铺法

2.【单选】下列不属于合成高分子防水卷材施工方式的为（　　）。

A．冷粘法　　B．自粘法　　C．热熔法　　D．焊接法

3.【单选】下列关于地下室表面防水施工，表述错误的是（　　）。

A．涂膜防水的特点在于适用部位广泛

B．可以采用多层法和外加剂法进行水泥砂浆刚性防水

C．卷材防水采用外贴法时，应先砌保护墙，并在保护墙内侧铺贴卷材

D．在同一个变形缝处，采用止水带防水，可采用多种止水带组合构造

4.【多选】下列铺贴防水卷材的位置，应当满粘的有（　　）。

A．立面　　B．大坡面　　C．基层变形较大部位

D．叠层铺贴的各层之间　　E．距屋面周边900mm 内部位

5 【多选】下列关于屋面涂膜防水施工，表述错误的是（　　）。

A．按先高后低原则进行

B．按涂料的品种分层逐遍涂布

C．屋面坡度小于15%的，胎体增强材料应平行于屋脊铺设

D．屋面坡度大于15%的，胎体增强材料可垂直于屋脊铺设

E．分隔缝处增设的胎体增强材料，宜空铺100mm 的宽度

6 【多选】下列关于保温材料应当控制的属性要求有（　　）。

A．导热系数　B．表观密度　C．燃烧性能

D．抗拉强度　E．抗压强度

二、答案与解析

1 【答案】A

【解析】本题考查的是防水和保温工程施工。当卷材防水层上有重物覆盖或基层变形较大时，应优先采用空铺法、点粘法、条粘法或机械固定法，但距屋面周边800mm 内以及叠层铺贴的各层之间应满粘。

2 【答案】C

【解析】本题考查的是防水和保温工程施工。高聚物改性沥青防水卷材的施工一般有热熔法、冷粘法和自粘法等，合成高分子防水卷材的施工方法一般有冷粘法、自粘法、焊接法和机械固定法。

3 【答案】C

【解析】本题考查的是防水和保温工程施工。外贴法是指在地下建筑墙体做好后，直接将卷材防水层铺贴在墙体上，然后砌筑保护墙；内贴法是指在地下建筑墙体施工前，先砌筑保护墙，然后将卷材防水层铺贴在保护墙上，最后进行地下建筑墙体浇筑。

4 【答案】ABD

【解析】本题考查的是防水和保温工程施工。当卷材防水层上有重物覆盖或基层变形较大时，应优先采用空铺法、点粘法、条粘法或机械固定法，但距屋面周边 800mm内以及叠层铺贴的各层之间应满粘。在立面或大坡面铺贴卷材时，应采用满粘法，并宜减少卷材短边搭接。

5 【答案】CD

【解析】本题考查的是防水和保温工程施工。当需要铺设胎体增强材料时，屋面坡度小于15%的，可平行屋脊铺设；屋面坡度大于15%的，应垂直于屋脊铺设。

6 【答案】ABCE

【解析】本题考查的是防水和保温工程施工。保温材料的导热系数、表观密度或干密度、抗压强度或压缩强度及燃烧性能，必须符合设计要求。

第四节 土建工程常用施工机械的类型及应用

1.4.1 土方工程机械

在土方施工过程中，人工开挖只适用于小型基坑（槽）、管沟及土方量小的场合，对大量土方一般均采用机械化施工。常用施工机械有：推土机、铲运机、单斗挖土机、装载机等。

施工机械	内容
推土机	特点：推土机操作灵活、运输方便，所需工作面较小，行驶速度较快，易于转移，能爬30° 左右的缓坡。可单独使用，也可以卸下铲刀牵引其他无动力的土方机械，如拖式铲运机、松土机、羊足碾等。 适用：场地清理和平整、开挖深度1.5m以内的基坑，填平沟坑，以及配合铲运机、挖土机工作等。 运距：经济运距：100m以内，最佳运距：30 ~ 60m
铲运机	组成：由牵引机械和铲土斗组成。 特点：能独立完成铲土、运土、卸土、填筑、压实等工作，对行驶道路要求较低，行驶速度快，操纵灵活，运转方便，生产效率高。 适用：坡度在20° 以内的大面积场地的平整工程，开挖大型基坑、沟槽，以及填筑路基等土方工程。 运距：适宜运距：600 ~ 1500m，效率最高运距：200 ~ 350m
单斗挖掘机	分类：1）按其行走装置分：履带式和轮胎式；2）按其工作装置分：正铲、反铲、拉铲和抓铲；3）按其传动装置分：机械传动和液压传动。 适用：基坑（槽）土方开挖
装载机	分类：1）按行走方式：分履带式和轮胎式两种；2）按工作方式：分单斗式装载机、链式和轮斗式装载机。 特点：土方工程主要使用单斗铰链式轮胎装载机。其具有操作轻便、灵活、转运方便、快速等特点。 适用：装卸土方和散料，也可用于松软土的表层剥离、地面平整和场地清理等工作

1. 推土机

施工方法	特点	适用
下坡推土法	在斜坡上推土机顺下坡方向切土与推运，可以提高生产效率，但坡度不宜超过15°，以免后退时爬坡困难	推土丘、回填管沟
分批集中，一次推送法	应用此法，可使铲刀的推送数量增大，缩短运输时间，提高生产效率12% ~ 18%	在较硬的土中，推土机的切土深度较小，一次铲土不多，可分批集中，再整批地推送到卸土区

施工方法	特点	适用
并列推土法	一般采用两机并列填土可增加推土量15%～30%，采用三机并列填土可增加推土量30%～40%。平均运距不宜超过50～75m，也不宜小于20m。并列台数不宜超过四台	在较大面积的平整场地施工中，采用2～3台推土机并列作业，铲刀间距15～30cm
沟槽推土法	推土机重复在一条作业线上切土和推土，使地面逐渐形成一条浅槽，在槽中推运土可减少土的散失，可增加10%～30%的推运土量。槽的深度在1m左右为宜，土埂宽约50cm。当推出多条槽后，再将土埂推入槽中运出	当推土层较厚，运距远时
斜角推土法	将铲刀斜装在支架上，与推土机横轴在水平方向形成一定角度进行推土	一般在管沟回填且无倒车余地时

2. 铲运机

（1）铲运机的开行路线

由于挖填区的分布不同，根据具体条件，选择合理的铲运路线，对生产率影响很大。根据实践，铲运机的开行路线有以下几种：

开行线路		图例	适用及特点
环形路线	环形路线	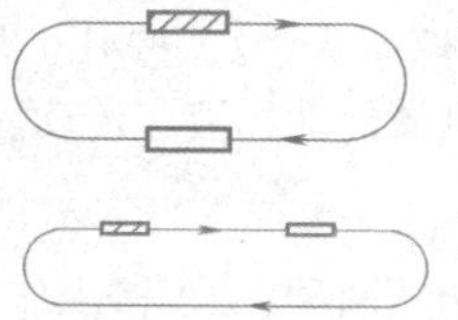	适用：施工地段较短、地形起伏不大的挖、填工程
	大环形路线	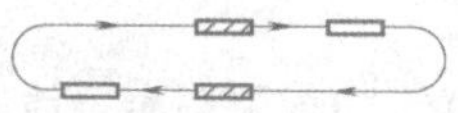	适用：当挖土和填土交替，而挖填之间距离又较短时。 特点：一个循环能完成多次铲土和卸土，从而减少了铲运机的转弯次数，提高了工作效率
8字形路线		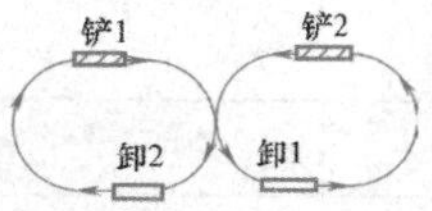 铲1 铲2 卸2 卸1	适用：挖、填相邻、地形起伏较大，且工作地段较长的情况。 特点：铲运机行驶一个循环能完成两次作业，而每次铲土只需转弯一次，比环形路线可缩短运行时间，提高生产效率。同时，一个循环中两次转弯方向不同时机械磨损会比较均匀

（2）铲运机铲土的施工方法

为了提高铲运机的生产率，除规划合理的开行路线外，还可根据不同的施工条件，采用下列施工方法：

施工方法	内容
下坡铲土	应尽量利用有利地形进行下坡铲土。这样可以利用铲运机的重力来增大牵引力，使铲斗切土加深，缩短装土时间，从而提高生产率。一般地面坡度以5°~7°为宜。如果自然条件不允许，可在施工中逐步创造一个下坡铲土的地形
跨铲法	预留土埂，间隔铲土的方法。可使铲运机在挖两边土槽时减少向外撒土量，挖土埂时增加了两个自由面，阻力减小，铲土容易，土埂高度应不大于300mm，宽度以不大于拖拉机两履带间净距为宜
助铲法	适用：地势平坦、土质较坚硬的地区。 此法的关键是双机要紧密配合，否则达不到预期效果。一般每3~4台铲运机配1台推土机助铲。推土机在助铲的空隙时间，可作松土或其他零星的平整工作，为铲运机施工创造条件

当铲运机铲土接近设计标高时，为了正确控制标高，宜沿平整场地区域每隔10m左右，配合水平仪抄平，先铲出一条标准槽，以此为准，使整个区域平整度达到设计要求。

当场地的平整度要求较高时，还可采用铲运机抄平。此法是铲运机放低斗门，高速行走，使铲土和铺土厚度经常保持在50mm左右，往返铲铺数次。如土的自然含水量在最佳含水量范围内，往返铲铺2~3次，表面平整的高差，可达50mm左右。

3. 单斗挖掘机

种类	特点	适用	挖卸土方式
正铲挖掘机	前进向上，强制切土。挖掘力大，生产率高	开挖停机面以内的Ⅰ~Ⅳ类土，开挖大型基坑时需设下坡道，适宜在土质较好、无地下水的地区工作	根据挖掘机与运输工具的相对位置不同，正铲挖土和卸土的方式有：正向挖土侧向卸土；正向挖土后方卸土
反铲挖掘机	后退向下，强制切土。其挖掘力比正铲小，能开挖停机面以下的Ⅰ~Ⅲ类的砂土或黏土	开挖深度4m以内的基坑、基槽和管沟、有地下水的土或泥泞土	反铲挖掘机挖土时可采用沟端开挖和沟侧开挖两种方式
拉铲挖掘机	后退向下，自重切土，其挖掘半径和挖土深度较大，能开挖停机面以下的Ⅰ~Ⅱ类土	挖大型基坑及水下挖土	拉铲挖掘机的开挖方式与反铲挖掘机的开挖方式相似，可沟端开挖也可沟侧开挖
抓铲挖掘机	直上直下，自重切土，挖掘力较小	开挖停机面以下的Ⅰ~Ⅱ类土，可以挖掘独立基坑、沉井，特别适用于水下挖土	

土方工程机械思维导图

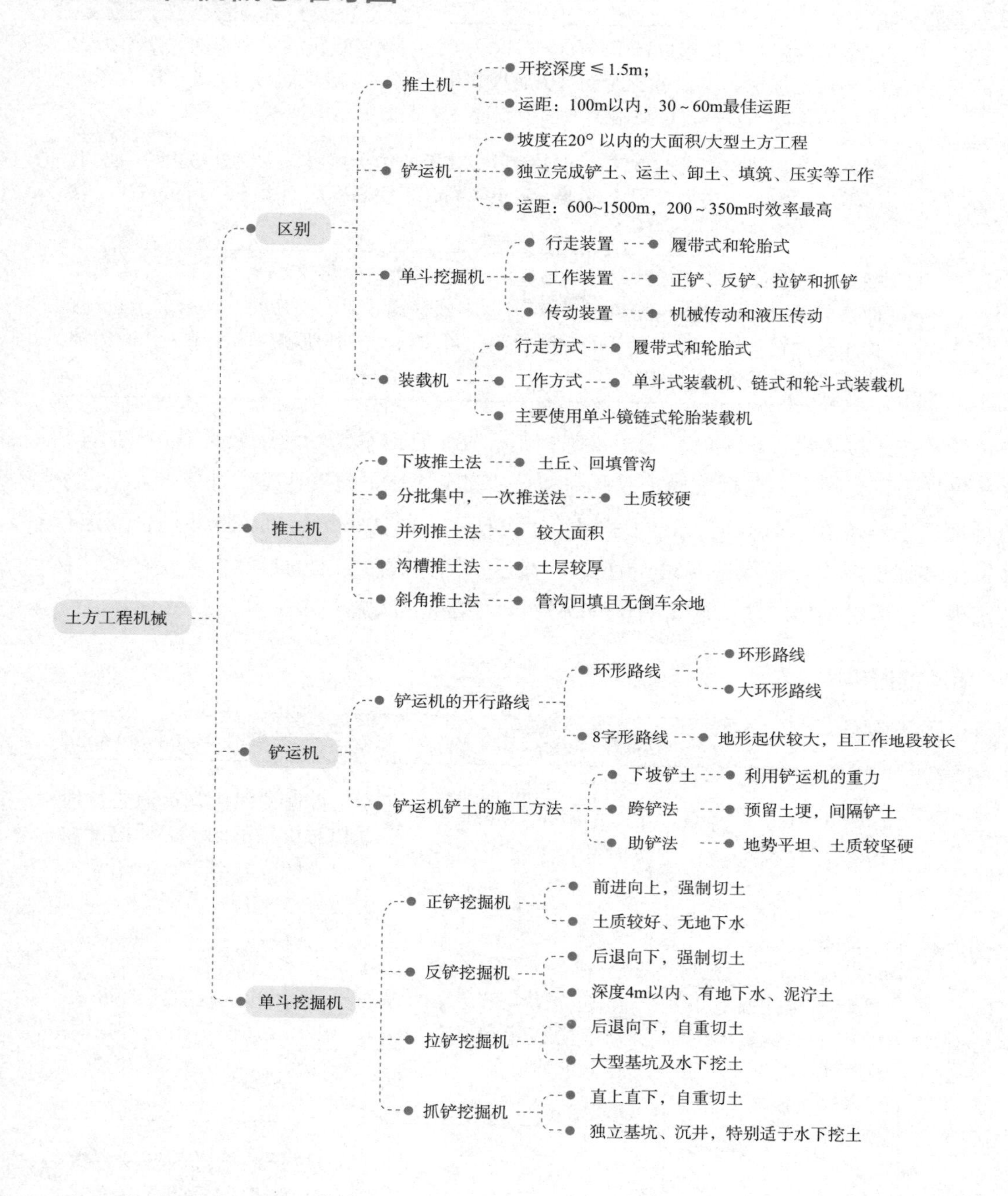

习题及答案解析

一、习题

1 【单选】铲运机的施工特点是适宜（　　）。

A. 砾石层开挖　　　　B. 远距离运土

C．独立完成铲土、运土、卸土、填筑、压实等工作

D．冻土层开挖

❷【单选】**某工程大面积场地平整，挖填高差不大，坡度最大20°，这种情况宜选用的主要施工机械为（　　）。**

A．推土机

B．铲运机

C．单斗挖掘机

D．反铲挖土机

❸【单选】**一般在管沟回填且无倒车余地时可采用的推土机施工方法是（　　）。**

A．并列推土法

B．下坡推土法

C．斜角推土法

D．分批集中，一次推送法

❹【多选】**水下挖土可采用（　　）。**

A．铲运机

B．正铲挖掘机

C．拉铲挖掘机

D．反铲挖掘机

E．抓铲挖掘机

二、答案与解析

❶【答案】C

【解析】本题考查的是土方工程机械。铲运机特点是能独立完成铲土、运土、卸土、填筑、压实等工作，对行驶道路要求较低，行驶速度快，操纵灵活，运转方便，生产效率高。

❷【答案】B

【解析】本题考查的是土方工程机械。铲运机常用于坡度在20°以内的大面积场地平整，开挖大型基坑、沟槽，以及填筑路基等土方工程。铲运机可在Ⅰ～Ⅵ类土中直接挖土、运土，适宜运距为600～1500m，当运距为200～350m时效率最高。

❸【答案】C

【解析】本题考查的是土方工程机械。并列推土法适用于在较大面积的平整场地施工；下坡推土法适用于在推土丘、回填管沟时，均可采用。分批集中，一次推送法适用于在较硬的土中，推土机的切土深度较小，一次铲土不多，可分批集中，再整批地推送到卸土区。一般在管沟回填且无倒车余地时可采用斜角推土法。

❹【答案】CE

【解析】本题考查的是土方工程机械。拉铲挖掘机适宜开挖大型基坑及水下挖土；抓铲挖掘机可以挖掘独立基坑、沉井，特别适用于水下挖土。

1.4.2 起重机械

结构吊装工程中常用的起重机械有桅杆式起重机、自行式起重机和塔式起重机等。自行式起重机包括履带式起重机、汽车式起重机和轮胎式起重机等。

1. 桅杆式起重机

分类：桅杆式起重机可分为独脚拔杆、人字拔杆、悬臂拔杆和牵缆式桅杆起重机等。

特点：制作简单，装拆方便，起重量可达100t以上，但起重半径小，移动较困难，需要设置较多的缆风绳。

适用：安装工程量集中，结构重量大，安装高度大以及施工现场狭窄的情况。

分类	组成	特点
独脚拔杆	独脚拔杆由拔杆、起重滑轮组、卷扬机、缆风绳和地锚等组成	在使用时应保持一定的倾角（不宜大于10°），以便在吊装时，构件不致碰撞拔杆。拔杆的稳定性主要依靠缆风绳，缆风绳一般为6～12根，依起重量、起重高度和绳索强度而定，但不能少于4根。缆风绳与地面的夹角一般为30°～45°，角度过大则对拔杆会产生过大压力
人字拔杆	人字拔杆由两根圆木或铜管，或格构式构件，用钢丝绳绑扎或铁件铰接成人字形	拔杆的顶部夹角以30°为宜；拔杆的前倾角，每高1m不得超过10cm；两杆下端要用钢丝绳或钢杆拉住；缆风绳的数量根据起重量和起吊高度决定
悬臂拔杆	在独脚拔杆的中部2/3高处，装上一根起重杆，即成悬臂拔杆	悬臂起重杆可以回转和起伏，因此有较大的起重高度和相应的起重半径，悬臂起重杆能左右摆动120°～270°，但起重量较小，多用于轻型构件安装
牵缆式桅杆起重机	在独脚拔杆的根部装一根可以回转和起伏的吊杆而成	这种起重机的起重臂不仅可以起伏，而且整个机身可以作全回转，因此工作范围大，机动灵活。但这种起重机使用缆风绳较多，移动不便，用于构件多且集中的结构安装工程或固定的起重作业

2. 自行式起重机

分类	组成	优点	缺点
履带式起重机	由动力装置、传动机构、行走机构（履带）、工作机构（起重杆、滑轮组、卷扬机）以及平衡重等组成	对地面压力大为减小，装在底盘上的回转机构使机身可回转360°。它操作灵活，使用方便，起重杆可分节接长。在装配式钢筋混凝土单层工业厂房结构吊装中得到广泛的使用	稳定性较差，未经验算不宜超负荷吊装。行走时对路面破坏较大，行走速度慢，在城市和长距离转移时，需要拖车进行运输

续表

分类	组成	优点	缺点
汽车起重机	汽车起重机是将起重机构安装在通用或专用汽车底盘上，具有载重汽车行驶性能的轮式起重机	行驶速度快，能迅速转移，对路面破坏性很小	吊重物时必须支腿，因而不能负荷行驶
轮胎式起重机	轮胎式起重机不采用汽车底盘，而需另行设计轴距较小的专门底盘。底盘上装有可伸缩的支腿，起重时可使用支腿以增加机身的稳定性，并保护轮胎	行驶速度较快，能迅速转移工作地点或工地，对路面破坏小	这种起重机不适合在松软或泥泞的地面上工作

3. 塔式起重机

塔式起重机的起重臂安装在塔身上部，具有较大的起重高度和工作幅度，起重臂可以回转360°，生产效率高。

适用：在多层及高层结构吊装和垂直运输中得到广泛应用。

按起重能力分类	起重量	适用
轻型塔式起重机	起重量为0.5～3t	一般用于六层以下建筑施工
中型塔式起重机	起重量为3～15t	适用于一般工业建筑与高层民用建筑施工
重型塔式起重机	起重量为20～40t	一般用于大型工业厂房的施工和高炉等设备的吊装

按构造性能分类	内容
轨道式塔式起重机	优点：可在轨道上行走，可带重行走，作业范围大，非生产时间少，生产效率高。 适用：工业与民用建筑的结构吊装或材料仓库装卸作业
爬升式塔式起重机	安装方式：依靠爬升机构随着结构的升高而升高，一般是每建造1～2层，起重机就爬升一次，塔身自身高度只有20m左右，起重高度随施工高度而定。 优点：起重机以建筑物作支承，塔身短，起重高度大，而且不占建筑物外围空间。 缺点：司机作业时不能看到起吊全过程，需靠信号工指挥，施工结束后拆卸复杂，一般需设辅助起重机拆卸。 适用：通常安装在建筑物的电梯井或特设的开间内，也可安装在筒形结构内
附着式塔式起重机	安装方式：直接固定在建筑物或构筑物近旁的混凝土基础上，利用液压自升系统逐步将塔顶顶升，塔身接高。塔身每隔20m左右将塔身与建筑物用锚固装置连接起来。 优点：司机能看到吊装的全过程，自身的安装与拆卸不妨碍施工过程

1.4.3 混凝土运输机械

混凝土运输工作分为地面运输、垂直运输和楼面运输三种情况。

地面运输如距离较远时，可采用自卸汽车或混凝土搅拌运输车；工地范围内的运输多用载重1t的小型机动翻斗车，近距离也可采用双轮手推车。

垂直运输机械分类	内容
塔式起重机	混凝土在地面由水平运输工具或搅拌机直接卸入吊斗吊起运至浇筑部位进行浇筑。 适用：地面运输、垂直运输和楼面运输都可以采用
井架	混凝土在地面用双轮手推车运至井架的升降平台上，然后井架将双轮手推车提升到楼层上，再将手推车沿铺在楼面上的跳板推到浇筑地点。 优点：手推车的运输道路应形成回路，避免交叉和运输堵塞
混凝土泵	混凝土泵以泵为动力，沿管道输送混凝土，可以同时完成水平运输和垂直运输，将混凝土直接运送至浇筑地点，根据驱动方式分为柱塞式混凝土泵和挤压式混凝土泵
混凝土泵车	混凝土泵车是将混凝土泵装在车上，车上装有可以伸缩或曲折的“布料杆”，管道装在杆内，末端是一段软管，可将混凝土直接送到浇筑地点。这种混凝土泵车布料范围广、机动性好、移动方便。适用：多层结构施工

1.4.4 混凝土密实成型机械

按工作方式分	内容
内部振动器（插入式）	（1）应按分层浇筑厚度分别进行振捣，振动棒的前端应插入前一层混凝土中，插入深度不应小于50mm。 （2）振动棒应垂直于混凝土表面并快插慢拔、均匀振捣。 （3）当混凝土表面无明显塌陷、有水泥浆出现、不再冒气泡时，可结束该部位振捣。 （4）振动棒与模板的距离不应大于振动棒作用半径的0.5倍；振捣插点间距不应大于振动棒的作用半径的1.4倍。 （5）振捣棒移动方式有行列式和交错式两种。 适用：基础、柱、梁、墙等深度或厚度较大的结构构件的混凝土捣实
表面振动器（平板式）	（1）振动器的平板与混凝土保持接触，其移动间距应保证振动器的平板能覆盖已振实部分的边缘，应相互搭接30～50mm，以保证衔接处混凝土的密实。 （2）最好振捣两遍，两遍方向互相垂直。第一遍主要使混凝土密实，第二遍主要使混凝土表面平整。 适用：振捣楼板、地面、板形构件和薄壳等薄壁构件
外部振动器（附着式）	（1）使用外部振动器时，应考虑其有效作用范围约1～1.5m，作用深度约250mm。 （2）当构件尺寸较厚时，需在构件两侧安设振动器同时进行振动。 （3）当钢筋配置较密和构件断面较深较窄时，也可采取边浇筑边振动的方法。 适用：振捣断面较小或钢筋较密的柱、梁、墙等构件
振动台	适用：混凝土预制构件厂中的固定生产设备，用于振实预制构件

起重/运输/振动机械思维导图

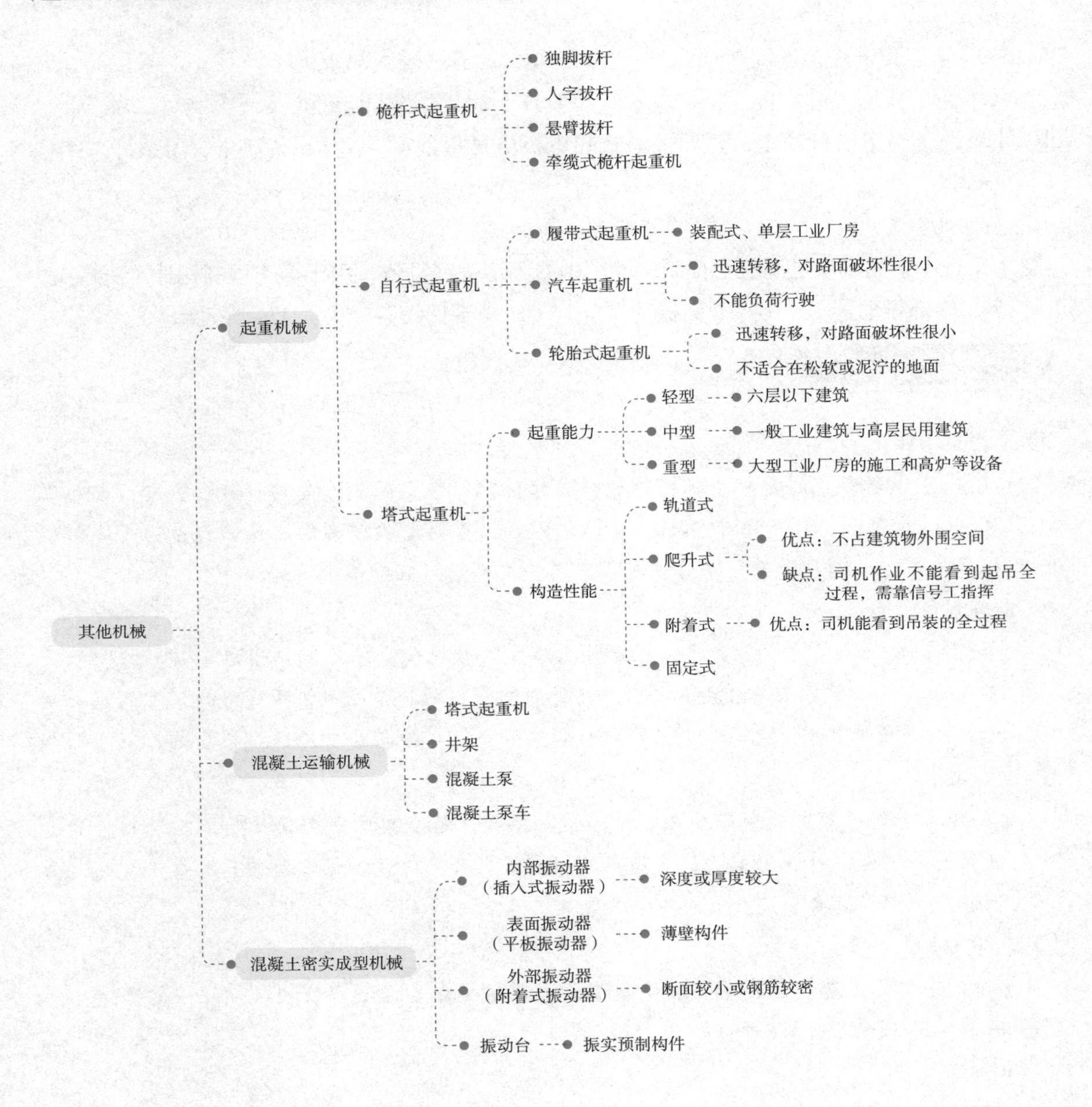

习题及答案解析

一、习题

1 【单选】桅杆式起重机的特点，不正确的是（　　）。

A．装卸方便　　B．移动较困难

C．制作简单　　D．起重半径大

❷【单选】以建筑物作支承，塔身短，起重高度大，而且不占建筑物外围空间的起重机是（ ）。

A．轨道式塔式起重机　　B．爬升式塔式起重机

C．附着式塔式起重机　　D．固定式塔式起重机

❸【单选】为了塔身稳定，附着式塔式起重机塔身每隔（ ）m高度左右用系杆与结构锚固。

A．10　　B．15　　C．20　　D．30

❹【单选】下列哪项是混凝土预制构件厂中的固定生产设备，用于振实预制构件（ ）。

A．内部振动器　　B．表面振动器　　C．外部振动器　　D．振动台

二、答案与解析

❶【答案】D

【解析】本题考查的是起重机械。桅杆式起重机的特点是制作简单，装拆方便，起重量可达100t以上，但起重半径小，移动较困难，需要设置较多的缆风绳。适用于安装工程量集中，结构重量大，安装高度大以及施工现场狭窄的情况。

❷【答案】B

【解析】本题考查的是起重机械。爬升式塔式起重机优点是：起重机以建筑物作支承，塔身短，起重高度大，而且不占建筑物外围空间。缺点是：司机作业往往不能看到起吊全过程，需靠信号工指挥，施工结束后拆卸复杂，一般需设辅助起重机拆卸。

❸【答案】C

【解析】本题考查的是起重机械。附着式塔式起重机直接固定在建筑物或构筑物近旁的混凝土基础上，随着建筑物的升高，利用液压自升系统逐步将塔顶顶升，塔身接高。为了塔身稳定，塔身每隔20m左右将塔身与建筑物用锚固装置连接起来。

❹【答案】D

【解析】本题考查的是混凝土密实成型机械。振动台是混凝土预制构件厂中的固定生产设备，用于振实预制构件。

第五节　土建工程施工组织设计的编制原理、内容及方法

1.5.1　施工组织设计概念、作用与分类

1．施工组织设计的概念

施工组织设计是以施工项目为对象编制的，用以指导施工的技术、经济和管理的综合文

件。从施工全局出发。

2. 施工组织设计的作用

施工组织设计是对施工活动实行科学管理的重要手段之一，具有战略部署和战术安排的双重作用。

3. 施工组织设计的分类

一般可分为施工组织总设计、单位工程施工组织设计和分部（分项）工程组织设计。

分类	内容
（1）施工组织总设计	是以整个建设工程项目为对象（如一个工厂、一个机场、一个道路工程、一个居住小区等）编制的。是对整个建设工程项目施工的战略部署，是指导全局性施工的技术和经济纲要
（2）单位工程施工组织设计	是以单位工程（如一栋楼房、一个烟囱、一段道路、一座桥等）为对象编制的。是施工单位编制分部（分项）工程施工组织设计和季、月、旬施工计划的依据。简单的工程，一般只编制施工方案，并附施工进度计划和施工平面图
（3）分部（分项）工程施工组织设计	针对某些特别重要的、技术复杂的，或采用新工艺、新技术施工的分部（分项）工程，如深基础、无粘结预应力混凝土、特大构件的吊装、大量土石方工程、定向爆破工程等为对象编制的，其内容具体、详细，可操作性强，是直接指导分部（分项）工程施工的依据

1.5.2 施工组织设计的编制原则

施工组织设计的编制是在掌握主客观全面情况后，应用系统工程的观点进行科学的分析而逐步调整完善的。

编制原则	（1）严格遵守国家政策和施工合同规定的工程竣工和交付使用期限
	（2）严格执行施工程序，合理安排施工顺序
	（3）用流水施工原理和网络计划技术统筹安排施工进度
	（4）组织好季节性施工项目
	（5）因地制宜地促进技术创新和发展建筑工业化
	（6）贯彻勤俭节约的方针，从实际出发做好人力、物力的综合平衡，组织均衡生产
	（7）尽量利用正式工程、原有待拆的设施作为工程施工时的临时设施。尽量利用当地资源合理安排运输、装卸和储运作业，减少物资的运输量，避免二次搬运
	（8）土建施工与设备安装应密切配合
	（9）施工方案应作技术经济比较
	（10）确保施工质量和施工安全

1.5.3 施工组织总设计

施工组织总设计	施工组织总设计是以若干单位工程组成的群体工程或特大型项目为主要对象编制的施工组织设计，对整个项目的施工过程起统筹规划、重点控制的作用
施工组织总设计的编制依据	（1）计划文件；（2）设计文件； （3）合同文件；（4）建设地区基础资料； （5）有关的标准、规范和法律；（6）类似建设工程项目的资料和经验
施工组织总设计的编制程序	（1）收集和熟悉有关资料和图纸，进行项目特点和施工条件的调查研究； （2）计算主要工种工程的工程量；（3）确定施工的总体部署； （4）拟订施工方案；（5）编制施工总进度计划； （6）编制资源需求量计划；（7）编制施工准备工作计划； （8）施工总平面图设计；（9）计算主要技术经济指标。 以上有些顺序不可逆转，如：拟订施工方案后才可编制施工总进度计划和编制施工总进度计划后才可编制资源需求量计划。 但有些可以交叉进行，如：确定施工的总体部署和拟订施工方案
施工组织总设计的内容	（1）建设项目的工程概况；（2）施工部署及其核心工程的施工方案； （3）全场性施工准备工作计划；（4）施工总进度计划； （5）各项资源需求量计划；（6）全场性施工总平面图设计； （7）主要技术经济指标（项目施工工期、劳动生产率、项目施工质量、项目施工成本、项目施工安全、机械化程度、预制化程度、暂设工程等）
工程概况	（1）工程概况应包括项目主要情况和项目主要施工条件等。 （2）项目主要情况应包括下列内容： 1）项目名称、性质、地理位置和建设规模； 2）项目的建设、勘察、设计和监理等相关单位的情况； 3）项目设计概况； 4）项目承包范围及主要分包工程范围； 5）施工合同或招标文件对项目施工的重点要求； 6）其他应说明的情况。 （3）项目主要施工条件应包括下列内容： 1）项目建设地点气象状况； 2）项目施工区域地形和工程水文地质状况； 3）项目施工区域地上、地下管线及相邻的地上、地下建（构）筑物情况； 4）与项目施工有关的道路、河流等状况； 5）当地建筑材料、设备供应和交通运输等服务能力状况； 6）当地供电、供水、供热和通信能力状况； 7）其他与施工有关的主要因素
总体施工部署	（1）施工组织总设计应对项目总体施工做出下列宏观部署： 1）确定项目施工总目标，包括进度、质量、安全、环境和成本等目标； 2）根据项目施工总目标的要求，确定项目分阶段（期）交付的计划； 3）确定项目分阶段（期）施工的合理顺序及空间组织

续表

总体施工部署	（2）对于项目施工的重点和难点应进行简要分析。 （3）总承包单位应明确项目管理组织机构形式，并宜采用框图的形式表示。 （4）对于项目施工中开发和使用的新技术、新工艺应做出部署。 （5）对主要分包项目施工单位的资质和能力应提出明确要求
施工总进度计划	（1）施工总进度计划应按照项目总体施工部署的安排进行编制。 （2）施工总进度计划可采用网络图或横道图表示，并附必要说明
总体施工准备与主要资源配置计划	（1）总体施工准备应包括技术准备、现场准备和资金准备等。 （2）技术准备、现场准备和资金准备应满足项目分阶段（期）施工的需要。 （3）主要资源配置计划应包括劳动力配置计划和物资配置计划等。 （4）劳动力配置计划应包括下列内容： 1）确定各施工阶段（期）的总用工量； 2）根据施工总进度计划确定各施工阶段（期）的劳动力配置计划。 （5）物资配置计划应包括下列内容： 1）根据施工总进度计划确定主要工程材料和设备的配置计划； 2）根据总体施工部署和施工总进度计划确定主要施工周转材料和施工机具的配置计划
主要施工方法	（1）施工组织总设计应对项目涉及的单位（子单位）工程和主要分部（分项）工程所采用的施工方法进行简要说明。 （2）对脚手架工程、起重吊装工程、临时用水用电工程、季节性施工等专项工程所采用的施工方法应进行简要说明
施工总平面布置	（1）施工总平面布置应符合下列原则： 1）平面布置科学合理，施工场地占用面积少； 2）合理组织运输，减少二次搬运； 3）施工区域的划分和场地的临时占用应符合总体施工部署和施工流程的要求，减少相互干扰； 4）充分利用既有建（构）筑物和既有设施为项目施工服务，降低临时设施的建造费用； 5）临时设施应方便生产和生活，办公区、生活区和生产区宜分离设置； 6）符合节能、环保、安全和消防等要求； 7）遵守当地主管部门和建设单位关于施工现场安全文明施工的相关规定。 （2）施工总平面布置图应符合下列要求： 1）根据项目总体施工部署，绘制现场不同施工阶段（期）的总平面布置图； 2）施工总平面布置图的绘制应符合国家相关标准要求并附必要说明。 （3）施工总平面布置图应包括下列内容： 1）项目施工用地范围内的地形状况； 2）全部拟建的建（构）筑物和其他基础设施的位置； 3）项目施工用地范围内的加工设施、运输设施、存储设施、供电设施、供水供热设施、排水排污设施、临时施工道路和办公、生活用房等； 4）施工现场必备的安全、消防、保卫和环境保护等设施； 5）相邻的地上、地下既有建（构）筑物及相关环境

1.5.4 单位工程施工组织设计

单位工程施工组织设计	对象：单位（子单位）工程。 作用：对单位（子单位）工程的施工过程起指导和制约作用
单位工程施工组织设计的编制依据	（1）与工程建设有关的法律、法规和文件； （2）国家现行有关标准和技术经济指标； （3）工程所在地区行政主管部门的批准文件，建设单位对施工的要求； （4）工程施工合同或招标投标文件； （5）工程设计文件； （6）工程施工范围内的现场条件，工程地质及水文地质、气象等自然条件； （7）与工程有关的资源供应情况； （8）施工企业的生产能力、机具设备状况、技术水平等
单位工程施工组织设计的编制程序	单位工程施工组织设计的编制程序同施工组织总设计的编制程序。 施工组织总设计的编制程序通常采用如下程序： （1）收集和熟悉编制施工组织总设计所需的有关资料和图纸，进行项目特点和施工条件的调查研究； （2）计算主要工程的工程量；（3）确定施工的总体部署； （4）拟订施工方案；（5）编制施工总进度计划； （6）编制资源需求量计划；（7）编制施工准备工作计划； （8）施工总平面图设计；（9）计算主要技术经济指标
	以上有些顺序不可逆转，如：拟订施工方案后才可编制施工总进度计划和编制施工总进度计划后才可编制资源需求量计划。 但有些可以交叉进行，如：确定施工的总体部署和拟订施工方案
单位工程施工组织设计的内容	（1）工程概况及施工特点分析；（2）施工方案的选择； （3）单位工程施工准备工作计划；（4）单位工程施工进度计划； （5）各项资源需求量计划；（6）单位工程施工总平面图设计； （7）技术组织措施、质量保证措施和安全施工措施；（8）主要技术经济指标
工程概况	（1）工程概况应包括工程主要情况、各专业设计简介和工程施工条件等。 （2）工程主要情况应包括下列内容： 1）工程名称、性质和地理位置； 2）工程的建设、勘察、设计、监理和总承包等相关单位的情况； 3）工程承包范围和分包工程范围； 4）施工合同、招标文件或总承包单位对工程施工的重点要求； 5）其他应说明的情况。 （3）各专业设计简介应包括下列内容： 1）建筑设计简介应依据建设单位提供的建筑设计文件进行描述，包括建筑规模、建筑功能、建筑特点、建筑耐火、防水及节能要求等，并应简单描述工程的主要装修做法。 2）结构设计简介应依据建设单位提供的结构设计文件进行描述，包括结构形式、地基基础形式、结构安全等级、抗震设防类别、主要结构构件类型及要求等

续表

工程概况	3）机电及设备安装专业设计简介应依据建设单位提供的各相关专业设计文件进行描述，包括给水排水及采暖系统、通风与空调系统、电气系统、智能化系统、电梯等各个专业系统的做法要求。 （4）工程施工条件应参照1.5.3的工程概况中（3）所列主要内容进行说明，项目主要施工条件应包括下列内容： 1）项目建设地点气象状况； 2）项目施工区域地形和工程水文地质状况； 3）项目施工区域地上、地下管线及相邻的地上、地下建（构）筑物情况； 4）与项目施工有关的道路、河流等状况； 5）当地建筑材料、设备供应和交通运输等服务能力状况； 6）当地供电、供水、供热和通信能力状况； 7）其他与施工有关的主要因素
施工部署	（1）工程施工目标应根据施工合同、招标文件以及本单位对工程管理目标的要求确定，包括进度、质量、安全、环境和成本等目标。各项目标应满足施工组织总设计中确定的总体目标。 （2）施工部署中的进度安排和空间组织应符合下列规定： 1）工程主要施工内容及其进度安排应明确说明，施工顺序应符合工序逻辑关系； 2）施工流水段应结合工程具体情况分阶段进行划分；单位工程施工阶段的划分一般包括地基基础、主体结构、装修装饰和机电设备安装三个阶段。 （3）对于工程施工的重点和难点应进行分析，包括组织管理和施工技术两个方面。 （4）工程管理的组织机构形式应按照1.5.3的总体施工部署中（3）的规定执行，并确定项目经理部的工作岗位设置及其职责划分。 （5）对于工程施工中开发和使用的新技术、新工艺应做出部署，对新材料和新设备的使用应提出技术及管理要求。 （6）对主要分包工程施工单位的选择要求及管理方式应进行简要说明
施工进度计划	（1）单位工程施工进度计划应按照施工部署的安排进行编制。 （2）施工进度计划可采用网络图或横道图表示，并附必要说明；对于工程规模较大或较复杂的工程，宜采用网络图表示
施工准备与资源配置计划	（1）施工准备应包括技术准备、现场准备和资金准备等。 1）技术准备应包括：施工所需技术资料的准备、施工方案编制计划、试验检验及设备调试工作计划、样板制作计划等。 ①主要分部（分项）工程和专项工程在施工前应单独编制施工方案，施工方案可根据工程进展情况，分阶段编制完成；对需要编制的主要施工方案应制定编制计划； ②试验检验及设备调试工作计划应根据现行规范、标准中的有关要求及工程规模、进度等实际情况制定； ③样板制作计划应根据施工合同或招标文件的要求并结合工程特点制定。 2）现场准备应根据现场施工条件和工程实际需要，准备现场生产、生活等临时设施。 3）资金准备应根据施工进度计划编制资金使用计划。

续表

施工准备与资源配置计划	（2）资源配置计划应包括劳动力配置计划和物资配置计划等。 1）劳动力配置计划应包括下列内容： ①确定各施工阶段用工量； ②根据施工进度计划确定各施工阶段劳动力配置计划。 2）物资配置计划应包括下列内容： ①主要工程材料和设备的配置计划应根据施工进度计划确定，包括各施工阶段所需主要工程材料、设备的种类和数量； ②工程施工主要周转材料和施工机具的配置计划应根据施工部署和施工进度计划确定，包括各施工阶段所需主要周转材料、施工机具的种类和数量
主要施工方案	（1）单位工程应按照《建筑工程施工质量验收统一标准》GB50300 中分部、分项工程的划分原则，对主要分部、分项工程制定施工方案。 （2）对脚手架工程、起重吊装工程、临时用水用电工程、季节性施工等专项工程所采用的施工方案应进行必要的验算和说明
施工现场平面布置	（1）施工现场平面布置图应参照 1.5.3 的施工总平面布置中（1）（2）的规定，施工总平面布置应符合下列原则： 1）平面布置科学合理，施工场地占用面积少； 2）合理组织运输，减少二次搬运； 3）施工区域的划分和场地的临时占用应符合总体施工部署和施工流程的要求，减少相互干扰； 4）充分利用既有建（构）筑物和既有设施为项目施工服务，降低临时设施的建造费用； 5）临时设施应方便生产和生活，办公区、生活区和生产区宜分离设置； 6）符合节能、环保、安全和消防等要求； 7）遵守当地主管部门和建设单位关于施工现场安全文明施工的相关规定。施工总平面布置图应符合下列要求： 1）根据项目总体施工部署，绘制现场不同施工阶段（期）的总平面布置图； 2）施工总平面布置图的绘制应符合国家相关标准要求并附必要说明。 并结合施工组织总设计，按不同施工阶段分别绘制。 （2）施工现场平面布置图应包括下列内容： 1）工程施工场地状况； 2）拟建建（构）筑物的位置、轮廓尺寸、层数等； 3）工程施工现场的加工设施、存储设施、办公和生活用房等的位置和面积； 4）布置在工程施工现场的垂直运输设施、供电设施、供水供热设施、排水排污设施和临时施工道路等； 5）施工现场必备的安全、消防、保卫和环境保护等设施； 6）相邻的地上、地下既有建（构）筑物及相关环境
单位工程施工组织设计的管理	（1）编制、审批和交底 1）单位工程施工组织设计编制与审批：单位工程施工组织设计由项目负责人主持编制，项目经理部全体管理人员参加，施工单位主管部门审核，施工单位技术负责人或其授权的技术人员审批。

单位工程施工组织设计的管理	2）单位工程施工组织设计经上级承包单位技术负责人或其授权人审批后，应在工程开工前由施工单位项目负责人组织，对项目部全体管理人员及主要分包单位进行交底并做好交底记录。 （2）群体工程 群体工程应编制施工组织总设计，并及时编制单位工程施工组织设计。 （3）过程检查与验收 1）单位工程的施工组织设计在实施过程中应进行检查。过程检查可按照工程施工阶段进行，通常划分为地基基础、主体结构、装饰装修三个阶段。 2）过程检查由企业技术负责人或相关部门负责人主持，企业相关部门、项目经理部相关部门参加，检查施工部署、施工方法的落实和执行情况，如对工期、质量、效益有较大影响的应及时调整，并提出修改意见。 （4）修改与补充 单位工程施工过程中，当其施工条件、总体施工部署、重大设计变更或主要施工方法发生变化时，项目负责人或项目技术负责人应组织相关人员对单位工程施工组织设计进行修改和补充，报送原审核人审核，原审批人审批后形成《施工组织设计修改记录表》，并进行相关交底。 （5）发放与归档 单位工程施工组织设计审批后盖章，项目资料员报送及发放并登记记录，报送监理及建设方，发放企业主管部门、项目相关部门、主要分包单位。工程竣工后，项目经理部按照国家、地方有关工程竣工资料编制的要求，整理归档。 （6）施工组织设计的动态管理 项目施工过程中，如发生以下情况之一时，施工组织设计应及时进行修改或补充： 1）工程设计有重大修改； 2）有关法律、法规、规范和标准实施、修订和废止； 3）主要施工方法有重大调整； 4）主要施工资源配置有重大调整； 5）施工环境有重大改变。 经修改或补充的施工组织设计应重新审批后才能实施

1.5.5 施工组织设计技术经济分析

施工组织设计技术经济分析的目的	目的：通过科学的计算和分析比较，论证其在技术上是否可行，在经济上是否合算，选择一套技术经济效果最佳的方案，使技术上的可行性和经济上的合理性达到统一
施工组织设计技术经济分析的阶段	施工组织设计技术经济分析遵循循序渐进的原则。在前一个阶段确认一个最优方案后，方可进行下一个阶段的工作。每个阶段中，依编制方案进行技术经济分析、选择最优方案并评价、确认是否符合要求的步骤执行。根据施工组织设计的编制程序，技术经济分析工作大体可分如下四个阶段： （1）施工技术和组织方式阶段应包括下列主要内容： 1）确定施工高峰时所能投入的劳动力； 2）确定总控制工期； 3）选择大型施工机械；

续表

施工组织设计技术经济分析的阶段	4）确定保证质量、安全、节约、季节施工、采用新技术的技术组织措施； 5）安排主要施工项目的施工顺序和方法； 6）设计质量保证体系。 （2）优化施工进度计划，安排详细劳动力计划阶段。 （3）施工总平面图阶段。 （4）按照质量、工期、成本、资源消耗综合最优原则的方案总评阶段
施工组织设计技术经济分析的程序	（1）建立各种可能的施工组织设计（施工方案）。 （2）分析每个方案的优缺点。 （3）建立各自的数学模型。 （4）计算求解数学模型。 （5）作施工组织设计（施工方案）的最终综合评价
施工组织设计技术经济分析的指标体系	应包括质量指标、工期指标、劳动指标、材料使用指标、机械使用指标、降低成本指标等几大类指标体系。具体指标可按照工程施工组织总设计和单位工程施工组织设计分为两类。 （1）工程施工组织总设计指标 施工组织总设计的技术分析以定性分析为主，定量分析为辅。 进行定量分析时，主要涉及以下指标： 1）施工周期 指建设项目从正式开工到全部投产为止的持续时间。应计算的相关指标包括：施工准备期、部分投产期、单位工程工期。 2）劳动生产率 反映劳动的使用和消耗。 应计算的相关指标有： 全员劳动生产率=元/（人·年） 单位用工=工日/平方米竣工面积 劳动力不均衡系数=施工期高峰人数/施工期平均人数 3）单位工程质量优良率 单位工程质量优良率=优良质量单位工程数/总单位工程数 4）降低成本指标 降低成本额=预算成本－施工组织设计计划成本 降低成本率=降低成本额/预算成本×100% 5）机械指标 施工机械完好率=处于完好技术状况的机械设备数/机械设备总数 施工机械利用率=施工机械实作台班数/施工机械制度台班数 6）预制加工程度 预制加工程度=预制加工所完成的工作量/总工作量 7）节约三大材百分比 节约钢材百分比；节约木材百分比；节约水泥百分比。 8）临时工程指标 临时工程投资比例=全部临时工程投资/建筑安装工程总值 临时工程费用比例=（临时工程投资－预计回收费＋租用费）/建筑安装工程总值

续表

施工组织设计技术经济分析的指标体系	（2）单位工程施工组织设计指标 要灵活运用定性方法和定量方法，对主要指标、辅助指标和综合指标区别对待。技术经济分析应以设计方案的要求，有关的国家规定以及工程的实际需要为依据。进行定量分析时，主要涉及以下指标： 1）总工期指标 总工期指标是指从破土动工至单位工程竣工的全部日历天数。 2）单方用工 单方用工反映劳动的使用和消耗水平。 单项工程单方用工=总用工数（工日）/建筑面积（m^2） 3）质量优良品率 质量优良品率是在施工组织设计中确定的控制指标，主要通过保证质量措施实现，可分别对单位工程、分部工程和分项工程进行确定。 4）主要材料节约指标 主要材料节约量=技术组织措施节约量 或：主要材料节约量=预算用量－施工组织设计计划用量 主要材料节约率=主要材料节约量/主要材料预算用量×100% 5）大型机械耗用台班数及相关指标 大型机械单方耗用台班数=耗用总台班数/建筑面积（m^2） 单方大型机械费=计划大型机械台班费（元）/建筑面积（m^2）
施工组织设计技术经济分析的方法	技术经济分析的方法有两种：一种是调查研究的方法，也可称为定性分析方法；另一种是理论研究的方法，也称定量分析方法。 （1）定性分析方法 定性分析方法是结合施工实际经验，对若干施工方案的优缺点进行分析比较。 （2）定量分析方法 定量分析方法是通过计算各方案的主要技术经济指标，进行综合分析比较，从中选择技术经济指标较佳的方案。定量分析评价通常有下列几种方法： 1）多指标分析法； 2）评分法； 3）价值法； 4）综合指标分析法
施工组织设计技术经济分析的基本要求和重点环节	（1）技术经济分析应围绕质量、工期、成本三个重点环节，据此建立技术经济分析指标体系。 选用某一方案的原则是：在质量优良的前提下，工期合理，成本最低。 具体表现：进度计划工期要小于定额工期及合同工期，该工期下造价要小于合同价。 （2）在作技术经济分析时，要灵活运用定性方法和有针对性地运用定量方法。 （3）技术经济分析应以设计方案的要求、有关的国家规定及工程的实际需要为依据。 （4）要对施工的技术方法、组织方法及经济效果分析，对需要与可能进行分析，对施工的具体环节及全过程进行分析

施工组织设计的编制原理、内容及方法思维导图

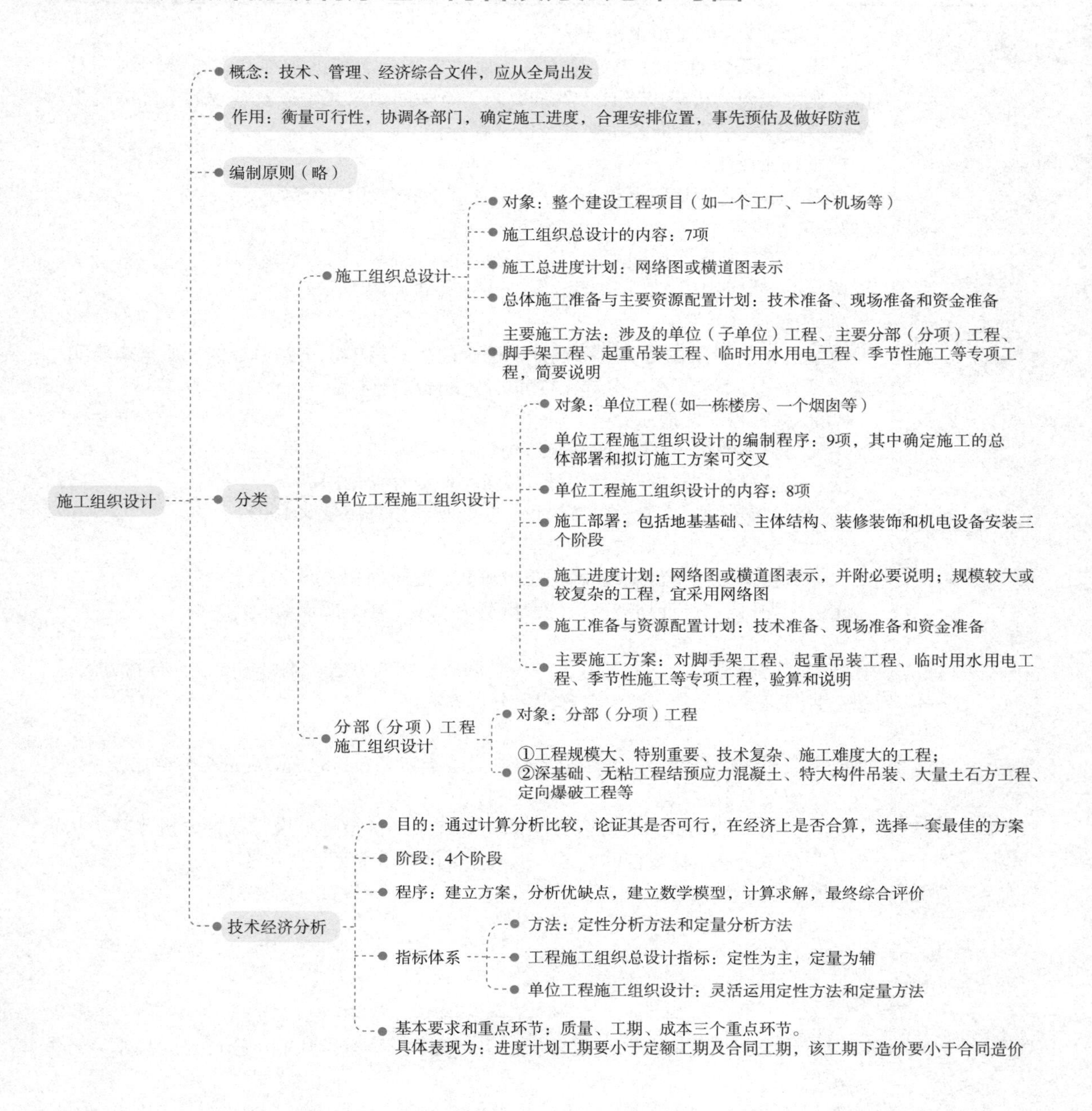

习题及答案解析

一、习题

1 【单选】施工组织设计是以施工项目为对象编制的、用以指导施工的（　　）的综合性文件。

A．技术、经济和管理　　　　B．技术、经济和劳务

C. 经济、劳务和利益

D. 经济、组织和技术

2 【单选】**施工方案比较的方法为（　　）。**

A. 次要和重要

B. 技术和经济

C. 定性和定量

D. 解析和分析

3 【单选】**施工准备的技术准备不包括哪项（　　）。**

A. 样板制作计划

B. 施工方案编制计划

C. 试验检验及设备调试工作计划

D. 技术资料编制计划

4 【多选】**施工准备期间，资源配置计划应包括（　　）。**

A. 材料配置计划

B. 资金配置计划

C. 物资配置计划

D. 劳动力配置计划

E. 机械配置计划

5 【多选】**施工组织总设计内容中的主要技术经济指标应包括（　　）。**

A. 暂设工程和项目施工质量

B. 项目施工成本和机械化程度

C. 预制化程度和项目施工工期

D. 劳动生产率和项目施工安全

E. 资源需求量和项目施工工期

二、答案与解析

1 **【答案】**A

【解析】本题考查的是土建工程施工组织设计的编制原理、内容及方法。施工组织设计是以施工项目为对象编制的、用以指导施工的技术、经济和管理的综合性文件，是对施工活动实行科学管理的重要手段。

2 **【答案】**C

【解析】本题考查的是土建工程施工组织设计的编制原理、内容及方法。施工方案的技术经济分析常用的方法有定性分析和定量分析两种。

3 **【答案】**D

【解析】本题考查的是土建工程施工组织设计的编制原理、内容及方法。技术准备应包括施工所需技术资料的准备、施工方案编制计划、试验检验及设备调试工作计划、样板制作计划等。

4 **【答案】**CD

【解析】本题考查的是土建工程施工组织设计的编制原理、内容及方法。主要资源配置计划应包括劳动力配置计划和物资配置计划等。

5 **【答案】**ABCD

【解析】本题考查的是土建工程施工组织设计的编制原理、内容及方法。主要技术经济指标包括项目施工工期、劳动生产率、项目施工质量、项目施工成本、项目施工安全、机械化程度、预制化程度、暂设工程等。

第二章

工程计量

第一节　建筑工程识图基本原理及方法

第二节　建筑面积计算规则及应用

第三节　土建工程工程量计算规则及应用

第四节　土建工程工程量清单的编制

第五节　计算机辅助工程量计算

第一节 建筑工程识图基本原理及方法

2.1.1 建筑识图的基本知识

1. 投影与工程图

概念	分类标准	分类	含义	应用
投影	根据投射中心距离投影面的距离关系	中心投影	当投射中心有限远，投射中心发出光线得到的投影为中心投影	装饰装修专业效果图，如室内透视效果图等
		平行投影	当投射中心无限远，由互相平行光线投射物体所得到的投影为平行投影。 特点：投影线互相平行，所得到的投影大小与物体距离投射中心的远近无关	建筑工程各专业的施工图

2. 三面投影与工程图

为了全面表达所包含的内容，仅用单面投影和双面投影是不够的，必须要用到三面投影得出对应的三视图。

概念	类别	表示	应用	三视图位置关系
三视图	水平面投影	H	建施图：标准层平面图； 结施图：柱平面布置图； 部分标准图集中的图样等	①水平面与正立面：长对正； ②正立面与侧立面：高平齐； ③水平面与侧立面：宽相等
	正立面投影	V	建施图：立面图； 部分标准图集中的图样等	
	侧立面投影	W		

3. 工程图内容的基本标准（见思维导图）

建筑识图基本知识思维导图

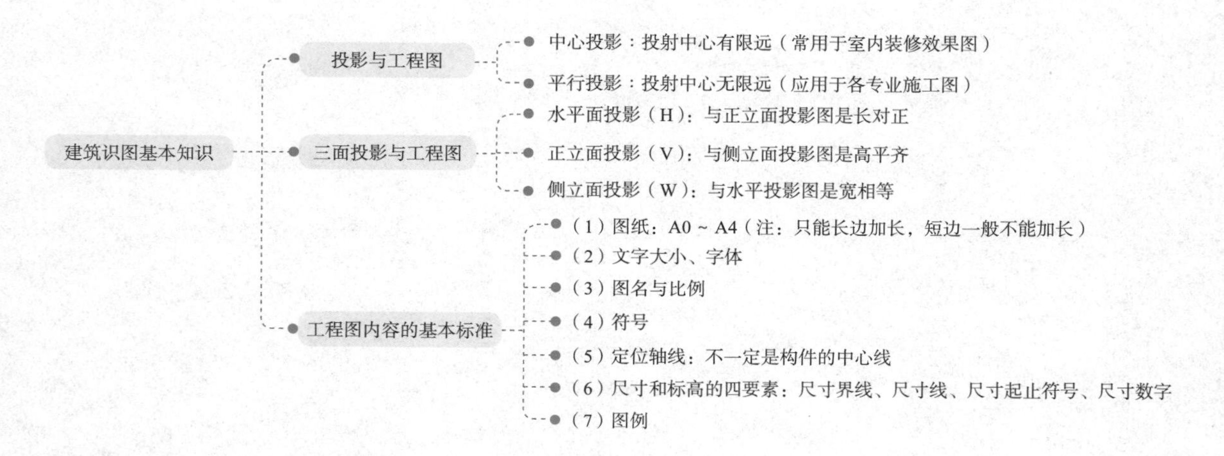

2.1.2　工程形体的表达方法

1. 工程形体分析

分类	含义
形体分析法	将组合体分解成几个基本形状，分析各基本形体的形状、组合方式和表面连接关系，便于画图和识图，称为形体分析法
线面分析法	根据围成形体的表面及表面之间交线的投影，分析表面之间的连接关系及表面交线的形成和画法，便于画图和识图的方法，称为线面分析法

2. 工程形体识图

对于局部较难看清和看懂的部分，可采用线面分析法。

3. 剖面和断面

当一个物体内部构造复杂时，如仍沿用正投影图中虚线表示不可见部分，视图上不仅虚线多，且虚实线交叉重叠，增加了制图表达和识图难度，因此引进剖面图和断面图就很有必要。

类别	含义	标准	分类
剖面图	是假想一个平面把工程形体剖开，移走一半，将剩余部分进行正投影得到的图形	①剖切位置要进行编号，剖切符号包括剖切位置线和投射方向线，剖切线必要时可以转折。 ②投射方向线表达剩余形体的投射方向，被剖切面接触到的形体部分轮廓线用粗实线表示。被剖切到部分的图形内部画出材料类型的图例，小比例时也可以不画出图例	剖面图有全剖面图、半剖面图等
断面图	是假想用剖切面将工程形体的某处切断，将剖切平面与形体相交进行投影得到的图形	①断面图剖切位置可根据实际需要任意选定。 ②断面图符号的编号采用阿拉伯数字按顺序连续编排，并注写在剖切位置线的一侧，编号所在这一侧标识断面的投射方向	断面图有移出断面图、重合断面图等

4. 工程形体表达注意几个问题（见思维导图）

5. 工程施工图纸一般包括：建筑施工图、结构施工图、给水排水施工图、电气设备施工图、通风与空调施工图、智能化系统施工图、环境绿化施工图等。

建筑工程计量与计价内容，讲解的工程施工图纸为建筑施工图和结构施工图。

工程形体的表达方法思维导图

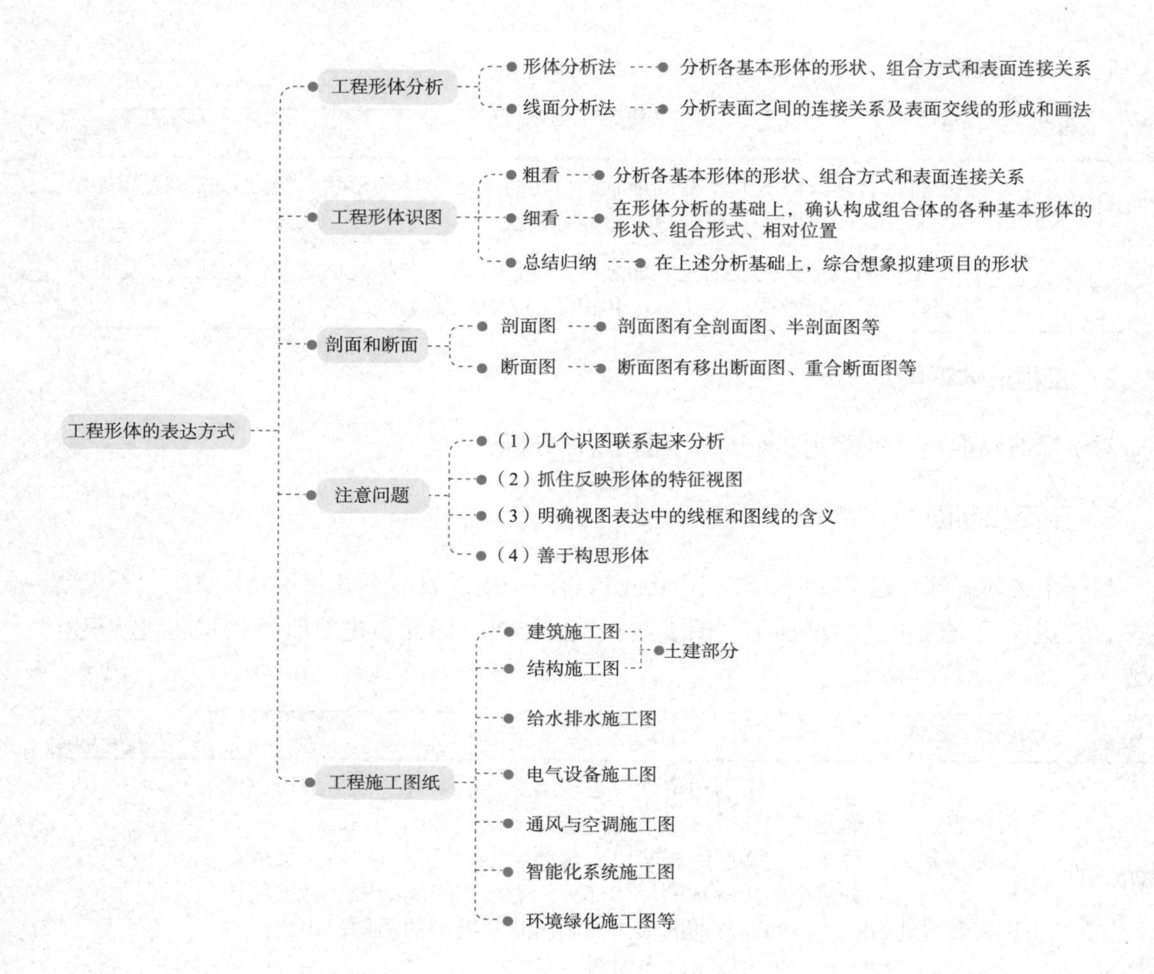

习题及答案解析

一、习题

❶【单选】**下列关于投影的说法，表述正确的是（　　）。**

A. 中心投影，普遍用在建筑工程各专业的施工图中

B. 平行投影，装饰装修专业效果图，如室内透视效果图

C. 平行投影特点：投影线互相平行，所得到的投影大小与物体距离投射中心的远近无关

D. 当投射中心为有限远，投射中心发出光线得到的投影则称为平行投影

❷【多选】**下列关于剖面图和断面图的说法，表述正确的是（　　）。**

A. 剖切线必要时可以转折

B. 剖切线只能是一条直线不可以转折

C．剖面图有全剖面图、半剖面图等

D．断面图有移出断面、重合断面等

E．编号所在这一侧标识断面的投射方向

3 【多选】土建部分工程图纸的种类有（　　）。

A．工程施工图

B．结构施工图

C．设备施工图

D．系统施工图

E．建筑施工图

二、答案解析

1 【答案】C

【解析】本题考查的是投影与工程图。根据投射中心距离投影面的距离关系分为中心投影和水平投影。当投射中心为有限远，投射中心发出光线得到的投影则称为中心投影。在实际工程应用中，中心投影一般用于装饰装修专业效果图，如室内透视效果图。当投射中心无限远，发出的投射光线认为是互相平行的，由这种互相平行光线投射物体所得到的投影称为平行投影。平行投影的特点：投影线互相平行，所得到的投影大小与物体距离投射中心的远近无关。

2 【答案】ACDE

【解析】本题考查的是工程形体的表达方式。①剖面图：剖切位置要进行编号，剖切符号包括剖切位置线和投射方向线，剖切线必要时可以转折。剖面图有全剖面图、半剖面图等。②断面图：断面图符号的编号采用阿拉伯数字按顺序连续编排，并注写在剖切位置线的一侧，编号所在这一侧标识断面的投射方向。断面图有移出断面图、重合断面图等。

3 【答案】BE

【解析】本题考查的是工程形体的表达方式。土建部分施工图主要包括建筑施工图和结构施工图。

2.1.3　建筑施工图

定义	建筑施工图是标识拟建项目的总体布局、外部造型、室内布置、细部构造和施工工程做法要求的一整套设计文件的总称，简称“建施（JS）图”
	一套完整的建筑施工图一般包括：建筑设计总说明、建筑总平面图、建筑平面图、建筑立面图、建筑剖面图、建筑节点详图、非承重墙体构造柱示意图、标准图集引用，以及必要的补充说明和必要的表格

续表

（1）建筑总平面图	建筑总平面图是在拟建项目所在的建筑场地上空俯视，将场地周边和场地范围的地貌和地物地标向水平投影面进行正投影得到的图样。 ①建筑总平面图中有指北针或风向玫瑰图，用地红线、建筑红线、主要建筑物名称、层数、定位坐标值、定位尺寸。 ②道路交通及绿化系统的布局，道路、广场等定位坐标值和定位尺寸。 ③室外地面的绝对标高，图名、图示尺寸单位、比例。 ④主要技术经济指标（用地面积、建筑总面积、容积率、绿地率等）。 标准： ①常用比例1：500。 ②新建房屋的定位有坐标定位和相对尺寸定位，坐标分为测量坐标和建筑坐标，总平面图中主要建筑物采用坐标定位，次要建筑物采用相对尺寸定位。 ③建筑总平面图中的标高标注在建筑物室内地坪、室外地坪上，标注的数值一般是绝对标高，但对室内标注时一般在绝对数值后面括弧标出±0.000
（2）建筑设计总说明	建筑设计总说明主要包括设计依据，工程概况，设计标高，建筑构造做法，门窗表中门窗尺寸、性能、材料、颜色、五金件等设计要求，人防工程所在部位、防护等级、出入口、排风口布置；幕墙工程及特殊要求屋顶部分性能及施工要求，预埋件、防火等构造安装图；其他需要说明的内容提示，如对新技术采用做法要求
（3）建筑平面图	建筑平面图是假设用一水平剖切面，在某层门窗洞口部位将建筑物水平剖开，移去上部后，对剖切面以下部分做的水平正投影。 ①主要表示建筑物平面布置情况，包括被剖切到的墙、柱及其定位轴线编号。 ②门窗位置、编号，门开启方向；房间名称或编号。 ③轴线总尺寸、轴线间尺寸、主要构件部件与轴线的关系尺寸，楼梯、电梯位置与楼梯上下方向示意与编号索引
（4）建筑立面图	建筑立面图是建筑外垂直面正投影可视部分，主要展示建筑物的外貌特征和形体，表示立面各部分组成的形状和相互关系，各立体表面装饰要求和构造做法，在计量和计价过程中，建筑立面图作为明确入口、阳台、门窗、屋顶檐口、外面装饰部件的形状、位置及颜色用料的依据。 ①立面图标准的命名方式用立面图首尾轴线命名，如××轴—××轴立面。 ②立面图图示常用的比例通常与平面图相同，一般为1：100。 ③定位轴线一般只标注两端的轴线和编号。 ④在立面图标注中主要表现的是高度方向的尺寸关系，一般用标高来标识
（5）建筑剖面图	建筑剖面图主要标识建筑物内部垂直方向房屋各部分组成关系，表示建筑各部分的高度、层高、建筑空间组合利用，以及垂直方向的分层情况、构造做法和相关尺寸、标高等。 建筑剖面图中可以表示的内容有： ①剖切到的墙体轴线和编号、轴线间尺寸。 ②剖切到的建筑构造部件（如散水、墙体、门窗、檐口等）。 ③未剖切到但在投影上可见的建筑构造部分（如投影可见远端的梁柱、墙体正面等）。 ④高度方向的三道尺寸标注（建筑总高度、层间高度、门窗等细部构件高度）。 ⑤主要部位的标高（如室内外地面、室内楼地面、女儿墙顶及其他可见构件等）。 ⑥立面图常用比例1：100，定位轴线和编号也在剖切到的两端外墙及中间内墙中标注，以方便制图和识图时和平面图对应确定剖切位置和投影方向

（6）建筑详图	建筑详图主要标识建筑部位、装饰做法、构配件的详细构造、所用材料、细部尺寸及有关施工要求等。 建筑详图一般可分为两类制图表达： ①局部构造详图，如楼梯详图、电梯详图等； ②建筑构件节点详图，如墙身详图、入口雨篷详图、阳台详图、檐口檐沟详图、装饰线条栏杆详图、窗套边线详图、踏步台阶详图等。 建筑详图的常见比例是1：50、1：20、1：10、1：5等

习题及答案解析

一、习题

❶【单选】**表示标识拟建项目的总体布局、外部造型、室内布置、细部构造和施工工程做法的图纸称为（　　）。**

A．系统施工图　　B．建筑施工图

C．结构施工图　　D．设备施工图

❷【单选】**一套建筑施工图一般包括：设计总说明、建筑总平面图、（　　）、建筑立面图、建筑剖面图、建筑节点详图、非承重墙体构造柱示意图、标准图集引用等。**

A．结构施工图　　B．设备施工图

C．电气施工图　　D．建筑平面图

❸【单选】**能反映建筑物内部垂直方向房屋各部位组成关系是（　　）。**

A．总平面图　　B．建筑平面图

C．建筑剖面图　　D．建筑立面图

❹【单选】**建筑施工图不包括（　　）。**

A．建筑剖面图　　B．给水排水施工图

C．建筑平面图　　D．建筑详图

❺【单选】**建筑总平面图一般常用比例是（　　）。**

A．1：100　　B．1：1000　　C．1：500　　D．1：200

❻【单选】**建筑施工图中，表达入口雨篷的详图为（　　）。**

A．构造详图　　B．节点详图

C．配件详图　　D．室内构配件详图

二、答案与解析

❶【答案】B

【解析】本题考查的是建筑施工图。建筑施工图主要表达建筑物的外部形状、内部布置、细部构造和施工工艺做法等。

❷【答案】D

【解析】本题考查的是建筑施工图。一套完整的建筑施工图一般包括设计总说明、建筑总平面图、建筑平面图、建筑立面图、建筑剖面图、建筑节点详图、非承重墙体构造柱示意图、标准图集引用等。

❸【答案】C

【解析】本题考查的是建筑施工图。建筑剖面图主要标识建筑物内部垂直方向房屋各部位组成关系，表示建筑各部位的高度、层高、建筑空间组合利用，以及垂直方向的分层情况、构造做法和相关尺寸、标高等。

❹【答案】B

【解析】本题考查的是建筑施工图。建筑施工图包括建筑平面图、建筑立面图、建筑剖面图、建筑详图。

❺【答案】C

【解析】本题考查的是建筑施工图。建筑总平面图一般常用比例是1：500。

❻【答案】B

【解析】本题考查的是建筑施工图。建筑详图一般可分为两类：①局部构造详图，如楼梯详图、电梯详图等；②建筑构件节点详图，如墙身详图、入口雨篷详图、阳台详图、檐口檐沟详图、装饰线条栏杆详图、窗套边线详图、踏步台阶详图等。

2.1.4 结构施工图

定义	结构是承受建筑物重量的骨架体系，通常把表达建筑物承重构件（骨架体系）的布置、形状、尺寸、材料、构件及其相互关系的图样称为结构施工图，简称"结施（GS）图"
	一套完整的结构施工图一般包括：结构设计总说明、基础结构图、结构平面图、构件详图、其他结构详图
（1）基础施工图	基础是位于建筑物底层地面以下，承受建筑物全部荷载的结构部分，它将荷载传递到地面以下的地基，是建筑物最重要的承重构件。 基础施工图是表示建筑物基础的平面布置和详细结构构造的图样，它是计算埋于地下部分构件和土方工程量计量和计价的依据
	基础施工图标识的内容有： ①定位轴线及轴线编号与基础构件的相互关系。 ②两道标注尺寸，当基础有超出起止主轴线外挑部分时，外挑标准可与轴线间距标准平齐。 ③基础的平面布置、尺寸大小和外轮廓投影；基础中的配筋；竖向结构投影布置。 ④基础结构表面标高、垫层厚度；必要的文字和表格说明。 标准： ①基础平面图常用的比例是1：100，重要部位的剖面、截面比例1：20； ②平面图和剖面图上基础结构上表面有标高图例标识，相对标高值写到小数点后三位

(2)结构平面图	结构平面图是表示建筑物基础以上各层承重结构构件布置情况的图样。 ①钢筋混凝土结构材料为代表的建筑物中应标识出剪力墙、柱平法施工图、各层梁平法施工图、各层板平法施工图、楼梯施工图、其他结构图、梁板模板图等。 ②以砖为结构材料的砌体建筑物中应标识出各楼层梁板结构平面图、承重墙体与柱(也包含构造柱)结构平面图、屋顶结构平面图、楼梯结构图以及其他结构构件(如空调板结构、遮阳板结构、雨篷板结构)图样等
	(1)钢筋混凝土结构墙柱平法施工图:钢混框架结构、框剪结构等建筑结构施工图中,必须标识出剪力墙、柱平法施工图。 剪力墙、柱平面施工图图示内容有: ①结构剪力墙、柱及其轴线和轴线编号,对各段剪力墙进行编号标识,各结构柱编号及标识。 ②各型号剪力墙的所在楼层、对应的标高、墙体厚度尺寸、墙体内水平配筋和垂直配筋及拉筋等构造钢筋分标识。剪力墙详情一般用表格集中进行标识,结构柱标识出柱所在的标高段,柱截面几何尺寸、柱的纵向配筋、箍筋以及柱与轴线的关系,柱的详情标识法有原位截面标识法和表格标识法。 ③结构层楼层标高及结构层标高
	(2)梁、板水平结构构件平法施工图:钢筋混凝土结构梁、板都是水平承重传力构件,一般梁施工图和板施工图分开绘制标识。因为结构梁板既是上层的底板,也是下层的顶板。 梁、板平法施工图标识的主要内容: ①定位轴线和轴线编号与梁、板构件的轮廓线,梁、板的类型编号以及与轴线间的尺寸关系,后浇带位置和要求,部分必要节点结构详图。 ②各标高处梁、板几何尺寸、配筋等具体结构信息;梁的平法注写包括集中标注与原位标注。集中标注表达梁的通用数值,原位标注表达梁的特殊数值。施工时原位标注取值优先。 ③三道标注尺寸。 ④文字说明。 ⑤结构层楼面标高、结构层高表等。 标准: ①平面图的图示比例一般为1:100,节点图的图示比例可为1:20。 ②后浇带范围内用斜细实线填充,要投影出的吊筋、主梁体内加强箍筋构造钢筋用中粗线绘制,楼梯间用矩形内交叉细线绘制,被剖切到并投影的墙、柱面填充黑色。 ③图例及标识完全按平法制图规范标准进行,如每种梁至少有一根要标注出该类型梁的名称、截面几何尺寸、上下部受力纵筋配置、箍筋配置、构造腰筋配置,每种类型板的名称编号、板厚、板上下层单向或双向配筋情况,如梁板结构面与本图结构标高不一致,还得标注高出或低下的尺寸,高出用"+"号加数值标识,低下用"—"号加数值标识
	(3)砌体结构结构平面图:砌体结构用砖墙体承受竖向荷载并将荷载向下传递到基础,它的结构平面图主要表示每个标高或层高处所在结构构件的布置。 砌体结构结构平面图主要内容: ①标高层的轴线及轴线编号。 ②标高处的承重墙体投影、尺寸及墙体内构造柱布置,楼板或梁板的类型和编号,配筋,必要的节点结构配置,必要的钢筋放样及布置。 ③三道标注尺寸。

续表

（2）结构平面图	④文字说明等。 标准： ①图示比例一般为1：100，图中的定位轴线表达建筑物墙体间距，以及墙体与轴线的关系，必须标识清楚正确。 ②墙体轮廓用中线绘制，墙体内构造柱和其他剖切并投影的混凝土构件按比例绘出轮廓并用黑色全部填充，图例按制图标准统一标注，如楼梯间用矩形框内交叉对角线表示即可
（3）楼梯平法施工图（楼梯结构施工图）	①楼梯结构施工图中包括每层楼梯结构平面图（如地下一层平面、二层平面、机房层平面），楼梯剖面以及楼梯间重要结构节点的详图和必要的文字说明。 ②标准层的楼梯可合起来用一个平面图绘制（如4～10层平面）。 ③注意在结构施工图的楼层平面图里楼梯间用含有对角交叉线的矩形框给出，同时给出楼梯编号（如1号楼梯、2号楼梯），不具体标识的楼梯投影。 楼梯平法施工图（楼梯结构施工图）表示的主要内容有： ①每层楼梯结构平面图中，标识出平台板编号及结构尺寸、梯段编号及结构尺寸、楼梯间梯段、梯柱编号及尺寸、用单向箭头标识楼梯转向、被剖到梯段用折线分开，起步层平面图要给出剖切位置线和投射方向线及剖切编号。 ②楼梯段的踏步级数及配梁、平台梁、板的配筋。 ③平面图标识出轴线及轴线编号，起步楼梯地面及各层平台的结构标高、平面图中标注至少二道尺寸线（梯段、平台、墙体细部尺寸和楼梯间轴线尺寸），楼梯对应的剖面图中标识各平台标高，梯段级数等竖直方向楼梯间结构方面的细部尺寸。 ④平台梁、梯梁、梯柱等节点结构详图。 ⑤必要的文字说明和表格。楼梯平面施工图常用的比例是1：50，梯段踏步投影线、墙体线、楼梯转向箭头线等都有细实线标识，剖断位置平面图中用45°细折断线标识，平台板中的钢筋可用中粗线标识，剖切线和剖视线用短粗实线标识，并有编号
（4）结构设计总说明（结构施工总说明）	结构设计总说明反映工程在结构构件（承受荷载骨架部分）方面总体施工要求，是结构构件用材选用、节点结构处理的重要依据。 结构设计总说明的内容主要有： 工程概况及结构布置。结构安全等级设计使用年限、自然条件、工程的绝对标高和相对标高的关系、工程设计遵循的标准规范规程、工程计算采用的程序、设计采用的荷载标准、地基基础情况、主要结构材料（如钢筋、混凝土、砌体材料）、钢筋混凝土结构构造、砌体结构构造、结构构件代号标号及其他部分
（5）关于装配式结构施工图	在节能、环保、绿色施工等国家大政策方针引领下，装配式建筑在全国大力推广。 目前装配式结构建筑，在原设计单位给出图纸的基础上，要进行二次深化设计，二次深化设计由建设单位、施工单位、设计单位、预制构件承包方、监理单位共同研究完成，将二次深化完善后的结果用图纸详细表示出来

习题及答案解析

一、习题

1 【单选】**结构施工图不包括（　　）。**

A．建筑节点详图　　　　B．结构设计说明

C．基础结构图　　　　　　　　D．结构平面图

❷【多选】结构施工图一般包括（　　）。

A．结构设计总说明

B．结构剖面图

C．结构平面图

D．结构构件详图

E．基础结构图

❸【多选】柱平法施工图的注写方式包括（　　）。

A．平面注写方式

B．截面注写方式

C．表格注写方式

D．原位标注方式

E．集中标注方式

❹【多选】下列有关梁平面注写方式的描述，说法正确的是（　　）。

A．梁平法施工图的注写包括列表注写和截面注写

B．原位标注表达梁的特殊数值

C．梁的平法注写包括集中标注与原位标注

D．施工时，原位标注取值优先

E．集中标注表达梁的通用数值

二、答案与解析

❶【答案】A

【解析】本题考查的是结构施工图。一套完整的结构施工图一般包括：结构设计总说明、基础结构图、结构平面图、构件详图、其他结构详图。

❷【答案】ACDE

【解析】本题考查的是结构施工图。一套完整的结构施工图一般包括：结构设计总说明、基础结构图、结构平面图、构件详图、其他结构详图。

❸【答案】BC

【解析】本题考查的是结构施工图。柱平面施工图的注写方式有表格注写方式和截面注写方式。

❹【答案】BCDE

【解析】本题考查的是结构施工图。梁的平法注写包括集中标注与原位标注。集中标注表达梁的通用数值，原位标注表达梁的特殊数值，施工时，原位标注取值优先。

第二节　建筑面积计算规则及应用

2.2.1　建筑面积的概念

概念	分类		内容
建筑面积指的是建筑物（包括墙体）所形成的楼地面面积，以外墙结构外围水平面积计算，包括附属于建筑物的室外阳台、雨篷、檐廊、室外走廊，室外楼梯等的面积	有效面积	使用面积	建筑物各层平面布置中直接为生产或生活使用的净面积总和。 例如：住宅建筑中的居室、客厅、书房等
		辅助面积	建筑物各层平面布置中为辅助生产或生活所占净面积的总和。 例如：建筑物的楼梯、室内走道、卫生间、厨房等
	结构面积		建筑物各层平面布置中内外墙体、柱等结构所占面积总和。（不包括抹灰厚度所占面积）

2.2.2　建筑面积的作用（见思维导图）

建筑面积概念及作用思维导图

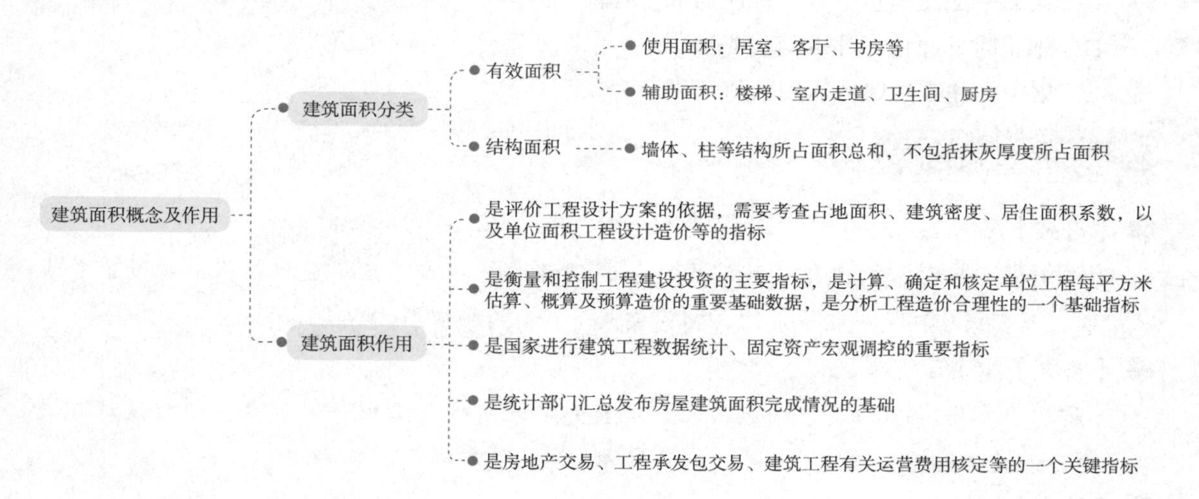

☑ 习题及答案解析

一、习题

❶【单选】建筑面积包括（　　）。

A．使用面积、有效面积和结构面积

B．使用面积、辅助面积和结构面积

C. 使用面积、辅助面积和居住面积

D. 有效面积、辅助面积和结构面积

2 【单选】**下列哪项不属于建筑面积的作用（　　）。**

A. 分析工程造价合理性的基础指标

B. 确定概算的重要基础

C. 进行工程结算的重要依据

D. 评价设计方案的依据

3 【单选】**建筑工程中，概算指标通常是以（　　）为基础计算数据。**

A. 结构面积

B. 辅助面积

C. 建筑面积

D. 有效面积

4 【单选】**下列描述正确的有（　　）。**

A. 使用面积是指建筑物各层平面布置中可直接生产或生活使用的面积总和

B. 使用面积是指建筑物各层平面布置中可直接为生产或生活使用的建筑面积总和

C. 使用面积是指建筑物各层平面布置中可直接为生产或生活使用的净面积总和

D. 使用面积是指建筑物各层平面布置中可直接为生产或生活使用的净居住面积

5 【多选】**下列有关建筑面积的说法，表述有误的是（　　）。**

A. 以外墙结构外围水平面积计算

B. 以外墙结构外围投影面积计算

C. 包括附属于建筑物的室外楼梯的面积

D. 包括附属于建筑物的室外阳台、雨篷

E. 不包括附属于建筑物的室外檐廊

二、答案与解析

1 **【答案】B**

【解析】本题考查的是建筑面积的概念和建筑面积分类。建筑面积可以分为使用面积、辅助面积和结构面积。

2 **【答案】C**

【解析】本题考查的是建筑面积的作用。建筑面积的作用有：①建筑面积是评价工程设计方案的依据。在评价工程设计方案时，通常需要考查占地面积、建筑密度、居住面积系数，以及单位面积工程设计造价等指标，这些都与建筑面积密切相关。②建筑面积是衡量和控制工程建设投资的主要指标，是计算、确定和核定单位工程每平方米估算、概算及预算造价的重要基础数据，是分析工程造价合理性的一个基础指标。③建筑面积是国家进行建筑工程数据统计、固定资产宏观调控的重要指标，是统计部门汇总发布房屋建筑面积完成情况的基础。④建筑面积还是房地产交易、工程承发包交易、建筑工程有关运营费用核定等的一个关键指标。

❸【答案】C

【解析】本题考查的是建筑面积的作用。概算指标通常是以建筑面积为计量单位。用概算指标编制概算时，要以建筑面积为计算基础。

❹【答案】C

【解析】本题考查的是建筑面积的概念。使用面积是指建筑物各层平面布置中，可直接为生产或生活使用的净面积总和。

❺【答案】BE

【解析】本题考查的是建筑面积的概念。阳台处剪力墙与框架混合时，角柱为受力结构，根基落地，则阳台为主体结构内；角柱仅为造型，无根基，则阳台为主体结构外。建筑面积指的是建筑物（包括墙体）所形成的楼地面面积，以外墙结构外围水平面积计算，包括附属于建筑物的室外阳台、雨篷、檐廊、室外走廊，室外楼梯等的面积。

2.2.3 建筑面积计算规则与方法

计算原则	凡在结构上、使用上形成具有一定使用功能的建筑物和构筑物，并能单独计算出其水平面积的，应计算建筑面积；反之，不应计算建筑面积
确定建筑面积的顺序	有围护结构的，按围护结构计算面积。 无围护结构、有底板的，按底板计算面积（如室外走廊、架空走廊）。 底板也不利于计算的，则取顶盖（如车棚、货棚等）。 主体结构外的附属设施按结构底板计算面积。 即在确定建筑面积时，围护结构优于底板，底板优于顶盖。所以，有盖无盖不作为计算建筑面积的必备条件，如阳台、架空走廊、楼梯是利用其底板，顶盖只是起遮风挡雨的辅助功能
计算规范及适用范围	国家现行规范《建筑工程建筑面积计算规范》GB/T 50353
	新建、扩建和改建的工业与民用建筑工程建设全过程的建筑面积计算。该规范不仅适用于工程造价计价活动，也适用于项目规划、设计阶段，但房屋产权面积计算不适用于该规范

1. 建筑面积的规定

（1）建筑物的建筑面积
建筑物的建筑面积应按自然层外墙结构外围水平面积之和计算。结构层高 ≥ 2.20m，计算全面积；结构层高＜2.20m，计算1/2面积。 自然层高：是指按楼地面结构分层的楼层。 结构层高：是指楼面或地面结构层上表面至上部结构层上表面之间的垂直距离

续表

<table>
<tr><th colspan="3">（1）建筑物的建筑面积</th></tr>
<tr><td>具体要求</td><td>①对于建筑物底层有混凝土底板的，从底板上表面算起，如底板上有反梁的，应从反梁上表面算起。
②对于无混凝土底板的，应从地面构造中最上一层混凝土垫层或混凝土找平层上表面算起。
③对于建筑物的顶层，则从楼板结构层上表面算至屋面板结构层上表面。如图2-1所示</td><td> 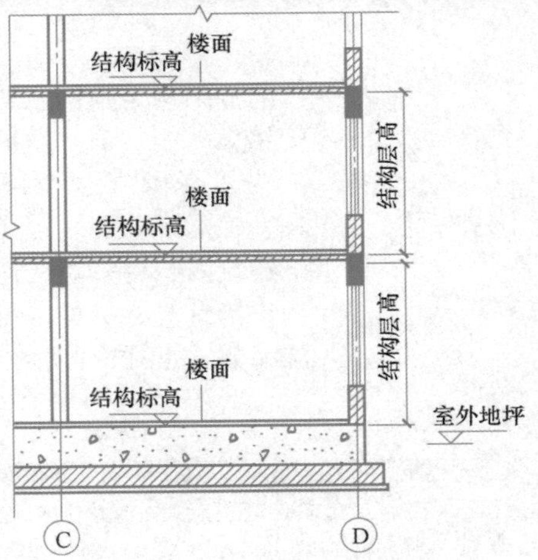图2-1　结构层高示意图</td></tr>
<tr><td>需要注意</td><td colspan="2">①外墙结构外围水平投影面积，即结构水平面积，不包括装饰层所占面积。
②以幕墙作为围护结构的建筑物应按幕墙外边线计算建筑面积。装饰性幕墙不计算建筑面积。
③计算建筑面积时不应考虑勒脚</td></tr>
<tr><td rowspan="2">特殊说明</td><td>①对于外墙结构本身在一个层高范围内不等厚时，以楼地面结构标高处的外围水平面积计算，如图2-2所示</td><td> 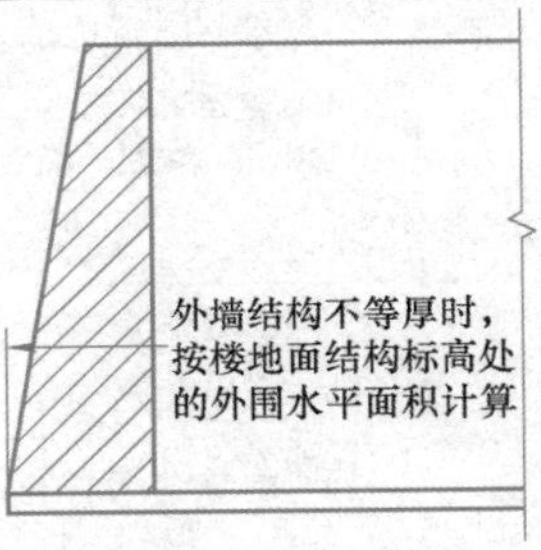图2-2　外墙结构不等厚</td></tr>
<tr><td>②对于下部为砌体、上部为彩钢板围护的建筑物，俗称轻钢厂房，其建筑面积的计算方式为：
a．当$h<0.45$m时，建筑面积按彩钢板外围水平面积计算；
b．当$h\geqslant 0.45$m时，建筑面积按下部砌体外围水平面积计算，如图2-3所示</td><td> 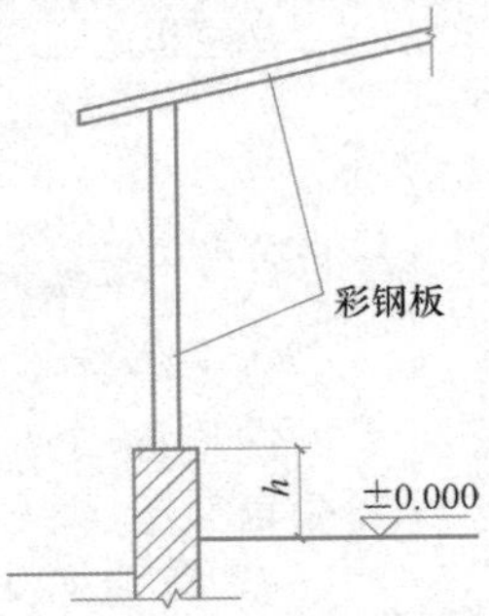图2-3　轻钢厂房外墙大样图</td></tr>
<tr><th colspan="3">（2）建筑物内设有局部楼层</th></tr>
<tr><td colspan="3">建筑物内设有局部楼层时，对于局部楼层的二层及以上楼层，有围护结构的应按其围护结构外围水平面积计算，无围护结构的应按其结构底板水平面积计算。结构层高≥2.20m的，计算全面积；结构层高＜2.20m的，计算1/2面积</td></tr>
</table>

(2)建筑物内设有局部楼层		
围护结构	围护结构是指围合建筑空间的墙体、门、窗。围护设施是指为了保障安全而设置的栏杆、栏板等围挡。 建筑面积的计算式以围护结构作为计算标准的，与围护设施无关。如图2-4所示	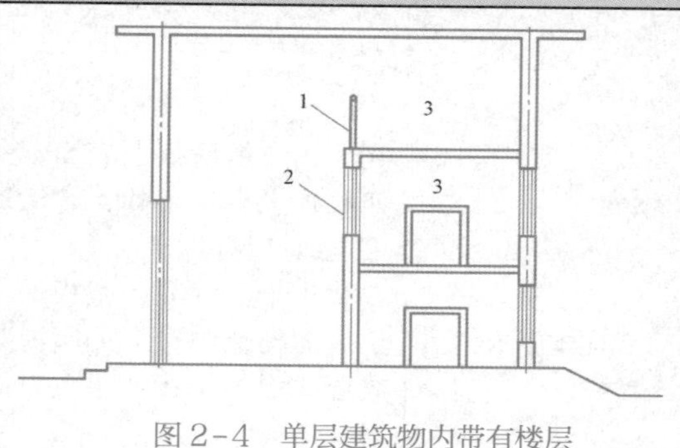 图2-4 单层建筑物内带有楼层 1—围护设施；2—围护结构；3—局部楼层

(3)形成建筑空间的坡屋顶

形成建筑空间的坡屋顶，结构净高≥2.10m的部位，计算全面积；结构净高在1.20m及以上至2.10m以下的部位，计算1/2面积；结构净高＜1.20m的部位不应计算建筑面积，如图2-5所示

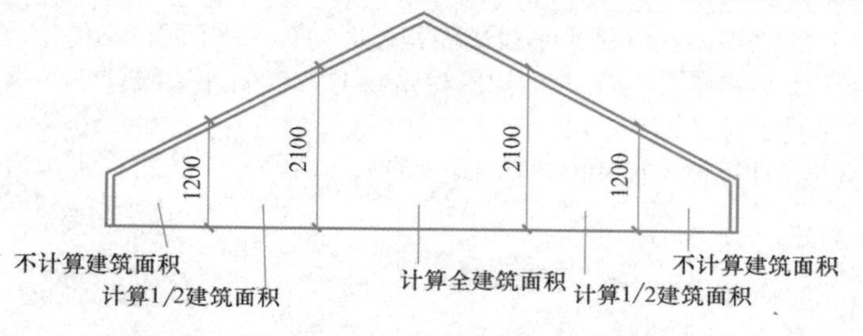

图2-5 坡屋顶下建筑空间建筑面积计算范围示意图

建筑空间	建筑空间是指以建筑界面限定的，供人们生活和活动的场所。 ①建筑空间是围合空间，具备可出入（可出入是指人能够正常出入，既通过门或楼梯等进出；而必须通过窗、栏杆、人孔、检测孔等出入的不算可出入）、可利用条件（设计中可能标明了使用用途，也可能没有标明使用用途或使用用途不明确）的围合空间，均属于建筑空间。 ②这里的坡屋顶指的是与其他围护结构形成建筑空间的坡屋顶	
结构净高	结构净高是指楼面或地面结构层上表面至上部结构层下表面之间的垂直距离，如图2-6所示	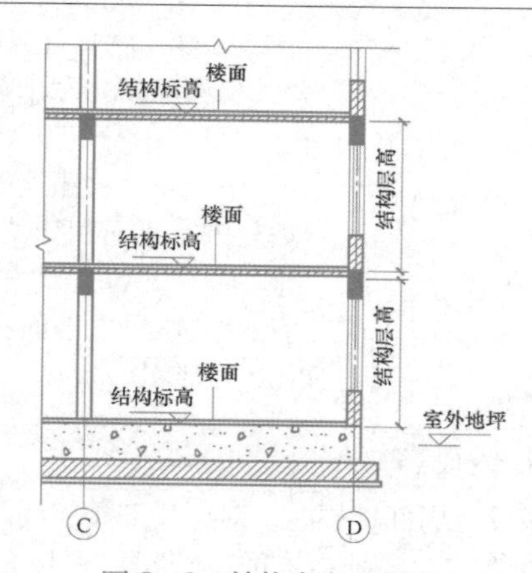 图2-6 结构净高示意图

续表

(4) 场馆看台的建筑空间		
场馆看台下的建筑空间，结构净高≥2.10m的部位，计算全面积；结构净高在1.20m及以上至2.10m以下的部位，计算1/2面积；结构净高<1.20m的部位，不应计算建筑面积，如图2-7所示		
特殊说明	①室内单独设置的有围护设施的悬挑看台，应按看台结构底板的水平投影面积计算建筑面积。 ②有顶盖无围护结构的场馆看台应按其顶盖水平投影面积的1/2计算面积	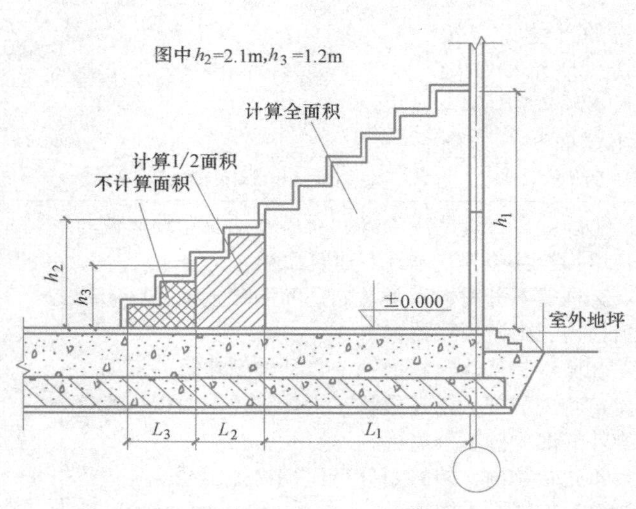 图2-7　场馆看台下建筑空间

(5) 地下室、半地下室	
地下室、半地下室应按其结构外围水平面积计算。结构层高≥2.20m的，计算全面积；结构层高<2.20m的，应计算1/2面积，如图2-8所示。 1）地下室是指室内地平面低于室外地平面的高度超过室内净高的1/2的房间。 2）半地下室是指室内地平面低于室外地平面的高度超过室内净高的1/3且不超过1/2的房间	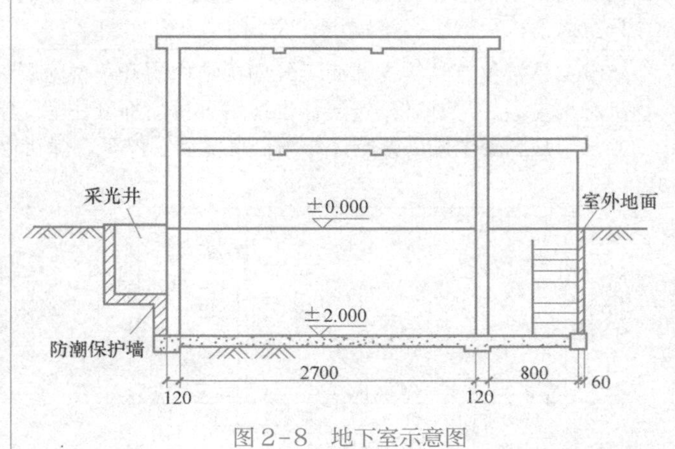 图2-8　地下室示意图

计算原理	地下室、半地下室按“结构外围水平面积”计算，而不按“外墙上口”取定。当外墙为变截面时，按地下室、半地下室楼地面结构标高处的外围水平面积计算
特殊说明	①地下室的外墙结构不包括找平层、防水（潮）层、保护墙等。 ②地下空间未形成建筑空间的，不属于地下室或半地下室，不计算建筑面积

续表

（6）地下室、半地下室出入口及坡道的出入口

地下室、半地下室出入口及坡道的出入口外墙外侧坡道，有顶盖的部位，应按其外墙结构外围水平面积的1/2计算面积，如图2-9所示	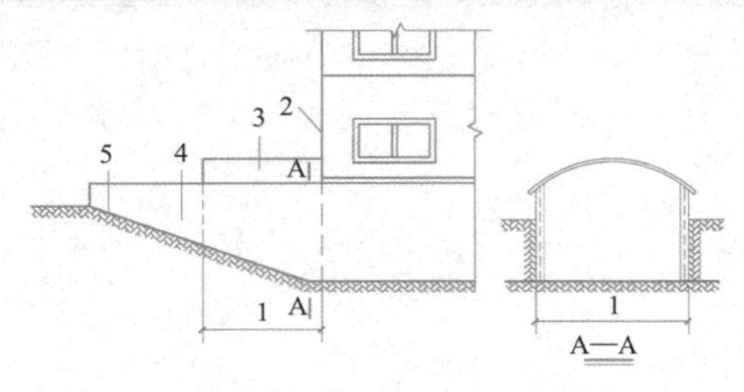 图2-9　地下室出入口 1—计算1/2投影面积部位；2—主体建筑；3—出入口顶盖；4—封闭出入口侧墙；5—出入口坡道
①顶盖以设计图纸为准，对后增加及建设单位自行增加的顶盖等，不计算建筑面积。 ②顶盖不分材料种类（如钢筋混凝土顶盖、彩钢板顶盖、阳光板顶盖等）。 ③坡道是从建筑物内部一直延伸到建筑外部的，建筑物内的部分随建筑物正常计算建筑面积，建筑物外的部分按本条执行。 ④建筑物内、外的划分以建筑物外墙结构外边线为界，如图2-10所示。 所以，出入口坡道顶盖的挑出长度，为顶盖结构外边线至外墙结构外边线的长度	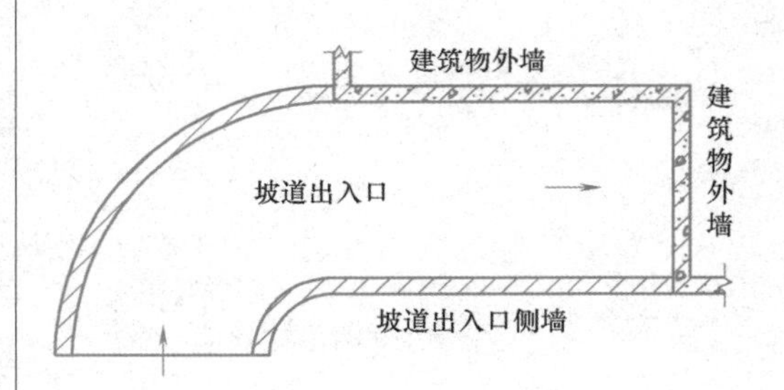 图2-10　外墙外侧坡道与建筑物内部坡道的划分示意图

（7）建筑物架空层及坡地建筑物吊脚架空层

建筑物架空层及坡地建筑物吊脚架空层应按其顶板水平投影计算建筑面积。结构层高≥2.20m，计算全面积；结构层高＜2.20m，计算1/2面积

架空层是指仅有结构支撑而无外围护结构的开蔽空间层。架空层建筑面积的计算方法适用于建筑物吊脚架空层、深基础架空层，也适用于目前部分住宅、学校教学楼等工程在底层架空或在二楼或以上某个甚至多个楼层架空，作为公众活动、停车、绿化等空间的情况，如图2-11所示

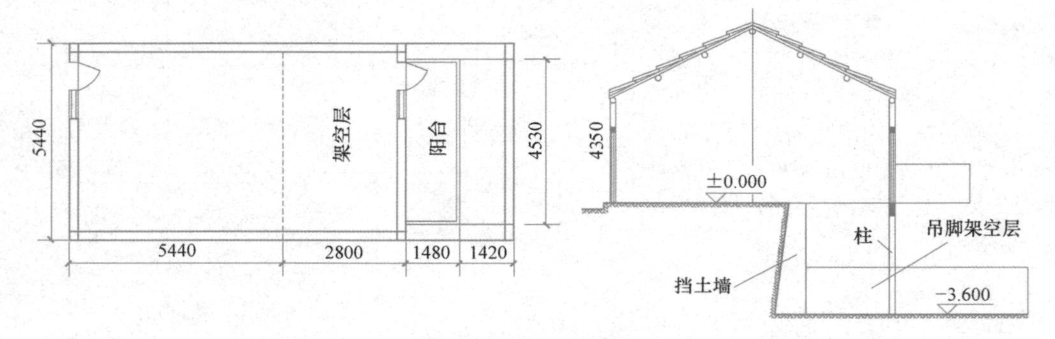

图2-11　吊脚架空层

（8）建筑物的门厅、大厅

建筑物的门厅、大厅应按一层计算建筑面积，门厅、大厅内设置的走廊应按走廊结构底板水平投影面积计算建筑面积。

结构层高≥2.20m，计算全面积；结构层高＜2.20m，计算1/2面积，如图2-12所示

（8）建筑物的门厅、大厅

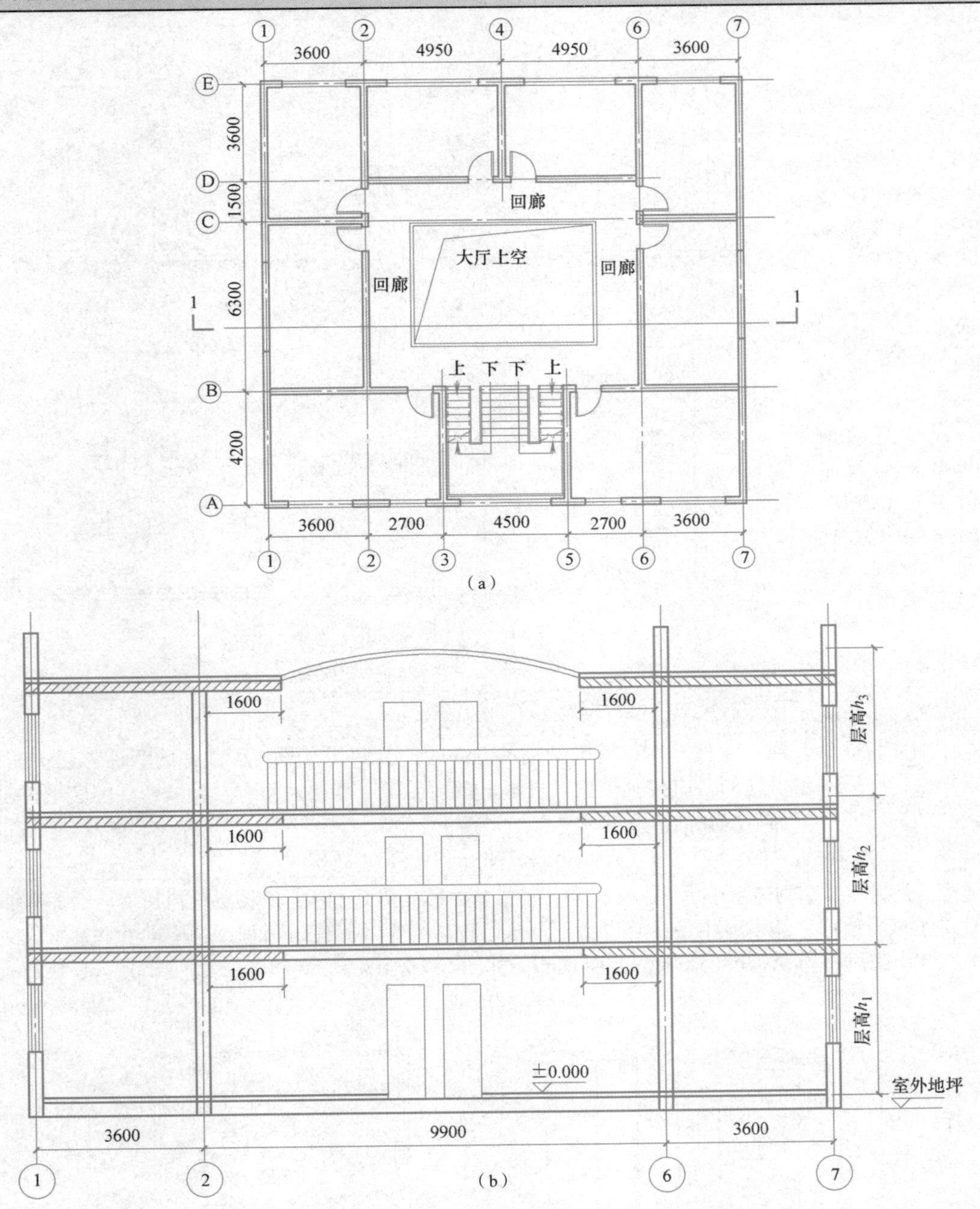

图 2-12 大厅、走廊（回廊）示意图

（a）平面图；（b）1-1剖面图

（9）建筑物间的架空走廊

架空走廊专指设置在建筑物的二层或者二层以上，作为不同建筑物之间水平交通的空间。

架空走廊在计算建筑面积时需要注意：无围护结构、有围护设施，无论是否有顶盖，均计算1/2面积。

由于架空走廊存在无盖的情况，有时无法计算结构层高，规范中不考虑层高的因素

续表

（9）建筑物间的架空走廊

1）有顶盖和围护结构的，应按其围护结构外围水平面积计算全面积，如图2－13所示。

2）无围护结构、有围护设施的，应按其结构底板水平投影面积计算1/2面积，如图2－14所示

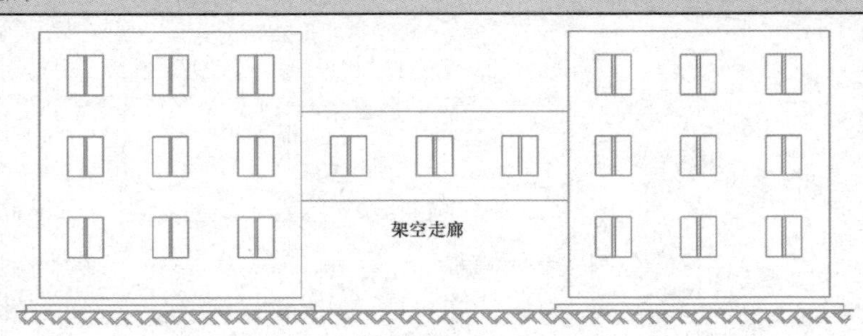

图2－13　有维护结构的架空走廊

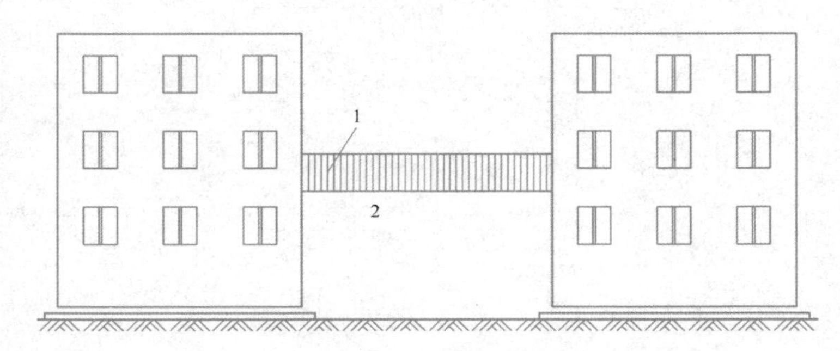

图2－14　无围护结构的架空走廊

1—栏杆；2—架空走廊

（10）立体书库，立体仓库，立体车库

立体书库，立体仓库，立体车库，有围护结构的，应按其围护结构外围水平面积计算建筑面积；无围护结构、有围护设施的，应按其结构底板水平投影面积计算建筑面积。无结构层的应按一层计算，有结构层的应按其结构层面积分别计算。

结构层高≥2.20m，计算全面积；结构层高＜2.20m，计算1/2面积

结构层是指整体结构体系中承重的楼板层，特指整体结构体系中承重的楼层，包括板、梁等构件。

需要注意的是：立体车库中的升降设备不属于结构层，不计算建筑面积；仓库中的立体货架、书库中立体书架都不算结构层，不计算建筑面积，如图2－15所示

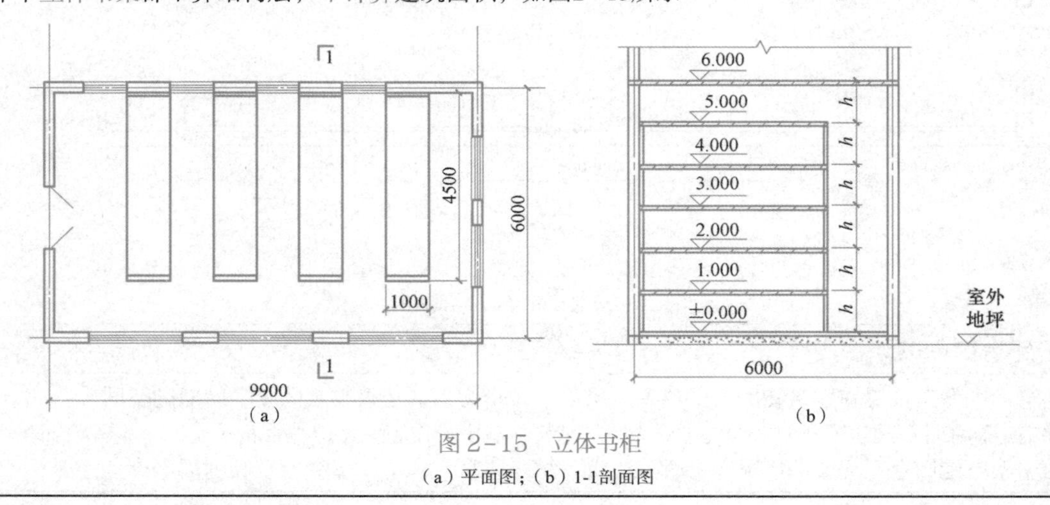

图2－15　立体书柜

（a）平面图；（b）1-1剖面图

续表

（11）有围护结构的舞台顶光控制室

有围护结构的舞台顶光控制室，应按其围护结构外围水平面积计算。
结构层高≥2.20m，计算全面积；结构层高<2.20m，计算1/2面积

（12）附属在建筑物外墙的落地橱窗

应按其围护结构外围水平面积计算。
结构层高≥2.20m，计算全面积；结构层高<2.20m，计算1/2面积。
落地橱窗是指凸出外墙面且根基落地的橱窗。
对于无基础悬挑式的橱窗，可以按凸（飘）窗的规则计算建筑面积

（13）窗台

窗台与室内楼地面高差在0.45m以下且结构净高在2.10m及以上的凸（飘）窗，应按其围护结构外围水平面积计算1/2面积，如图2-16所示。

凸窗（飘窗）是指凸出建筑物外墙面的窗户。计算建筑面积的前提条件是两个条件同时满足

图2-16 凸（飘）窗实景图

（14）有围护设施的室外走廊（挑廊）

有围护设施的室外走廊（挑廊），应按其结构底板水平投影面积计算1/2面积。
有围护设施（或柱）的檐廊，应按其围护设施（或柱）外围水平面积计算1/2面积

檐廊是指建筑物挑檐下的水平交通空间；挑檐是指挑出建筑外墙的水平交通空间，如图2-17所示。

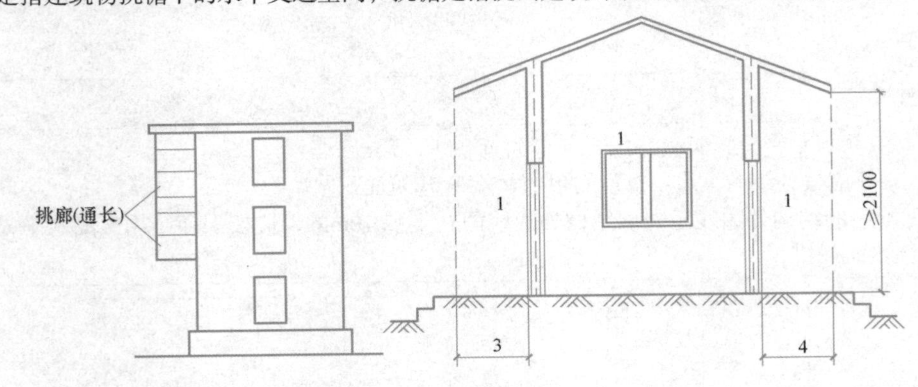

图2-17 室外挑廊、檐廊示意

1—檐廊；2—室内；3—不计算建筑面积部位；4—计算1/2建筑面积部位檐廊

底层无围护设施但有柱的室外走廊参照檐廊的规则计算建筑面积，若底层无围护设施则不计算建筑面积

室外走廊（挑廊）建筑面积按结构底板面积的1/2计算；檐廊建筑面积按围护设施（或柱）外围面积的1/2计算。如图2-18、图2-19所示

续表

（14）有围护设施的室外走廊（挑廊）

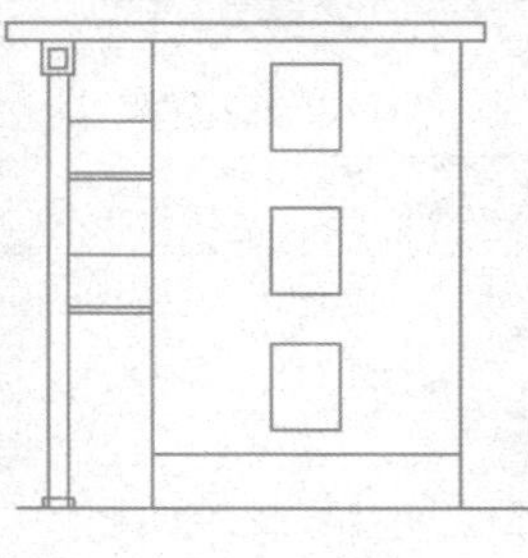

图2-18　有柱和顶盖的走廊、檐廊

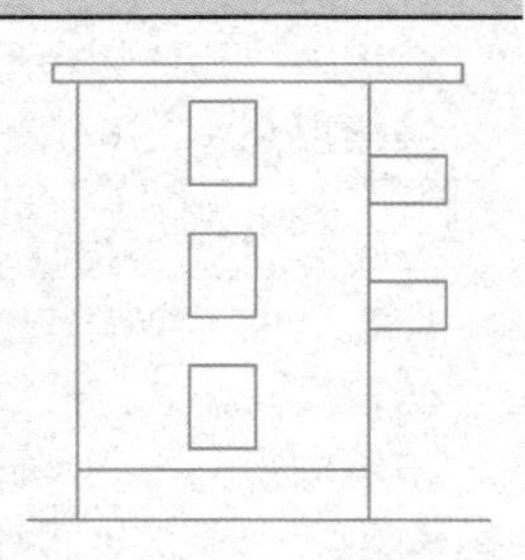

图2-19　通长的挑廊和室外无围护结构的走廊

（15）门斗

门斗应按其围护结构外围水平面积计算建筑面积。结构层高≥2.20m，计算全面积；结构层高＜2.20m，计算1/2面积

门斗是指建筑物入口处两道门之间的空间，是有顶盖和围护结构的全围合空间，如图2-20所示	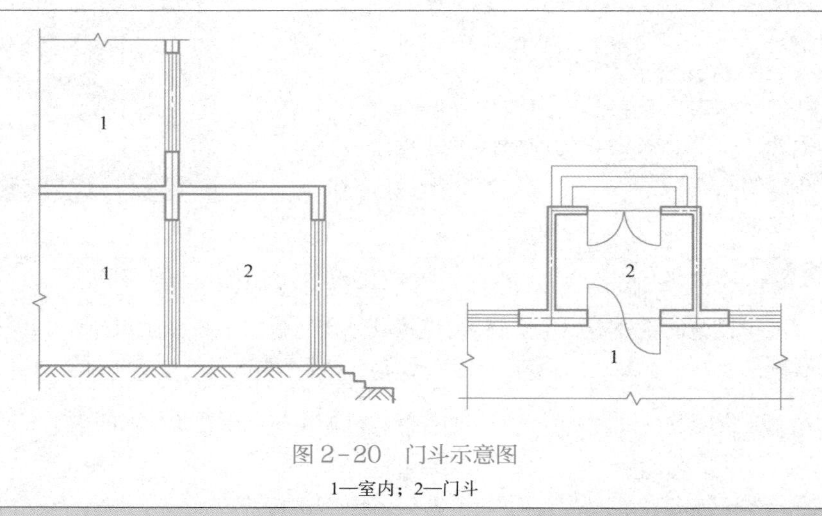 图2-20　门斗示意图 1—室内；2—门斗

（16）门廊

门廊应按其顶板水平投影面积的1/2计算建筑面积。

1）有柱雨篷应按其结构板水平投影面积的1/2计算建筑面积。

2）无柱雨篷的结构外边线至外墙结构外边线的宽度≥2.10m的，应按雨篷结构板的水平投影面积的1/2计算建筑面积

门廊是指建筑物入口前有天棚的半围合空间。如图2-21所示	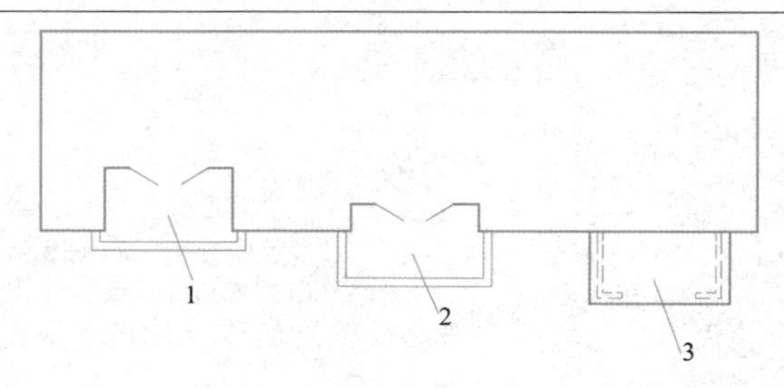 图2-21　门廊示意图 1—全凹式门廊；2—半凹半凸式门廊；3—全凸式门廊

(16)门廊	
雨篷是指建筑出入口上方为遮挡雨水而设置的部件。 雨篷分为有柱雨篷和无柱雨篷	1)有柱雨篷，无论挑出宽度多长，都按1/2计算建筑面积。 2)无柱雨篷只有挑出宽度大于2.1m时，才计算建筑面积。 3)出挑宽度是指雨篷结构外边线至外墙结构外边线的宽度，弧形或异形构件，取最大宽度进行判断。如图2-22所示 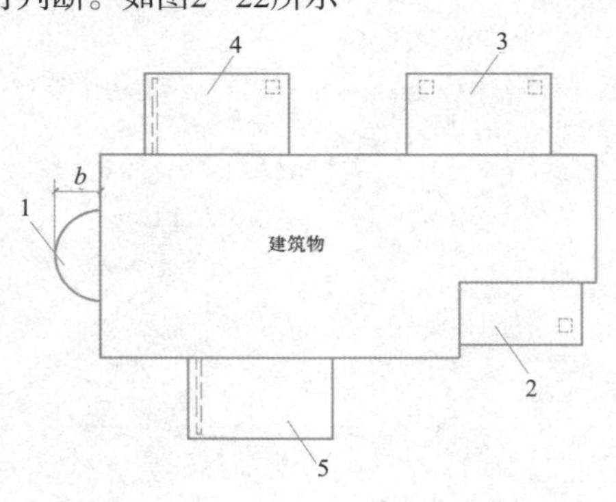 图2-22 雨篷示意图 1—悬挑雨篷；2—独立柱雨篷；3—多柱雨篷；4—柱墙混合支撑雨篷；5—墙支撑雨篷

(17)设在建筑物顶部的、有围护结构的楼梯间、水箱间、电梯机房等	
设在建筑物顶部的、有围护结构的楼梯间、水箱间、电梯机房等，结构层高≥2.20m，计算全面积。结构层高<2.20m，计算1/2面积，如图2-33所示。 建筑物层顶造型及装饰性结构构件，不计算建筑面积	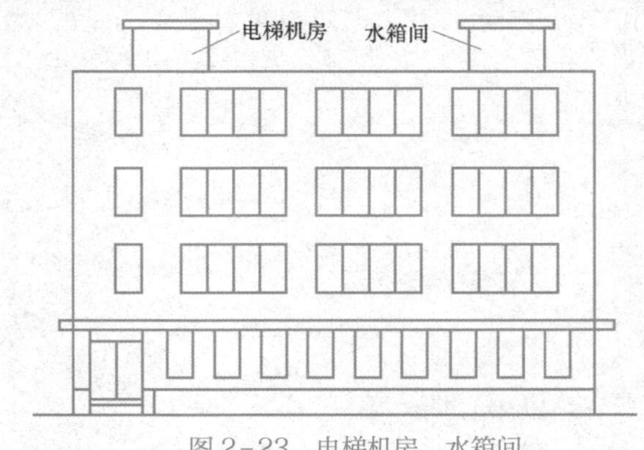 图2-23 电梯机房、水箱间

(18)围护结构不垂直于水平面的楼层	
围护结构不垂直于水平面的楼层，应按其底板面的外墙外围水平面积计算。 结构净高≥2.10m的部位，应计算全面积。 结构净高在1.20m及以上至2.10m以下的部位，应计算1/2面积。 结构净高在1.20m以下的部位，不应计算建筑面积，如图2-24所示	 图2-24 斜墙建筑图

（18）围护结构不垂直于水平面的楼层

特殊说明：

1）在多（高）层建筑物的顶层

楼板以上部位的外侧均视为屋顶，根据净高算，1/2面积或不计算面积，斜屋顶的屋面结构不计算建筑面积，如图2-25所示。

2）对于多（高）层建筑物的其他层

倾斜部位均视为围护结构，底板面处的围护结构应计算全面积

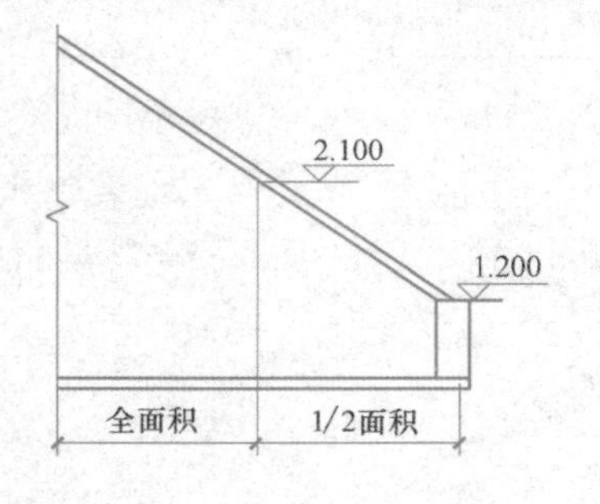

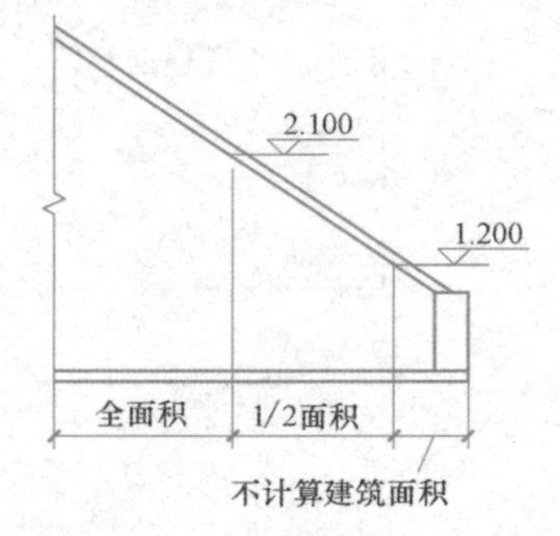

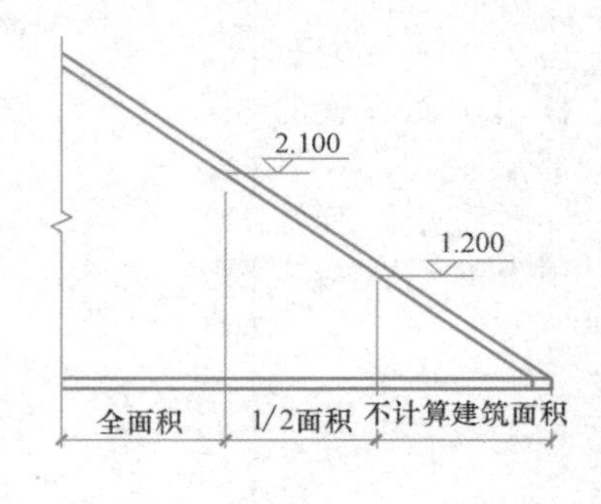

图2-25　斜屋顶顶层建筑面积计算示意图

（19）建筑物的室内楼梯、电梯井、提物井、管道井、通风排气竖井、烟道

室内楼梯、电梯井、提物井、管道井、通风排气竖井、烟道，应并入建筑物的自然层计算建筑面积。

有顶盖的采光井应按一层计算面积，结构净高≥2.10m，应计算全面积；结构净高<2.10m，应计算1/2面积

室内楼梯包括了形成井道的楼梯（即室内楼梯间）和没有形成井道的楼梯（即室内楼梯）。

室内楼梯间层数按建筑物的自然层数计算，如图2-26所示。

没有形成井道的室内楼梯也应计算建筑面积，如建筑物大堂内的楼梯、跃层（或复式）住宅的室内楼梯等均应计算建筑面积

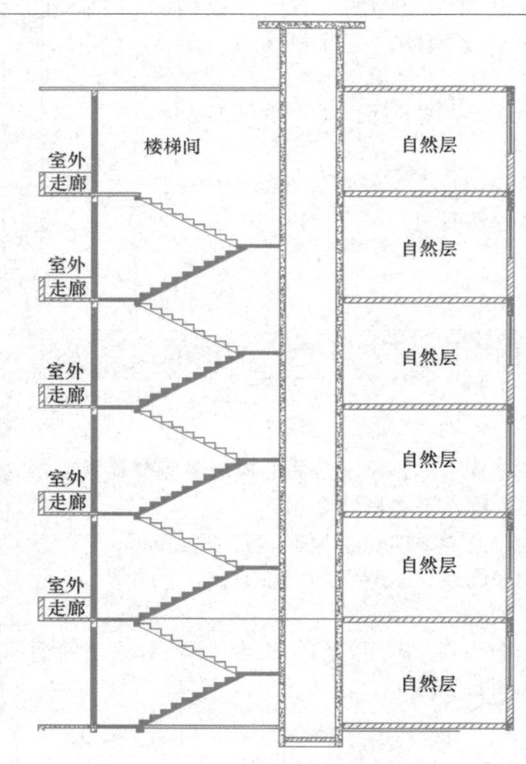

图2-26　电梯井示意图

续表

(19)建筑物的室内楼梯、电梯井、提物井、管道井、通风排气竖井、烟道	
有顶盖的采光井包括建筑物中的采光井和地下室采光井。 如图2-27所示为地下室采光井，均按一层计算建筑面积	当室内公共楼梯间两侧自然层不同时，以楼层多的层数计算。 如图2-28所示的楼梯间按6个自然层计算
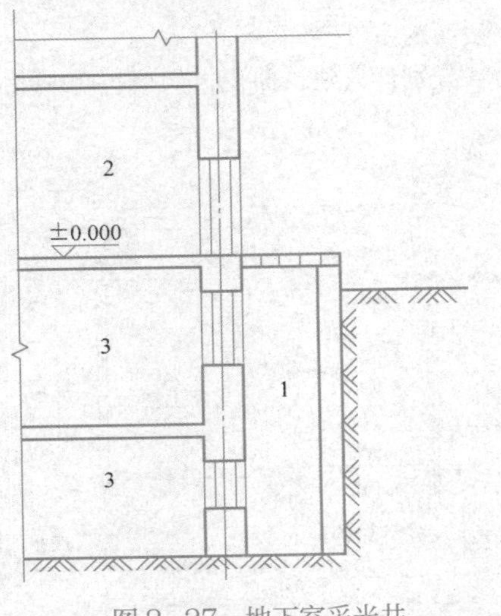 图2-27　地下室采光井	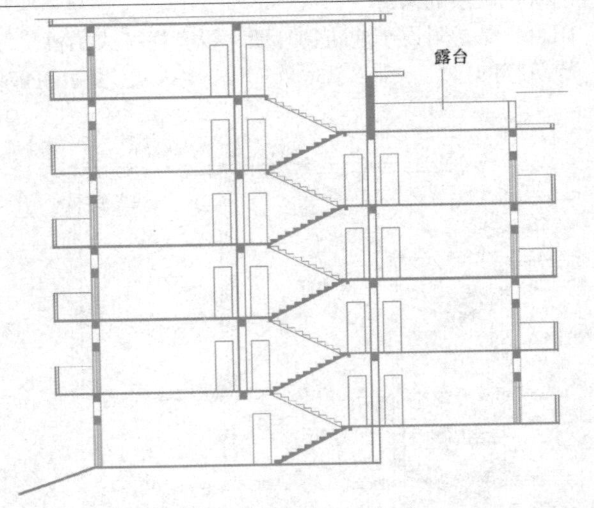 图2-28　室内公共楼梯间两侧自然层数不同示意图

(20)室外楼梯

室外楼梯应并入所依附建筑物自然层，并应按其水平投影面积的1/2计算建筑面积。

室外楼梯须计算建筑面积：

1)层数为室外楼梯所依附的楼层数，即梯段部分投影到建筑物范围的层数。

2)利用室外楼梯下部的建筑空间不得重复计算建筑面积。

3)利用地势砌筑的为室外踏步，不计算建筑面积。

如图2-29所示

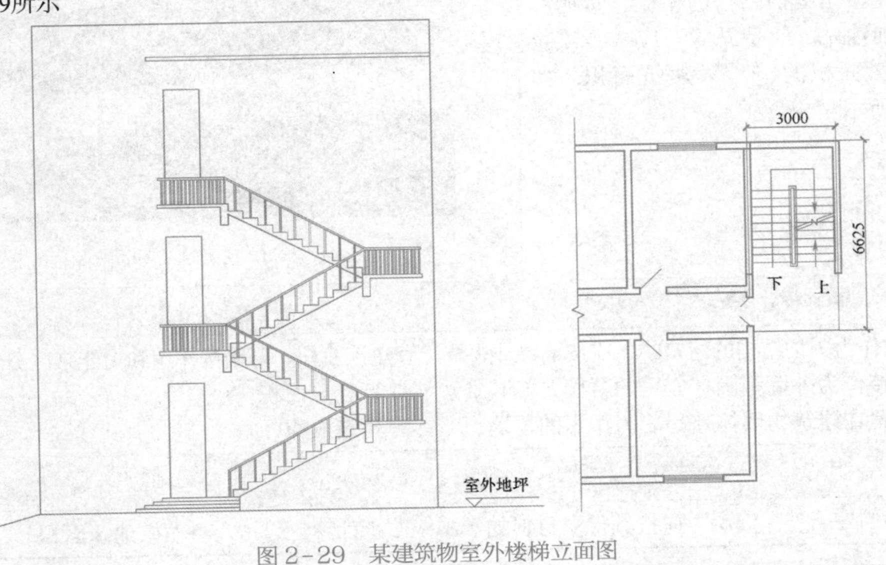

图2-29　某建筑物室外楼梯立面图

续表

（21）主体结构的阳台

1）在主体结构内的阳台，应按其结构外围水平面积计算全面积。

2）在主体结构外的阳台，应按其结构底板水平投影面积计算1/2面积

主体结构：是指接受、承担和传递建设工程所有上部荷载，维持上部结构整体性、稳定性和安全性的有机联系的构造。

阳台：是指附设于建筑物外墙，设有栏杆或栏板，可供人活动的室外空间。

建筑物的阳台，不论其形式如何，均以建筑物主体结构为界分别计算建筑面积，如图2-30所示

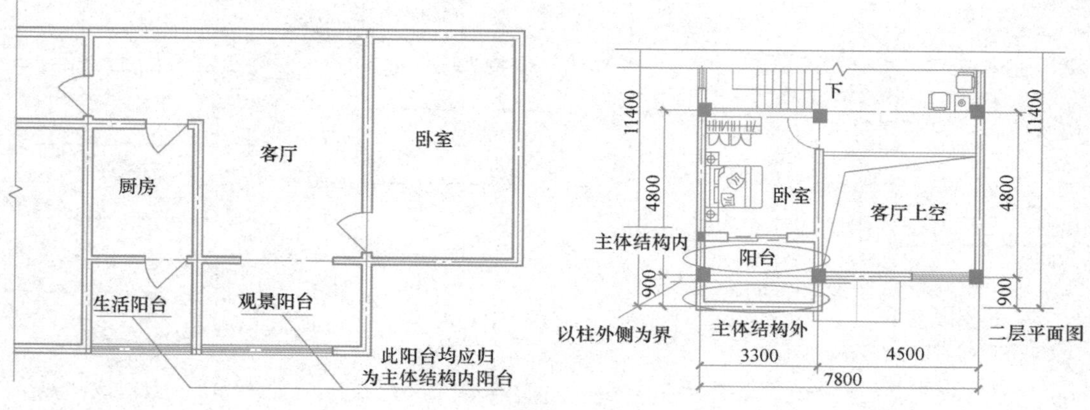

图2-30　阳台平面图

（22）有顶盖无围护结构的车棚、货棚、站台、加油站、收费站等

有顶盖、无围护结构的车棚、货棚、站台、加油站、收费站等，应按其顶盖水平投影面积的1/2计算建筑面积，如图2-31所示

图2-31　加油站

（23）以幕墙作为围护结构的建筑物

以幕墙作为围护结构的建筑物，应按幕墙外边线计算建筑面积。幕墙按作用和功能来区分。

1）直接作为外墙起围护作用的幕墙，按其外边线计算建筑面积。

2）设置在建筑物墙体外起装饰作用的幕墙，不计算建筑面积

（24）建筑物的外墙外保温层

建筑物的外墙外保温层，应按其保温材料的水平截面积计算，并计入自然层建筑面积

(24)建筑物的外墙外保温层
详细要求： 1）建筑物外墙外侧有保温隔热层的，保温隔热层以保温材料的净厚度乘以外墙结构外边线长度按建筑物的自然层计算建筑面积，其外墙外边线长度不扣除门窗和建筑物外已计算建筑面积构件（如阳台、室外走廊、门斗、落地橱窗等部件）所占长度。 2）当建筑物外已计算建筑面积的构件（如阳台、室外走廊、门斗、落地橱窗等部件）有保温隔热层时，其保温隔热层也不再计算建筑面积。 3）外墙是斜面的按楼面楼板处的外墙外边线长度乘以保温材料的净厚度计算。 4）外墙外保温以沿高度方向满铺为准，某层外墙外保温铺设高度未达到全部高度时（不包括阳台、室外走廊、门斗、落地橱窗、雨篷、飘窗等），不计算建筑面积。 5）保温隔热层的建筑面积以保温隔热材料厚度来计算，不包含抹灰层、防潮层、保护层（墙）的厚度。 6）复合墙体不属于外墙外保温层，整体视为外墙结构
(25)与室内相通的变形缝
与室内相通的变形缝应按其自然层合并在建筑物建筑面积内计算。对于高低联跨的建筑物，当高低跨内部连通或局部连通时，其变形缝应计算在低跨面积内，高低跨不连通时，其变形缝不计算建筑面积
1）变形缝：是指防止建筑物在某些因素作用下引起开裂甚至破坏而预留的构造缝。根据外界破坏因素的不同，变形缝一般分为伸缩缝、沉降缝、防震缝三种。 2）与室内相通的变形缝，在建筑物内可以看得见的变形缝，应计算建筑面积。 3）与室内不相通的变形缝不计算建筑面积。如图2-32所示

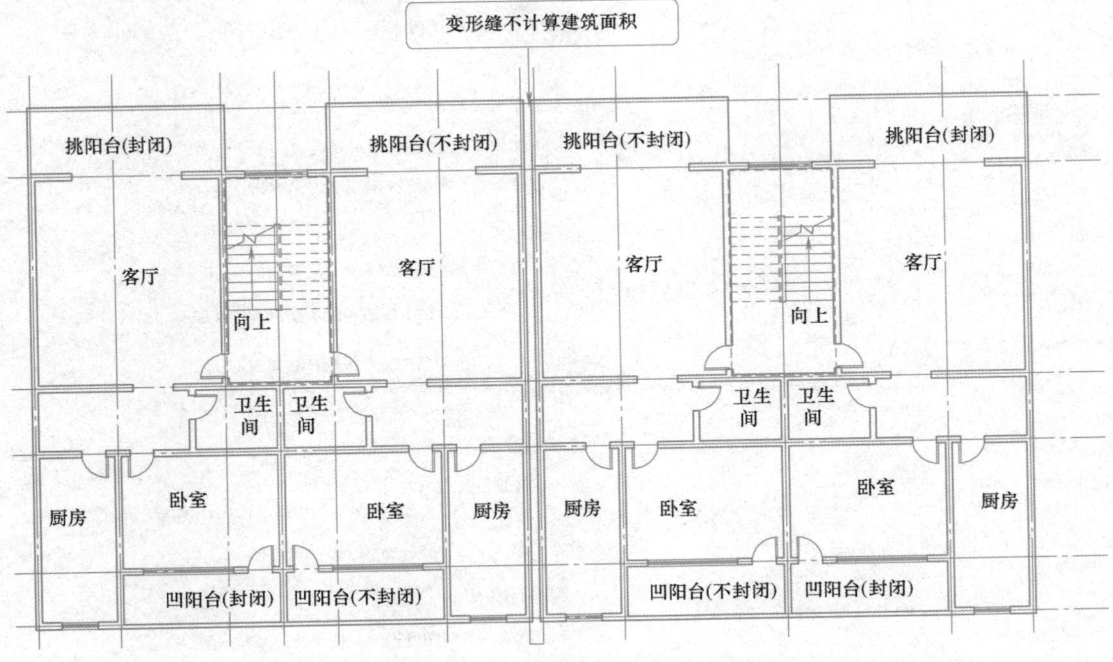

图2-32　建筑物内部不连通变形缝

续表

(26)对于建筑物内的设备层、管道层、避难层等有结构层的楼层	
对于建筑物内的设备层、管道层、避难层等有结构层的楼层，结构层高≥2.20m，应计算全面积；结构层高<2.20m的，应计算1/2面积	计算规则与普通楼层相同。在吊顶空间内设置管道的，则吊顶空间部分不能视为设备层、管道层

建筑面积的规定思维导图

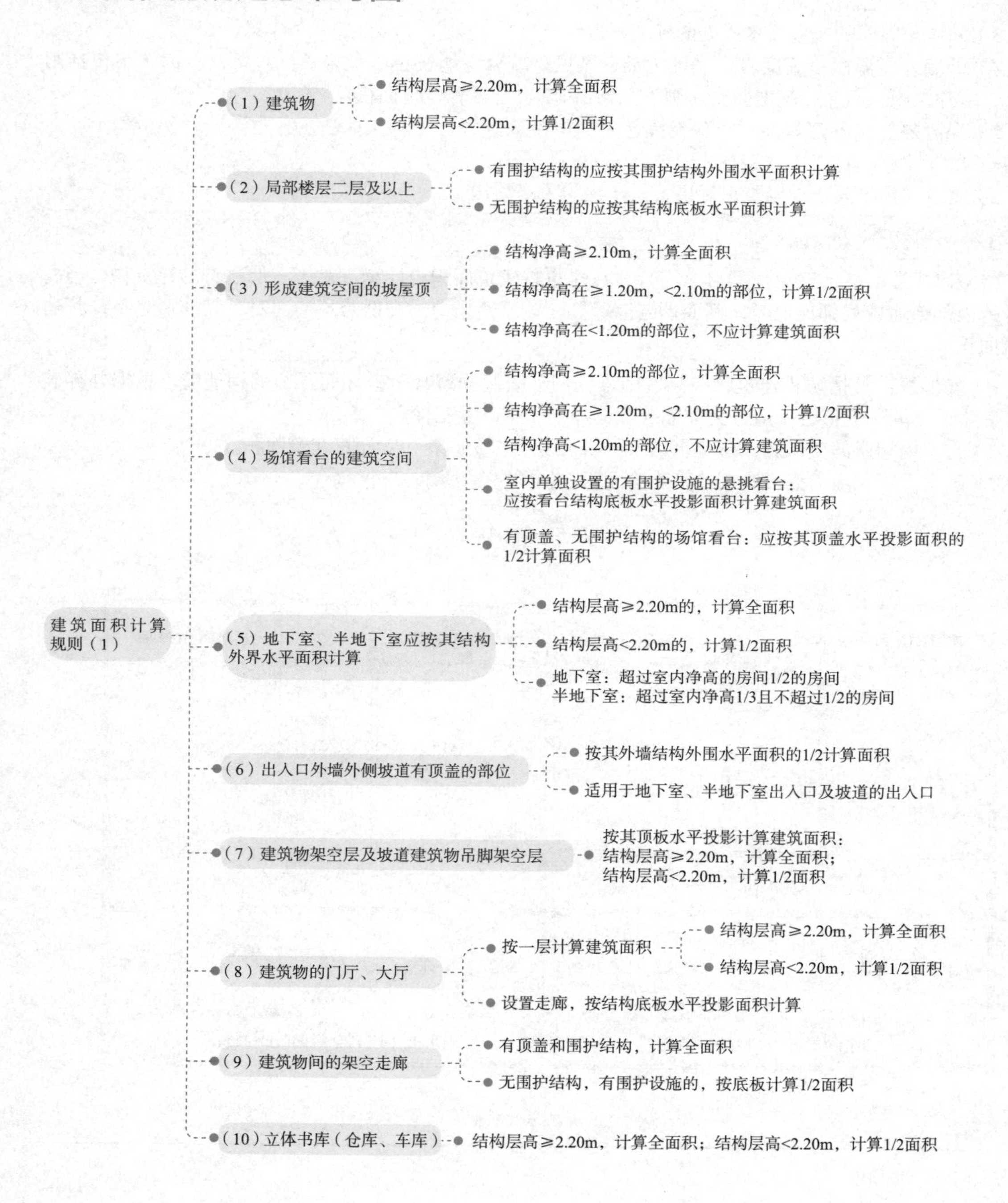

- 建筑面积计算规则（2）
  - （11）有围护结构的舞台顶光控制室
    - 按其围护结构外围水平面积计算：结构层高≥2.20m，计算全面积；结构层高<2.20m，计算1/2面积
  - （12）附属在建筑物外墙的落地橱窗
    - 应按其围护结构外围水平面积计算：结构层高≥2.20m，计算全面积；结构层高<2.20m，计算1/2面积
  - （13）凸（飘）窗
    - 与室内楼地面高差<0.45m且结构净高≥2.10m的凸（飘）窗，计算1/2面积
  - （14）走廊、檐廊
    - 有围护设施的室外走廊（挑廊），按其结构底板水平投影面积计算1/2面积
    - 有围护设施（或柱）的檐廊，按其围护设施（或柱）外围水平面积计算1/2面积
  - （15）门斗
    - 应按其围护结构外围水平面积计算建筑面积：结构层高≥2.20m，计算全面积；结构层高<2.20m，计算1/2面积
  - （16）门廊
    - 门廊应按其顶板水平投影面积的1/2计算建筑面积
    - 有柱雨篷
      - 结构板水平投影面积的1/2计算建筑面积
    - 无柱雨篷
      - 结构外边线至外墙结构外边线的宽度≥2.10m的，按雨篷结构板的水平投影面积1/2计算建筑面积
  - （17）建筑物顶部有围护结构的楼梯间、水箱间、电梯机房等
    - 结构层高≥2.20m，计算全面积
    - 结构层高<2.20m，计算1/2面积
    - 造型及装饰性：不计算建筑面积
  - （18）围护结构不垂直于水平面的楼层
    - 应按其底板面的外墙外围水平面积计算：结构净高≥2.10m的部位，计算全面积；结构净高≥1.20m且<2.10m的部位，计算1/2面积；结构净高在<1.20m的部位，不应计算建筑面积
  - （19）建筑物的室内楼梯、电梯井、提物井、管道井、通风排气竖井、烟道
    - 并入自然层，有顶盖的采光井按一层计算；结构净高≥2.10m，计算全面积；结构净高<2.10m，计算1/2面积
  - （20）室外楼梯
    - 并入所依附建筑物自然层计算，按其水平投影面积的1/2计算建筑面积
  - （21）阳台
    - 在主体结构内的阳台，按其结构外围水平面积计算全面积
    - 在主体结构外的阳台，按其结构底板水平投影面积计算1/2面积
  - （22）有顶盖、无围护结构的车棚、货棚、站台、加油站、收费站等
    - 应按其顶盖水平投影面积的1/2计算建筑面积
  - （23）幕墙
    - 起围护作用的按幕墙外边线计算建筑面积；装饰性幕墙不计算建筑面积
  - （24）建筑物的外墙外保温层
    - 应按其保温材料的水平截面积计算，并计入自然层建筑面积
  - （26）建筑物内的设备层、管道层、避难层等有结构层的楼层
    - 结构层高≥2.20m，计算全面积
    - 结构层高<2.20m的，计算1/2面积

习题及答案解析

一、习题

1 【单选】室外楼梯应并入所依附建筑物自然层，并应按其水平投影面积（　　）计算建筑面积。

A．全面积　　B．2/3　　C．1/2　　D．1/3

2 【单选】在主体结构内的阳台，应按其结构外围水平面积计算（　　）。

A．全面积　B．2/3面积　C．1/2面积　D．1/3面积

3 【单选】关于建筑面积，以下描述中正确的是（　　）。

A．结构层高在2.3m及以上的，应计算1/2面积

B．结构层高在2.2m及以上的，应计算全面积

C．结构层高在2.3m以下的，应计算1/2面积

D．结构层高在2.1m以下的，应计算1/2面积

4 【单选】窗台与室内楼地面高差在0 45m以下且结构净高在2.10m及以上的凸（飘）窗，应按其围护结构外围水平面积计算（　　）面积。

A．全部　B．1/2

C．3/4　D．1/3

5 【单选】房间地平面低于室外地平面的高度超过该房间净高的（　　）者为地下室。

A．1/2　B．2/3

C．1/3　D．1/4

6 【多选】关于建筑面积，说法正确的是（　　）。

A．建筑物的建筑面积应按自然层外墙结构外围水平面积之和计算

B．结构层高在2.2m及以上的，应计算全面积

C．结构层高在2.2m以下的，应计算1/2面积

D．结构净高在2.2m及以上的，应计算全面积

E．结构净高在2.2m以下的，应计算全面积

7 【多选】关于形成建筑空间的坡屋面建筑面积，说法正确的是（　　）。

A．结构净高在1.2m以下的部位不应计算建筑面积

B．结构净高在2.1m以上的部位应计算1/2面积

C．结构净高在1.2m及以上的部位应计算全面积

D．结构净高在1.2m以下的，应计算1/4面积

E．结构净高在1.2m及以上至2.1m以下的部位应计算1/2面积

8 【多选】建筑物内的（　　），应并入建筑物的自然层计算。

A．电梯井　B．管道井　C．烟道

D．提物井　E．变形缝

二、答案与解析

1 【答案】C

【解析】本题考查的是建筑面积的规定。室外楼梯应并入所依附建筑物自然层，并应按其水平投影面积的1/2计算建筑面积。

2 【答案】A

【解析】本题考查的是建筑面积的规定。在主体结构内的阳台，应按其结构外围水平面积计算全面积；在主体结构外的阳台，应按其结构底板水平投影面积的1/2计算。

3 【答案】B

【解析】本题考查的是建筑面积的规定。建筑物架空层及坡地建筑物吊脚架空层，应按其顶板水平投影计算建筑面积。结构层高在2.20m及以上的，应计算全面积；结构层高在2.20m以下的，应计算1/2面积。

4 【答案】B

【解析】本题考查的是建筑面积的规定。窗台与室内楼地面高差在0.45m以下且结构净高在2.10m及以上的凸（飘）窗，应按其围护结构外围水平面积计算1/2面积。

5 【答案】A

【解析】本题考查的是建筑面积的规定。室内地平面低于室外地平面的高度超过室内净高1/2的房间为地下室；室内地平面低于室外地平面的高度超过室内净高的1/3，且不超过1/2的房间为半地下室。

6 【答案】ABC

【解析】本题考查的是建筑面积的规定。建筑物的建筑面积应按自然层外墙结构外围水平面积之和计算。结构层高在2.2m及以上的，应计算全面积；结构层高在2.2m以下的，应计算1/2面积。

7 【答案】ACE

【解析】本题考查的是建筑面积的规定。形成建筑空间的坡屋顶结构净高在1.2m及以上的部位应计算全面积；结构净高在1.2m及以上至2.1m以下的部位应计算1/2面积；结构净高在1.2m以下的部位不应计算建筑面积。

8 【答案】ABCD

【解析】本题考查的是建筑面积的规定。建筑物的室内楼梯、电梯井、提物井、管道井、通风排气竖井、烟道应并入建筑物的自然层计算建筑面积。与室内相通的变形缝应按其自然层合并在建筑物建筑面积内计算；与室内不相通的变形缝不计算建筑面积。

2. 下列项目不应计算建筑面积

（1）与建筑内不相连通的建筑部件

与建筑内不相连通的建筑部件指的是依附于建筑物外墙外不与户室开门连通，起装饰作用的敞开挑台（廊）、平台，以及不与阳台相通的空调室外机搁板（箱）等设备平台部件

（2）骑楼、过街楼底层的开放公开空间和建筑物通道

骑楼：是指建筑底层沿街面后退且留出公共人行空间的建筑物，如图2-33所示。

过街楼：是指跨越道路上空并与两边建筑相连接的建筑物，如图2-34所示。

建筑物通道：为穿过建筑物而设置的空间，如图2-35所示

续表

（2）骑楼、过街楼底层的开放公开空间和建筑物通道

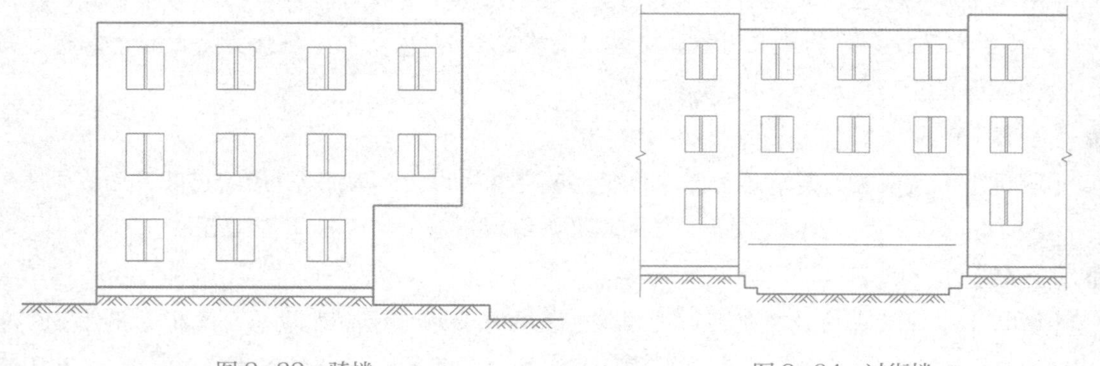

图2-33　骑楼　　　　图2-34　过街楼

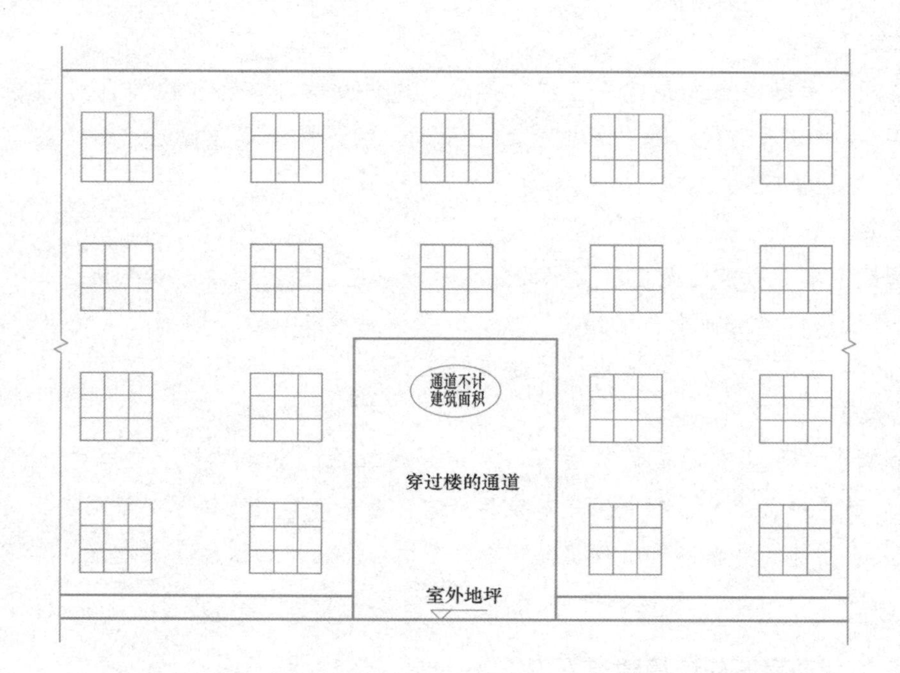

图2-35　建筑物通道

（3）舞台及后台悬挂幕布和布景的天桥、挑台等

舞台及后台悬挂幕布和布景的天桥、挑台等这里指的是影剧院的舞台及为舞台服务的可供上人维修、悬挂幕布、布置灯光及布景等搭设的天桥和挑台等构件设施

（4）露台、露天游泳池、花架、屋顶的水箱及装饰性结构构件

露台是指设置在屋面、首层地面或雨篷上的供人室外活动的有围护设施的平台，如图2-36所示

(4) 露台、露天游泳池、花架、屋顶的水箱及装饰性结构构件	
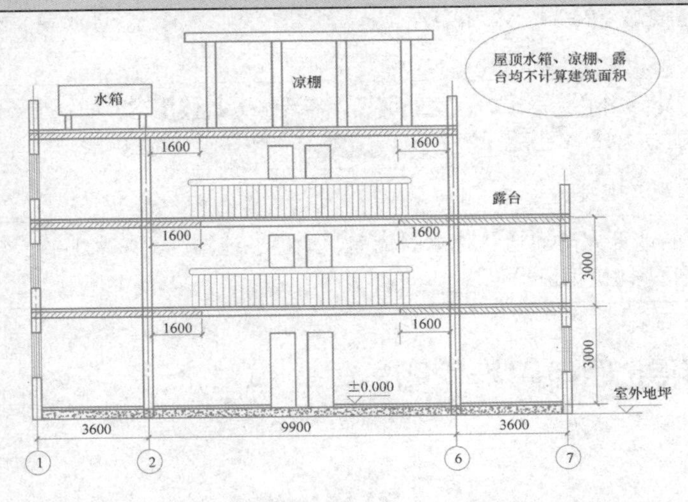 图2-36 某建筑物屋顶水箱、凉棚、露台平面图	
(5) 建筑物内的操作平台、上料平台、安装箱和罐体的平台	
建筑物内不构成结构层的操作平台、上料平台（工业厂房、搅拌站和料仓等建筑中的设备操作控制平台、上料平台等），其主要是为室内构筑物或设备服务的独立上人设施，因此不计算建筑面积，如图2-37所示	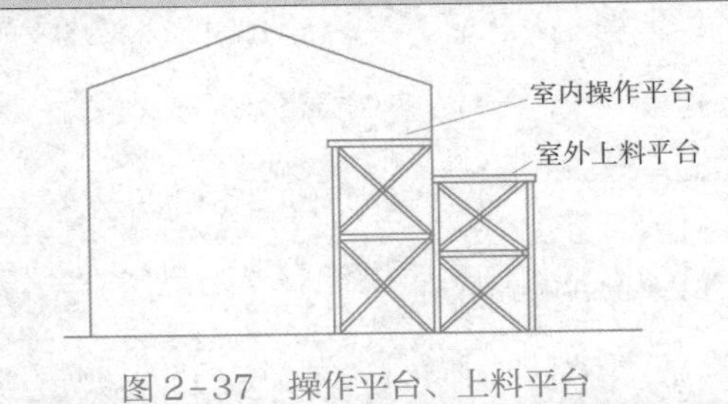 图2-37 操作平台、上料平台
其他不计算建筑面积的情况	
（6）勒脚、附墙柱、垛、台阶、墙面抹灰、装饰面、镶贴块料面层、装饰性幕墙，主体结构外的空调室外机搁板（箱）、构件、配件，挑出宽度在2.1m以下的无柱雨篷和顶盖高度达到或超过两个楼层的无柱雨篷，如图2-38所示。 附墙柱是指非结构性装饰柱； 台阶是指联系室内外地坪或同楼层不同标高面设置的阶梯形踏步 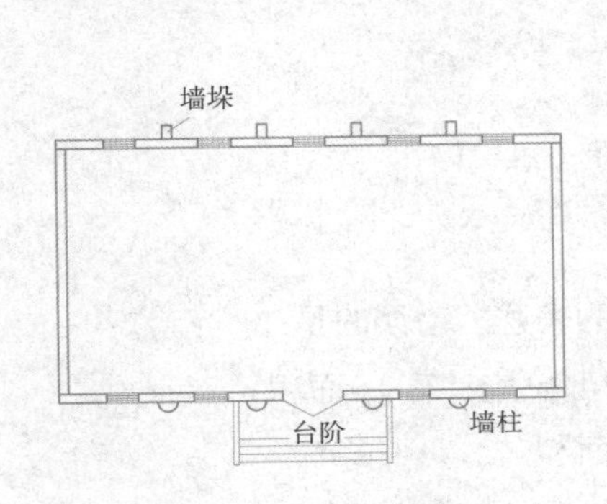 图2-38（a） 不计算面积的配件 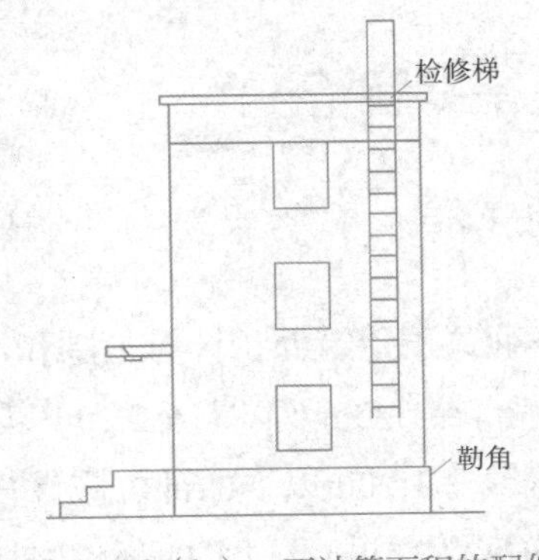 图2-38（b） 不计算面积的配件	

续表

其他不计算建筑面积的情况
（7）窗台与室内地面高差在0.45m以下且结构净高在2.10m以下的凸（飘）窗，窗台与室内地面高差在0.45m及以上的凸（飘）窗
（8）室外爬梯，室外专用消防钢楼梯；室外钢楼梯需要区分具体用途，如专用于消防楼梯，则不计算建筑面积，如果是建筑物唯一通道，兼用于消防，则需要计算建筑面积
（9）无围护结构的观光电梯
（10）建筑物以外的地下人防通道，独立的烟囱、烟道、地沟、油（水）罐、气柜、水塔、贮油（水）池，贮仓、栈桥等构筑物

不计算建筑面积的项目思维导图

不计算建筑面积的项目

- （1）与建筑内不相连通
- （2）骑楼、过街楼底层的开放公开空间和建筑物通道
- （3）舞台及后台悬挂幕布和布景的天桥、挑台
- （4）露台、露天游泳池、花架、屋顶的水箱及装饰性结构构件
- （5）建筑物内的操作平台、上料平台、安装箱和罐体的平台
- （6）勒脚、附墙柱、垛、台阶、墙面抹灰、装饰面、镶贴块料面层、装饰性幕墙
- （7）窗台与室内地面高差<0.45m且结构净高<2.10m的凸（飘）窗，窗台与室内地面高差≥0.45m的凸（飘）窗
- （8）室外爬梯，室外专用消防钢楼梯
- （9）无围护结构的观光电梯
- （10）建筑物以外的地下人防通道，独立的烟囱、烟道、地沟、油（水）罐、气柜、水塔、贮油（水）池，贮仓、栈桥等构筑物

习题及答案解析

一、习题

1 【单选】**下列关于建筑面积计算范围和规则的表述，错误的是（　　）。**

A．结构净高在1.20m及以上至2.10m以下的部位应计算1/2面积

B．结构净高在1.20m以下的部位应计算1/4面积

C．结构净高在2.10m及以上的部位应计算全面积

D．结构净高在1.20m以下的部位不应计算建筑面积

❷【单选】关于凸（飘）窗建筑面积的计算，下列说法正确的是（　　）。

A．窗台与室内地面高差在0.45m以下且结构净高在2.10m及以下的计算1/2面积

B．窗台与室内地面高差在0.45m及以上的凸（飘）窗计算1/2面积

C．窗台与室内地面高差在0.45m以下且结构净高在2.10m及以上的计算1/2面积

D．窗台与室内地面高差在0.45m以下且结构净高在2.10m及以上的计算全面积

❸【单选】以下选项中，应当计算面积的项目是（　　）。

A．室外爬梯、室内专用消防钢楼梯

B．无围护结构的观光电梯

C．与建筑物内不相连通的建筑部件

D．钢楼梯是建筑物通道，兼顾消防用途

❹【多选】下列项目不应计算面积的包括（　　）。

A．舞台及后台悬挂幕布和布景的天桥、挑台等

B．室外爬梯、室外专用消防钢楼梯

C．骑楼、过街楼底层的开放公共空间和建筑物通道

D．与建筑物内连通的变形缝

E．无围护结构的观光电梯

二、答案与解析

❶【答案】B

【解析】本题考查的是建筑面积计算规则。场馆看台下的建筑空间，结构净高在2.10m及以上的部位应计算全面积；结构净高在1.20m及以上至2.10m以下的部位应计算1/2面积；结构净高在1.20m以下的部位不应计算建筑面积。

❷【答案】C

【解析】本题考查的是建筑面积计算规则。窗台与室内楼地面高差在0.45m以下且结构净高在2.10m及以上的凸（飘）窗，应按其围护结构外围水平面积计算1/2面积，计算建筑面积的前提条件是两个条件同时满足。

❸【答案】D

【解析】本题考查的是建筑面积的计算规则。当钢楼梯是建筑物通道，兼顾消防用途时，则应计算建筑面积。

❹【答案】ABCE

【解析】本题考查的是不应计算建筑面积的项目。此处不应计算建筑面积的舞台及后台悬挂幕布和布景的天桥、挑台等；室外爬梯、室外专用消防钢楼梯；骑楼、过街楼底层的开放公共空间和建筑物通道；与建筑物内不相连通的建筑部件；无围护结构的观光电梯。

第三节　土建工程工程量计算规则及应用

2.3.1　土石方工程（编码：0101）

土石方工程包括土方工程、石方工程及回填工程。

1. 土方工程（编码：010101）

土方工程包括平整场地、挖一般土方、挖沟槽土方、挖基坑土方、冻土开挖、挖淤泥（流砂）、管沟土方等项目。

项目	划分规定	计算规则
（1）平整场地	建筑物场地厚度≤±300mm的挖、填、运、找平，应按平整场地项目编码列项。 厚度>300mm的竖向布置挖土或山坡切土应按一般土方项目编码列项	按设计图示尺寸以建筑物首层建筑面积计算。 项目特征包括土壤类别、弃土运距、取土运距
（2）挖沟槽土方	底宽≤7m，底长>3倍底宽为沟槽	按设计图示尺寸以基础垫层底面积乘以挖土深度计算。基础土方开挖深度应按基础垫层底表面标高至交付施工场地标高确定，无交付施工场地标高时，应按自然地面标高确定
（3）挖基坑土方	底长≤3倍底宽、底面积≤150m^{2}为基坑	
（4）挖一般土方	超出沟槽、基坑所述范围为一般土方	按设计图示尺寸以体积计算。挖土方平均厚度应按自然地面测量标高至设计地坪标高间的平均厚度确定。土石方体积应按挖掘前的天然密实体积计算，如需按天然密实体积折算时，应按表2－1中的系数计算

挖沟槽、基坑、一般土方因工作面和放坡增加的工程量（管沟工作面增加的工程量）是否并入各土方工程量中，按各省、自治区、直辖市或行业建设主管部门的规定实施。如并入各土方工程量中，办理工程结算时，按经发包人认可的施工组织设计规定计算，编制工程量清单时，可按表2－2、表2－3和表2－4规定计算。

土方体积折算系数表　　表2－1

天然密实体积	虚方体积	夯实后体积	松填体积
0.77	1.00	0.67	0.83
▲1.00	1.30	0.87	1.08
1.15	1.50	1.00	1.25
0.92	1.20	0.80	1.00

注：虚方指未经碾压，堆积时间≤1年的土壤。

放坡系数　表2-2

土类别	放坡起点（m）	人工挖土	机械挖土		
			坑内作业	坑上作业	顺沟槽在坑上作业
一、二类土	1.20	1：0.5	1：0.33	1：0.75	1：0.5
▲三类土	1.50	1：0.33	1：0.25	1：0.67	1：0.33
四类土	2.00	1：0.25	1：0.10	1：0.33	1：0.25

注：1．沟槽、基坑中土类别不同时，分别按其放坡起点、放坡系数、依据不同土类别厚度加权平均计算。
2．计算放坡时，在交接处的重复工程量不予扣除，原槽、坑作基础垫层时，放坡自垫层上表面开始计算。

基础施工所需工作面宽度计算表　表2-3

基础材料	每边各增加工作面宽度（mm）
砖基础	200
浆砌毛石、条石基础	150
混凝土基础垫层支模板	300
混凝土基础支模板	300
▲基础垂直面做防水层	1000（防水层面）

注：本表按《全国统一建筑工程预算工程量计算规则（土木工程）》GJDGZ-101—95整理。

管沟施工每侧工作面宽度计算表　表2-4

管道类型	管道结构宽			
	≤500	≤1000	≤2500	>2500
▲混凝土及钢筋混凝土管道	400	500	600	700
其他材质管道	300	400	500	600

注：1．本表按《全国统一建筑工程预算工程量计算规则（土木工程）》GJDGZ-101—95整理。
2．管道结构宽：有管座的按基础外缘，无管座的按管道外径。

项目	计算规则
（5）冻土开挖	按设计图示尺寸开挖面积乘以厚度以体积计算
（6）挖淤泥、流砂	按设计图示位置、界限以体积计算。挖方出现流砂、淤泥时，如设计未明确，在编制工程量清单时，其工程数量可为暂估量，结算时应根据实际情况由发包人与承包人双方现场签字确认工程量
（7）管沟土方	按设计图示以管道中心线长度计算，或按设计图示管底垫层面积乘以挖土深度以体积计算。无管底垫层按管外径的水平投影面积乘以挖土深度计算。不扣除各类井的长度，井的土方并入。 适用：管道（给水排水、工业、电力、通信）、光（电）缆沟[包括人（手）孔、接口坑]及连接井（检查井）等。 1）有管沟设计时，平均深度以沟垫层底面标高至交付施工场地标高计算。 2）无管沟设计时，直埋管深度应按管底外表面标高至交付施工场地标高的平均高度计算

2. 石方工程（编号：010102）

项目	划分规定	计算规则
（1）挖一般石方	厚度>±300mm的竖向布置挖石或山坡凿石应按挖一般石方项目编码列项	按设计图示尺寸以体积计算。石方体积应按挖掘前的天然密实体积计算，非天然密实石方体积按表2-5折算

石方体积折算系数　　表2-5

石方类别	天然密实度体积	虚方体积	松填体积	码方
石方	1.00	1.54	1.31	—
块石	1.00	1.75	1.43	1.67
砂夹石	1.00	1.07	0.94	—

注：本表按《爆破工程消耗量定额》GYD-102—2008整理。

项目	划分规定	计算规则
（2）挖沟槽（基坑）石方	沟槽、基坑、一般石方的划分为：底宽≤7m且底长>3倍底宽为沟槽；底长≤3倍底宽且底面积≤150m²为基坑；超出上述范围则为一般石方	按设计图示尺寸沟槽（基坑）底面积乘以挖石深度以体积计算
（3）管沟石方	按设计图示以管道中心线长度计算，或按设计图示截面积乘以长度以体积计算。 1）有管沟设计时，平均深度以沟垫层底面标高至交付施工场地标高计算。 2）无管沟设计时，直埋管深度应按管底外表面标高至交付施工场地标高的平均高度计算。 适用：管道（给水排水、工业、电力、通信）、光（电）缆沟[包括人（手）孔、接口坑]及连接井（检查井）等	

3. 回填工程（编号：010103）

回填工程包括回填方、余方弃置等项目。

项目	计算规则
（1）回填方	按设计图示尺寸以体积计算。 1）场地回填：回填面积乘以平均回填厚度。 2）室内回填：主墙间净面积乘以回填厚度，不扣除间隔墙。 3）基础回填：挖方清单项目工程量减去自然地坪以下埋设的基础体积（包括基础垫层及其他构筑物）
（2）余方弃置	按挖方清单项目工程量减去利用回填方体积（正数）计算

土石方工程思维导图

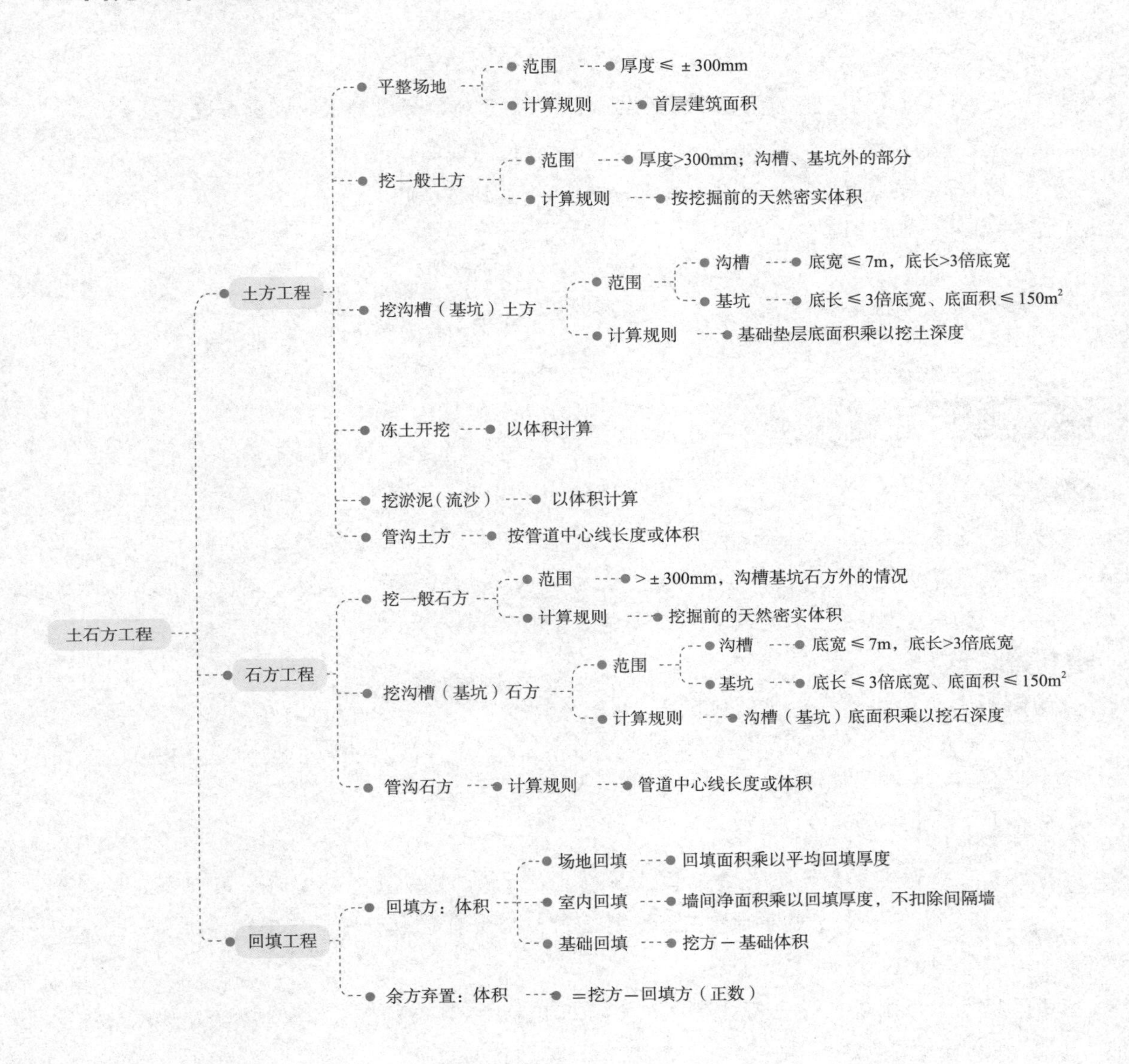

习题及答案解析

一、习题

1 【单选】根据《房屋建筑与装饰工程工程量计算规范》GB 50854－2013，当土方开挖底长≤3倍底宽，且底面积为125m^2，清单项应列为（　　）。

A．平整场地　　B．挖一般土方

C．挖沟槽土方　　D．挖基坑土方

2 【单选】人工平整场地，挖填土方厚度在300mm以上时应按（　　）计算。

A. 挖基坑土方　　B. 平整场地

C. 挖土方　　D. 挖沟槽土方

3 【单选】基础土方、石方开挖深度应按（　　）标高至交付施工场地标高确定。

A. 设计室外地面　　B. 自然地面

C. 基础垫层底面　　D. 基础基层底面

4 【多选】以下哪些属于石方工程（　　）。

A. 挖一般石方　　B. 挖管沟石方

C. 挖沟槽石方　　D. 回填工程

E. 挖基坑石方

二、答案与解析

1 【答案】D

【解析】本题考查的是土石方工程。沟槽、基坑、一般土方的划分为：底宽≤7m，底长>3倍底宽为沟槽；底长≤3倍底宽、底面积≤150m²为基坑；超出上述范围则为一般土方，根据这个划分原则可判断出此题清单项应为挖一般土方。

2 【答案】C

【解析】本题考查的是土石方工程。建筑物场地厚度≤±300mm的挖、填、运、找平，应按平整场地项目编码列项。厚度>±300mm的竖向布置挖土或山坡切土应按一般土方项目编码列项。

3 【答案】C

【解析】本题考查的是土石方工程。基础土方开挖深度应按基础垫层底表面标高至交付施工场地标高确定，无交付施工场地标高时，应按自然地面标高确定。

4 【答案】ABCE

【解析】本题考查的是土石方工程。石方工程包括挖一般石方、挖沟槽石方、挖基坑石方、挖管沟石方等项目。

2.3.2 地基处理与边坡支护工程（编号：0102）

地基处理与边坡支护工程包括地基处理、基坑与边坡支护。

1. 地基处理（编号：010201）

项目	计算规则
（1）换填垫层	按设计图示尺寸以体积计算
（2）铺设土工合成材料	按设计图示尺寸以面积计算

续表

项目	计算规则
（3）预压地基、强夯地基、振冲密实（不填料）	均按设计图示处理范围以面积计算
（4）振冲桩（填料）	1）以米计量：按设计图示尺寸以桩长计算。 2）以立方米计量：按设计桩截面乘以桩长以体积计算
（5）砂石桩	1）以米计量：按设计图示尺寸以桩长（包括桩尖）计算。 2）以立方米计量：按设计桩截面乘以桩长（包括桩尖），以体积计算
（6）水泥粉煤灰碎石桩、夯实水泥土桩、石灰桩、灰土（土）挤密桩	以米计量，按设计图示尺寸以桩长（包括桩尖）计算
（7）深层搅拌桩、粉喷桩、柱锤冲扩桩	以米计量，按设计图示尺寸以桩长计算
（8）注浆地基	1）以米计量，按设计图示尺寸以钻孔深度计算。 2）以立方米计量，按设计图示尺寸以加固体积计算
（9）褥垫层	1）以平方米计量，按设计图示尺寸以铺设面积计算。 2）以立方米计量，接设计图示尺寸以体积计算

2. 基坑与边坡支护（编号：010202）

项目	计算规则
（1）地下连续墙	设计图示墙中心线长乘以厚度乘以槽深，以体积计算
（2）咬合灌注桩	1）以米计量，按设计图示尺寸以桩长计算。 2）以根计量，按设计图示数量计算
（3）圆木桩、预制钢筋混凝土板桩	1）以米计量，按设计图示尺寸以桩长（包括桩尖）计算。 2）以根计量，按设计图示数量计算
（4）型钢桩	1）以吨计量，按设计图示尺寸以质量计算。 2）以根计量，按设计图示数量计算
（5）钢板桩	1）以吨计量，按设计图示尺寸以质量计算。 2）以平方米计量，按设计图示墙中心线长乘以桩长，以面积计算
（6）锚杆（锚索）、土钉	1）以米计量，按设计图示尺寸以钻孔深度计算。 2）以根计量，按设计图示数量计算
（7）喷射混凝土、水泥砂浆	按设计图示尺寸以面积计算
（8）钢筋混凝土支撑、钢支撑	1）钢筋混凝土支撑按设计图示尺寸以体积计算。 2）钢支撑按设计图示尺寸以质量计算，不扣除孔眼质量，焊条、铆钉、螺栓等不另增加质量

地基处理及边坡支护工程思维导图

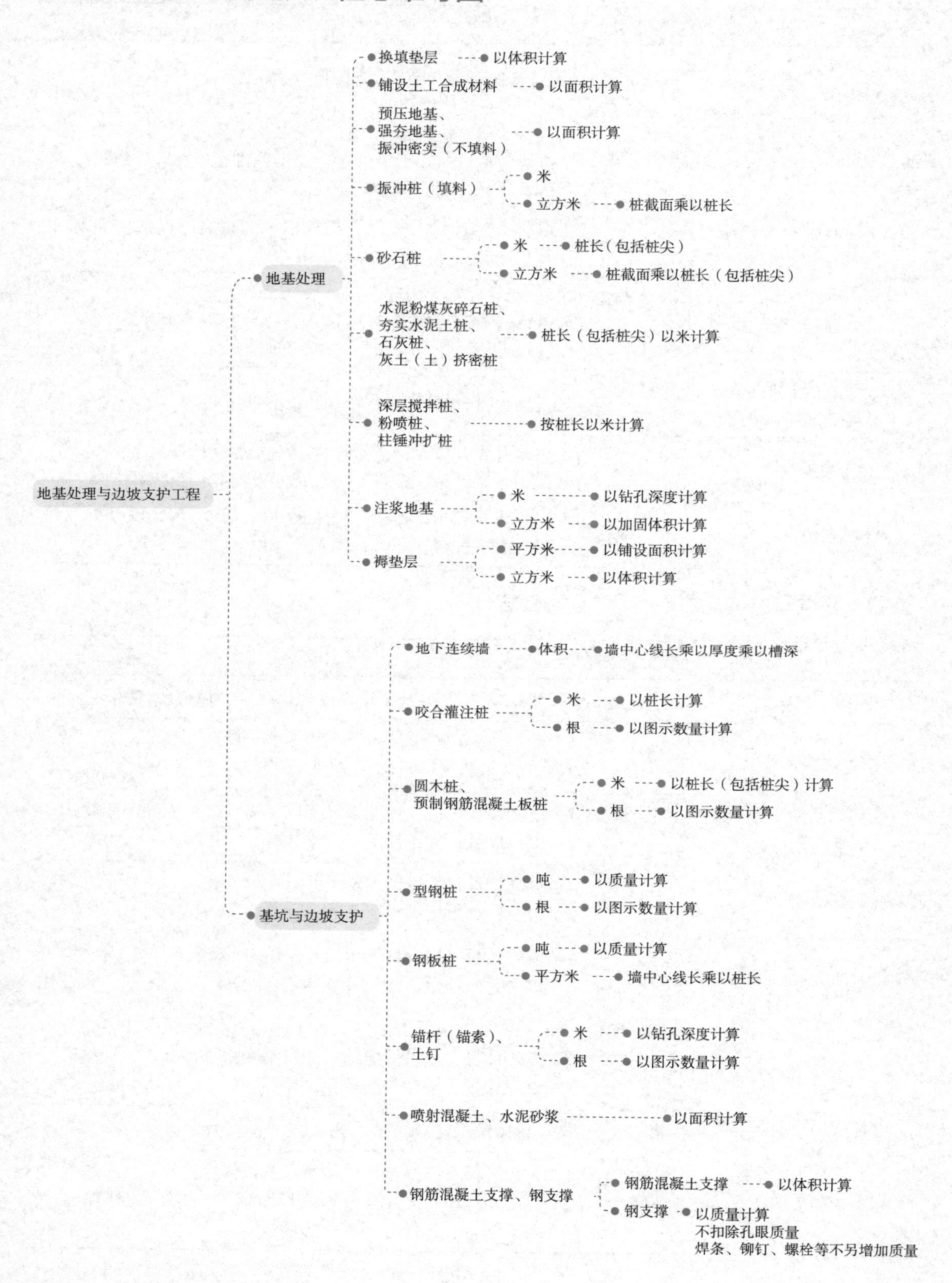

习题及答案解析

一、习题

❶【单选】**关于地下连续墙计算规则正确的是（　　）。**

A．设计图示墙中心线长乘以厚度乘以槽深，以体积计算

B．设计图示墙中心线长以长度计算

C．设计图示墙净长线长乘以厚度乘以槽深，以体积计算

D．设计图示墙外边线长乘以厚度乘以槽深，以体积计算

❷【单选】**关于喷射水泥砂浆计算规则正确的是（　　）。**

A．按设计图示尺寸以体积计算

B．按设计图示尺寸以长度计算

C．按设计图示尺寸以重量计算

D．按设计图示尺寸以面积计算

❸【多选】**下列关于地基处理的项目以面积计算的为（　　）。**

A．换填垫层

B．铺设土工合成材料

C．预压地基

D．褥垫层

E．注浆地基

❹【多选】**下列关于型钢桩的计算规则是以（　　）计算。**

A．以吨计量

B．以根计量

C．以立方米计量

D．以平方米计量

E．以米计量

二、答案与解析

❶ **【答案】**A

【解析】此题考查的是地基处理与边坡支护工程。地下连续墙按设计图示墙中心线长乘以厚度乘以槽深，以体积计算。

❷ **【答案】**D

【解析】此题考查的是地基处理与边坡支护工程。喷射混凝土、水泥砂浆按设计图示尺寸以面积计算。

❸ **【答案】**BCD

【解析】此题考查的是地基处理与边坡支护工程。换填垫层按设计图示尺寸以体积计算，铺设土工合成材料按设计图示尺寸以面积计算；预压地基、强夯地基、振冲密实（不填料按设计图示尺寸以面积计算。褥垫层：①以平方米计量，按设计图示尺寸以铺设面积计算；②以立方米计量，按设计图示尺寸以体积计算。注浆地基：①以米计量，按设计图示尺寸以钻孔深度计算；②以立方米计量，按设计图示尺寸以加固体积计算。

❹【答案】AB

【解析】此题考查地基处理与边坡支护工程。型钢桩：①以吨计量，按设计图示尺寸以质量计算；②以根计量，按设计图示数量计算。

2.3.3 桩基础工程（编号：0103）

桩基础工程包括打桩、灌注桩。

1. 打桩（编号：010301）

项目	计算规则
（1）预制钢筋混凝土方桩、预制钢筋混凝土管桩	1）以米计量，按设计图示尺寸以桩长（包括桩尖）计算。 2）以立方米计量，按设计图示截面积乘以桩长（包括桩尖），以体积计算。 3）以根计量，按设计图示数量计算
（2）钢管桩	1）以吨计量，按设计图示尺寸以质量计算。 2）以根计量，按设计图示数量计算
（3）截（凿）桩头	1）以立方米计量，按设计桩截面乘以桩头长度，以体积计算。 2）以根计量，按设计图示数量计算。 适用：地基处理与边坡支护工程、桩基础工程所列桩的桩头截（凿）

2. 灌注桩（编号：010302）

项目	计算规则
（1）泥浆护壁成孔灌注桩、沉管灌注桩、干作业成孔灌注桩	1）以米计量，按设计图示尺寸以桩长（包括桩尖）计算。 2）以立方米计量，按不同截面在桩上范围内以体积计算。 3）以根计量，按设计图示数量计算
（2）挖孔桩土（石）方	按设计图示尺寸（含护壁）截面积乘以挖孔深度，以体积计算
（3）人工挖孔灌注桩	1）以立方米计量，按桩芯混凝土体积计算。 2）以根计量，按设计图示数量计算
（4）钻孔压浆桩	1）以米计量，按设计图示尺寸以桩长计算。 2）以根计量，按设计图示数量计算
（5）灌注桩后压浆	按设计图示以注浆孔数计算

桩基础工程思维导图

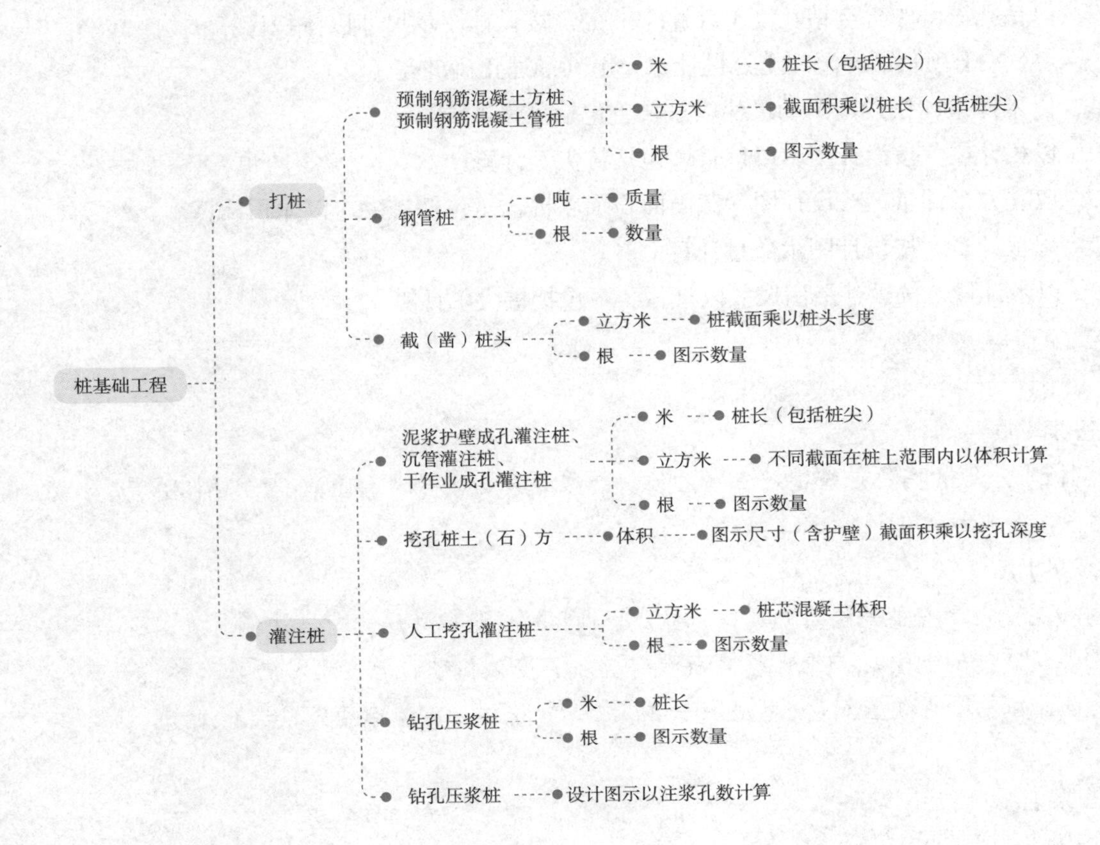

习题及答案解析

一、习题

1 【单选】**下列有关预制钢筋混凝土管桩计算规则的表述，说法错误的是（　　）。**

A. 以米计量，按设计图示尺寸以桩长（包括桩尖）计算

B. 以根计量，按设计图示数量计算

C. 以立方米计量，按设计图示截面面积乘以桩长（包括桩尖）以实体积计算

D. 以米计量，按设计图示尺寸以桩长（不包括桩尖）计算

2 【单选】**关于桩基础的列项及工程量计算规则正确的是（　　）。**

A. 预制钢筋混凝土管桩试验桩应在工程量清单中单独列项

B. 预制钢筋混凝土方桩试验桩工程量应并入预制钢筋混凝土方桩项目

C. 现场凿截桩头工程量不单独列项，并入桩工程量计算

D. 挖孔桩土方按设计桩长（包括桩尖）以米计算

❸【单选】**下列钻孔压浆桩的工程量计算方法正确的为（　　）。**

A. 按设计图示尺寸以桩长计算　　B. 按设计图示以注浆体积计算

C. 以钻孔深度（含空钻长度）计算　　D. 按设计图示尺寸以体积计算

❹【多选】**关于预制钢筋混凝土方桩计量，下列描述正确的是（　　）。**

A. 以米计量，按设计图示尺寸以桩长（包括桩尖）计算

B. 以根计量，按设计图示以桩长（包括桩尖）计算

C. 以立方米计量，按设计图示截面面积乘以桩长（包括桩尖）以体积计算

D. 以根计量，按设计图示数量计算

E. 以米计量，按设计图示尺寸以桩长（不包括桩尖）计算

二、答案与解析

❶ **【答案】D**

【解析】此题考查的是桩基础工程。预制钢筋混凝土管桩以米计量，按设计图示尺寸以桩长（包括桩尖）计算。

❷ **【答案】A**

【解析】此题考查的是桩基础工程。打试验桩和打斜桩应按相应项目单独列项。截（凿）桩头以立方米计量，按设计桩截面乘以桩头长度以体积计算；以根计量，按设计图示数量计算。挖孔桩土（石）方按设计图示尺寸（含护壁）截面积乘以挖孔深度，以体积计算。

❸ **【答案】A**

【解析】此题考查的是桩基础工程。钻孔压浆成桩法是一种能在地下水位高、流沙、塌孔等各种复杂条件下进行成孔、成桩，且能使桩体与周围土体致密结合的钢筋混凝土桩。钻孔压浆桩工程量以米计量，按设计图示尺寸以桩长计算；或以根计量，按设计图示数量计算。

❹ **【答案】ACD**

【解析】此题考查的是桩基础工程。预制钢筋混凝土方桩、预制钢筋混凝土管桩以米计量，按设计图示尺寸以桩长（包括桩尖）计算；或以立方米计量，按设计图示截面面积乘以桩长（包括桩尖）以体积计算；或以根计量，按设计图示数量计算。

2.3.4 砌筑工程（编号：0104）

砌筑工程包括砖砌体、砌块砌体、石砌体、垫层。

1. 砖砌体（编号：010401）

砖砌体项目的有关说明：

（1）砖砌体勾缝按墙面抹灰中“墙面勾缝”项目编码列项，实心砖墙、多孔砖墙、空心砖墙等项目工作内容中不包括勾缝，包括刮缝。

（2）标准砖尺寸应为240mm × 115mm × 53mm，标准砖墙厚度应按表2－6计算。

标准砖墙厚度表　　表2－6

砖数（厚度）	1/4	1/2	3/4	1	$1\frac{1}{2}$	2	$2\frac{1}{2}$	3
计算厚度（mm）	53	115	180	240	365	490	615	740

（3）基础与墙（柱）身的划分：

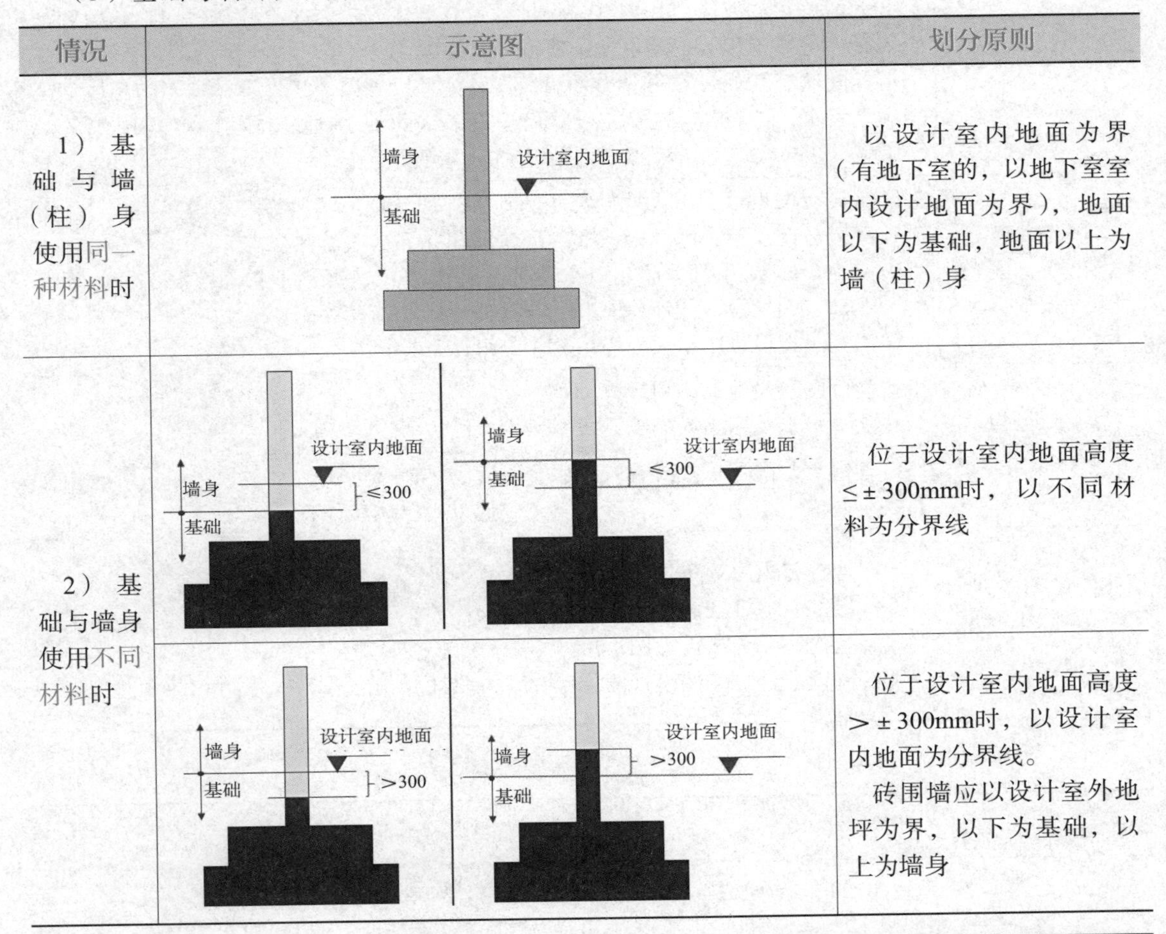

情况	示意图	划分原则
1）基础与墙（柱）身使用同一种材料时	墙身 / 设计室内地面 / 基础	以设计室内地面为界（有地下室的，以地下室室内设计地面为界），地面以下为基础，地面以上为墙（柱）身
2）基础与墙身使用不同材料时	墙身 / 设计室内地面 / ≤300 / 基础	位于设计室内地面高度≤±300mm时，以不同材料为分界线
	墙身 / 设计室内地面 / ＞300 / 基础	位于设计室内地面高度＞±300mm时，以设计室内地面为分界线。 砖围墙应以设计室外地坪为界，以下为基础，以上为墙身

项目	计算规则
1）砖基础	工程量按设计图示尺寸以体积计算，包括附墙垛基础宽出部分体积。 扣除地梁（圈梁）、构造柱所占体积。 不扣除基础大放脚T形接头处的重叠部分及嵌入基础内的钢筋、铁件、管道、基础砂浆防潮层和单个面积≤0.3m2的孔洞所占体积，靠墙暖气沟的挑檐不增加。 基础长度的确定：外墙基础按外墙中心线计算，内墙基础按内墙净长线计算

续表

项目	计算规则
2）实心砖墙、多孔砖墙、空心砖墙	①按设计图示尺寸以体积计算。 扣除门窗、洞口、嵌入墙内的钢筋混凝土柱、梁、圈梁、挑梁、过梁及凹进墙内的壁龛、管槽、暖气槽、消火栓箱所占体积。 不扣除梁头、板头、檩头、垫木、木楞、沿缘木、木砖、门窗走头、砖墙内加固钢筋、木筋、铁件、钢管及单个面积≤0.3m²的孔洞所占的体积。 凸出墙面的腰线、挑檐、压顶、窗台线、虎头砖、门窗套的体积也不增加。 凸出墙面的砖垛并入墙体体积内计算。 附墙烟囱、通风道、垃圾道应按设计图示尺寸以体积（扣除孔洞所占体积）计算并入所依附的墙体体积内。当设计规定孔洞内需抹灰时，应按“墙、柱面装饰与隔断、幕墙工程”中零星抹灰项目编码列项。 框架间墙工程量计算不分内外墙，按墙体净尺寸以体积计算。围墙的高度算至压顶上表面（如有混凝土压顶时，算至压顶下表面），围墙柱并入围墙体积内计算。 ②墙长度的确定：外墙按中心线计算，内墙按净长线计算
3）空斗墙、空花墙、填充墙	①空斗墙按设计图示尺寸以空斗墙外形体积计算。墙角、内外墙交接处、门窗洞口立边、窗台砖、屋檐处的实砌部分体积并入空斗墙体积内。 ②空花墙按设计图示尺寸以空花部分外形体积计算，不扣除空洞部分体积。“空花墙”项目适用于各种类型的空花墙。 ③填充墙按设计图示尺寸以填充墙外形体积计算
4）实心砖柱、多孔砖柱	按设计图示尺寸以体积计算。 扣除混凝土及钢筋混凝土梁垫、梁头、板头所占体积
5）零星砌砖	砖砌锅台与炉灶可按外形尺寸以个计算，砖砌台阶可按水平投影面积以面积计算，小便槽、地垄墙可按长度计算，其他工程以体积计算
6）砖检查井、散水、地坪、地沟、明沟、砖砌挖孔桩护壁	①砖检查井以座为单位，按设计图示数量计算。 ②砖散水、地坪按设计图示尺寸以面积计算。 ③砖地沟、明沟按设计图示尺寸以中心线长度计算。 ④砖砌挖孔桩护壁按设计图示尺寸以体积计算

（4）砌体清单计算规则：

实心砖墙、多孔砖墙、空心砖墙高度的确定		
1）外墙	斜（坡）屋面无檐口天棚	算至屋面板底
	有屋架且室内外均有天棚	算至屋架下弦底另加200mm
	无天棚	算至屋架下弦底另加300mm
	出檐宽度超过600mm	按实砌高度计算
	有钢筋混凝土楼板隔层	算至板顶
	平屋顶	算至钢筋混凝土板底

续表

实心砖墙、多孔砖墙、空心砖墙高度的确定		
2）内墙	位于屋架下弦	算至屋架下弦底
	无屋架	算至天棚底另加100mm
	有钢筋混凝土楼板隔层	算至楼板顶
	有框架梁	算至梁底
3）女儿墙	从屋面板上表面算至女儿墙顶面（如有混凝土压顶时，算至压顶下表面）	
4）内、外山墙	按其平均高度计算	

砖砌体思维导图

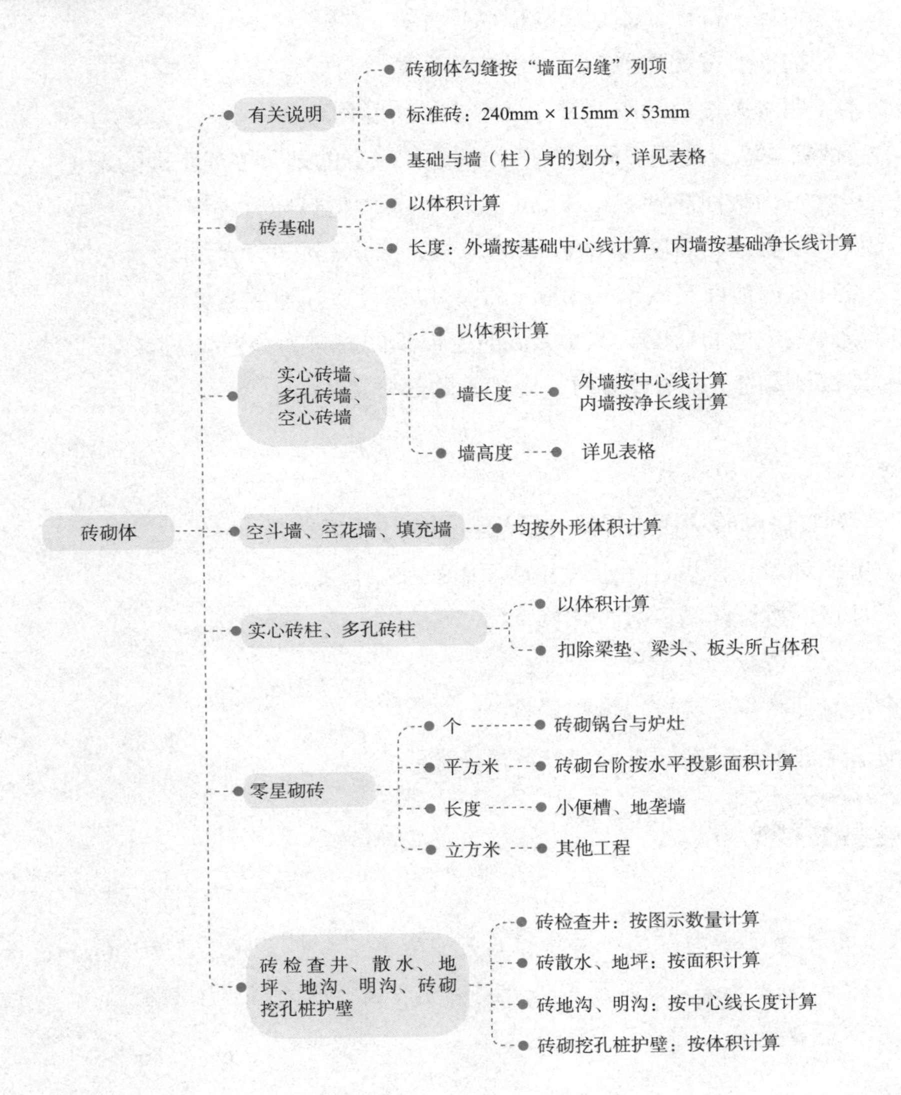

习题及答案解析

一、习题

1 【单选】**下列关于实心砖墙高度计算的说法正确的是（　　）。**

A．外墙无天棚时算至屋架下弦底另加200mm

B．女儿墙从屋面板下表面算至女儿墙顶面

C．内墙位于屋架下弦时，算至屋架下弦底另加100mm

D．出檐宽度超过600mm时，按实砌高度计算

2 【单选】**关于砖砌体计算规则，下列说法错误的是（　　）。**

A．砖检查井按设计图示体积计算

B．砖散水（地坪）按设计图示尺寸以面积计算

C．砖砌挖孔桩护壁按设计图示尺寸以体积计算

D．砖地沟（明沟）按设计图示尺寸以中心线长度计算

3 【单选】**当基础与墙身使用不同材料时，基础和墙身的划分描述正确的是（　　）。**

A．位于设计室内地面高度≤±300mm时，以不同材料为分界线

B．位于设计室内地面高度≤±400mm时，以不同材料为分界线

C．位于设计室内地面高度≤±300mm时，以设计室外地坪为分界线

D．位于设计室内地面高度>±300mm时，以不同材料为分界线

4 【多选】**实心砖墙的工程量计算时，应扣除的部分是（　　）。**

A．洞口　　B．圈梁　　C．挑梁

D．梁头　　E．板头

5 【多选】**下列零星砌砖项目工程量计算规则的描述正确的是（　　）。**

A．以立方米计量，按设计图示尺寸截面面积乘以长度计算

B．以个计量，按设计图示数量计算

C．以米计量，按设计图示尺寸长度计算

D．砌台阶可按按图示尺寸以体积计算

E．砖砌锅台与炉灶可按外形尺寸以数量计算

二、答案与解析

1 **【答案】**D

【解析】此题考查的是砌筑工程。外墙无天棚者算至屋架下弦底另加300mm；女儿墙从屋面板，上表面算至女儿墙顶面（如有混凝土压顶时算至压顶下表面）；内墙位于屋架下弦者，算至屋架下弦底。

❷【答案】A

【解析】本题考查的是砌筑工程。①砖检查井以座为单位，按设计图示数量计算；②砖散水（地坪）按设计图示尺寸以面积计算；③砖地沟（明沟）按设计图示尺寸以中心线长度计算；④砖砌挖孔桩护壁按设计图示尺寸以体积计算。

❸【答案】A

【解析】本题考查的是砌筑工程。基础与墙身使用不同材料时的划分，位于设计室内地面高度≤±300mm时，以不同材料为分界线；位于设计室内地面高度>±300mm时，以设计室内地面为分界线。

❹【答案】ABC

【解析】本题考查的是砌筑工程。实心砖墙的计算规则，实心砖墙、多孔砖墙、空心砖墙：按设计图示尺寸以体积计算，扣除门窗、洞口、嵌入墙内的钢筋混凝土柱、梁、圈梁、挑梁、过梁及凹进墙内的壁龛、管槽、暖气槽、消火栓箱所占体积，不扣除梁头、板头、檩头、垫木、木楞、沿椽木、木砖、门窗走头、砖墙内加固钢筋、木筋、铁件、钢管及单个面积≤0.3m^2的孔洞所占的体积。

❺【答案】ABCE

【解析】本题考查的是砌筑工程。零星砌砖项目的计算规则分别应为：以立方米计量，按设计图示尺寸截面面积乘以长度计算；以平方米计量，按设计图示尺寸水平投影面积计算；以米计量，按设计图示尺寸长度计算；以个计量，按设计图示数量计算。砖砌锅台与炉灶可按外形尺寸以个计算；砌台阶可按水平投影面积以面积计算；小便槽、地垄墙可按长度计算、其他工程以体积计算。

2. 砌块砌体（编号：010402）

砖块砌体包括砌块墙、砌块柱等项目。

3. 石砌体（编号：010403）

石砌体有关说明：

（1）石基础、石勒脚、石墙的划分：

1）基础与勒脚应以设计室外地坪为界。

2）勒脚与墙身应以设计室内地面为界。

3）石围墙内外地坪标高不同时，应以较低地坪标高为界，以下为基础；内外地坪标高之差为挡土墙时，挡土墙以上为墙身。

（2）石砌体的工作内容包括了勾缝。

（3）工程量计算时，石墙和石柱分别与实心砖墙和实心砖柱一致。

项目	计算规则
1）石基础	按设计图示尺寸以体积计算。包括附墙垛基础宽出部分体积，不扣除基础砂浆防潮层及单个面积 $\leq 0.3m^2$ 的孔洞所占体积，靠墙暖气沟的挑檐不增加。 基础长度：外墙按中心线，内墙按净长线计算
2）石勒脚	适用：各种规格（粗料石、细料石等）、各种材质（砂石、青石、大理石、花岗石等）和各种类型（直形、弧形等）勒脚。其工程量按设计图示尺寸以体积计算。扣除单个面积 $>0.3m^2$ 孔洞所占体积
3）石挡土墙	适用：各种规格（粗料石、细料石、块石、毛石、卵石等）、各种材质（砂石、青石、石灰石等）和各种类型（直形、弧形、台阶形等）挡土墙。其工程量按设计图示尺寸以体积计算。石梯膀应按石挡土墙项目编码列项
4）石栏杆	适用：无雕饰的一般石栏杆。其工程量按设计图示尺寸以长度计算
5）石护坡	适用：各种石质和各种石料（粗料石、细料石、片石、块石、毛石、卵石等），其工程量按设计图示尺寸以体积计算
6）石台阶	石台阶项目包括石梯带（垂带），不包括石梯膀，其工程量按设计图示尺寸以体积计算
7）石坡道	石坡道按设计图示尺寸以水平投影面积计算
8）石地沟、明沟	石地沟、明沟按设计图示以中心线长度计算

石砌体思维导图

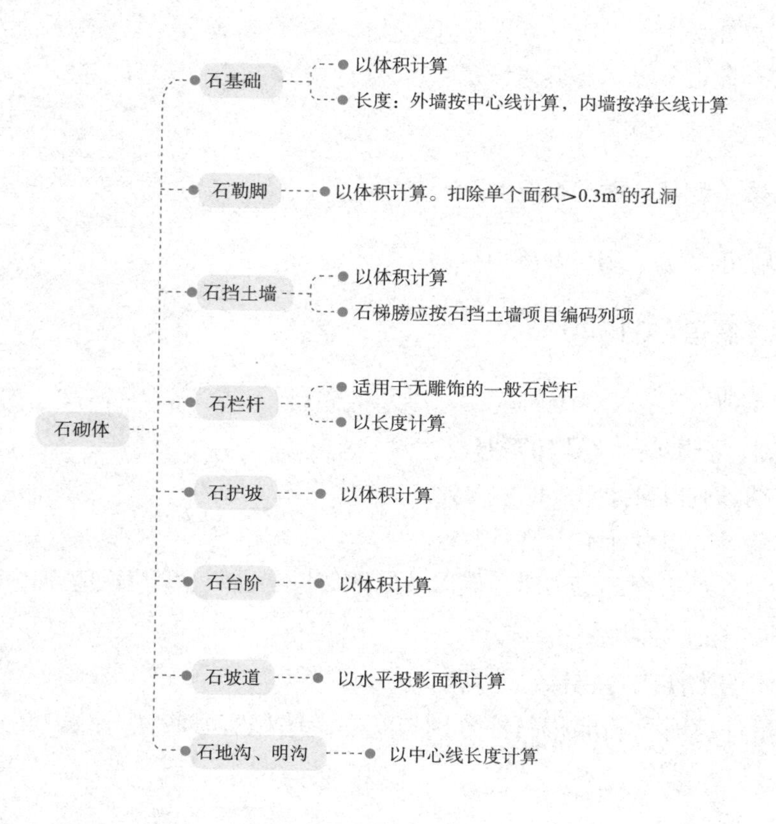

习题及答案解析

一、习题

1【单选】下列关于石砌体工程量计算正确的是（　　）。

A．勒脚与墙身应以设计室外地面为界

B．勒脚工程量按设计图示尺寸以延长米计算

C．石坡道按设计图示尺寸以水平投影面积计算

D．石护坡工程量按设计图示尺寸以面积计算

2【单选】下列砌筑工程量计算正确的是（　　）。

A．砖地沟按设计图示尺寸以面积计算

B．石挡土墙按设计图示尺寸以中心线长度计算

C．砖地坪按设计图示尺寸以体积计算

D．石坡道按设计图示尺寸以水平投影面积计算

3【多选】石砌体的工程量按体积计算的有（　　）。

A．石勒脚　B．石台阶　C．石基础

D．石护坡　E．石坡道

4【多选】石砌体的工程量按长度计算的有（　　）。

A．石栏杆　B．石勒脚　C．石基础

D．石地沟　E．石坡道

二、答案与解析

1【答案】C

【解析】此题考查的是砌筑工程。石砌体计算规则，勒脚与墙身应以设计室内地面为界；石勒脚工程量按设计图示尺寸以体积计算；石护坡工程量按设计图示尺寸以体积计算；石坡道按设计图示尺寸以水平投影面积计算。

2【答案】D

【解析】本题考查的是砌筑工程。砖地沟、明沟工程量计算以米计量，按设计图示尺寸以中心线长度计算；石挡土墙按设计图示尺寸以体积计算；砖地坪工程量计算按设计图示尺寸以面积计算；石坡道按设计图示尺寸以水平投影面积计算。

3【答案】ABCD

【解析】本题考查的是砌筑工程。石砌体计算规则，石坡道按设计图示尺寸以水平投影面积计算。

4【答案】AD

【解析】本题考查的是砌筑工程。石砌体计算规则，石栏杆项目适用于无雕饰的一般石

栏杆，其工程量按设计图示尺寸以长度计算。石地沟、明沟按设计图示尺寸以中心线长度计算；石勒脚工程量按设计图示尺寸以体积计算；石坡道按设计图示尺寸以水平投影面积计算。

4. 垫层（编号：010404）

除混凝土垫层外，没有包括垫层要求的清单项目应按该垫层项目编码列项，例如：灰土垫层、楼地面等（非混凝土）垫层。其工程量按设计图示尺寸以体积计算。

2.3.5 混凝土及钢筋混凝土工程（编号：0105）

1. 混凝土及钢筋混凝土工程包括现浇混凝土构件、预制混凝土构件及钢筋工程等部分。在计算现浇或预制混凝土和钢筋混凝土构件工程量时，不扣除构件内钢筋、螺栓、预埋铁件、张拉孔道所占体积，但应扣除劲性骨架的型钢所占体积。

项目及编码	计算规则
（1）现浇混凝土基础010501	包括垫层、带形基础、独立基础、满堂基础、桩承台基础、设备基础等项目。按设计图示尺寸以体积计算。不扣除构件内钢筋、预埋铁件和伸入承台基础的桩头所占体积
（2）现浇混凝土柱010502	现浇混凝土柱包括矩形柱、构造柱、异形柱等项目。按设计图示尺寸以体积计算。不扣除构件内钢筋、预埋铁件所占体积。 柱高按以下规定计算： 1）有梁板的柱高，应自柱基上表面（或楼板上表面）至上一层楼板上表面之间的高度计算。 2）无梁板的柱高，应自柱基上表面（或楼板上表面）至柱帽下表面之间的高度计算。 3）框架柱的柱高，应自柱基上表面至柱顶高度计算。 4）构造柱按全高计算，嵌接墙体部分并入柱身体积计算。 5）依附柱上的牛腿和升板的柱帽，并入柱身体积计算
（3）现浇混凝土梁010503	现浇混凝土梁包括基础梁、矩形梁、异形梁、圈梁、过梁、弧形梁（拱形梁）等项目。按设计图示尺寸以体积计算。不扣除构件内钢筋、预埋铁件所占体积，伸入墙内的梁头、梁垫并入梁体积内计算。 梁长的确定：梁与柱连接时，梁长算至柱侧面；主梁与次梁连接时，次梁长算至主梁侧面
（4）现浇混凝土墙010504	现浇混凝土墙包括直形墙、弧形墙、短肢剪力墙、挡土墙。按设计图示尺寸以体积计算。不扣除构件内钢筋，预埋铁件所占体积，扣除门窗洞口及单个面积＞0.3m² 的孔洞所占体积，墙垛及突出墙面部分并入墙体体积内计算。 短肢剪力墙：指截面厚度≤300mm、各肢截面高度与厚度之比的最大值＞4但≤8的剪力墙；各肢截面高度与厚度之比的最大值≤4的剪力墙，按柱项目编码列项

续表

项目及编码	计算规则
（5）现浇混凝土板010505	现浇混凝土板包括梁板、无梁板、平板、拱板、薄壳板、栏板、天沟（檐沟）及挑檐板、雨篷、悬挑板及阳台板、空心板、其他板等项目 1）有梁板、无梁板、平板、拱板、薄壳板、栏板 按设计图示尺寸以体积计算。不扣除构件内钢筋、预埋铁件及单个面≤0.3m^2的柱、垛以及孔洞所占体积；压形钢板混凝土楼板扣除构件内压形钢板所占体积。 有梁板（包括主、次梁与板）按梁、板体积之和计算。 无梁板按板和柱帽体积之和计算，各类板伸入墙内的板头并入板体积内计算。 薄壳板的肋、基梁并入薄壳体积内计算 2）天沟（檐沟）挑檐板：按设计图示尺寸以体积计算 3）雨篷、悬挑板、阳台板 按设计图示尺寸以墙外部分体积计算。包括伸出墙外的牛腿和雨篷挑檐的体积。现浇挑檐、天沟板、雨篷、阳台与板（包括屋面板、楼板）连接时，以外墙外边线为分界线；与圈梁（包括其他梁）连接时，以梁外边线为分界线 4）空心板：按设计图示尺寸以体积计算。空心板（GBF高强薄壁蜂巢芯板等）应扣除空心部分体积
（6）现浇混凝土楼梯010506	现浇混凝土楼梯包括直形楼梯、弧形楼梯。 1）以平方米计量，按设计图示尺寸以水平投影面积计算，不扣除宽度≤500mm的楼梯井，伸入墙内部分不计算。 2）以立方米计量，按设计图示尺寸以体积计算。 整体楼梯（包括直形楼梯、弧形楼梯）水平投影面积包括休息平台、平台梁、斜梁和楼梯的连接梁。当整体楼梯与现浇楼板无梯梁连接时，以楼梯的最后一个踏步边缘加300mm为界
（7）现浇混凝土其他构件010507	1）散水、坡道、室外地坪，按设计图示尺寸以面积计算。不扣除单个面积≤0.3m^2的孔洞所占面积。不扣除构件内钢筋、预埋铁件所占体积。 2）电缆沟、地沟，按设计图示以中心线长度计算。 3）台阶，以平方米计量，按设计图示尺寸水平投影面积计算；或以立方米计量，按设计图示尺寸以体积计算。 4）扶手、压顶。以米计量，按设计图示的中心线延长米计算；或以立方米计量，按设计图示尺寸以体积计算。 5）化粪池、检查井。以立方米计量，按设计图示尺寸以体积计算；或以座计量，按设计图示数量计算。 6）其他构件，主要包括现浇混凝土小型池槽、垫块、门框等，按设计图示尺寸以体积计算
（8）后浇带010508	适用：梁、墙、板的后浇带。其工程量按设计图示尺寸以体积计算
（9）预制混凝土柱010509	预制混凝土柱包括矩形柱、异形柱。 以立方米计量时，按设计图示尺寸以体积计算。 以根计量时，按设计图示尺寸以数量计算，项目特征必须描述单件体积
（10）预制混凝土梁010510	预制混凝土梁包括矩形梁、异形梁、过梁、拱形梁、鱼腹式吊车梁和其他梁。 以立方米计量时，按设计图示尺寸以体积计算。 以根计量时，按设计图示尺寸以数量计算

续表

项目及编码	计算规则
（11）预制混凝土屋架010511	预制混凝土屋架包括折线型屋架、组合屋架、薄腹屋架、门式刚架屋架、天窗架屋架。 以立方米计量时，按设计图示尺寸以体积计算。 以榀计量时，按设计图示尺寸以数量计算，项目特征必须描述单件体积
（12）预制混凝土板010512	预制混凝土板包括平板、空心板、槽形板、网架板、折线板、带肋板、大型板、沟盖板（井盖板）和井圈。 以块、套计量时，项目特征必须描述单件体积。 1）平板、空心板、槽形板、网架板、折线板、带肋板、大型板。以立方米计量时，按设计图示尺寸以体积计算，不扣除单个面积≤300mm × 300mm的孔洞所占体积，扣除空心板空洞体积；以块计量时，按设计图示尺寸以数量计算。 2）沟盖板、井盖板、井圈。以立方米计量时，按设计图示尺寸以体积计算；以块计量时，按设计图示尺寸以数量计算
（13）预制混凝土楼梯010513	以立方米计量时，按设计图示尺寸以体积计算，扣除空心踏步板空洞体积。 以块计量时，按设计图示数量计算，项目特征必须描述单件体积。
（14）其他预制构件010514	其他预制构件包括烟道、垃圾道、通风道及其他构件。 工程量计算以立方米计量时，按设计图示尺寸以体积计算，不扣除单个面积≤300mm × 300mm的孔洞所占体积，扣除烟道、垃圾道、通风道的孔洞所占体积。 以平方米计量时，按设计图示尺寸以面积计算，不扣除单个面积≤300mm × 300mm的孔洞所占面积。 以根计量时，按设计图示尺寸以数量计算，以块、根计量时，项目特征必须描述单体体积
（15）钢筋工程010515	钢筋工程包括现浇构件钢筋、预制构件钢筋、钢筋网片、钢筋笼、先张法预应力钢筋、后张法预应力钢筋、预应力钢丝、预应力钢绞线、支撑钢筋（铁马）、声测管
	1）现浇混凝土钢筋、预制构件钢筋、钢筋网片、钢筋笼。其工程量应区分钢筋种类、规格，按设计图示钢筋（网）长度（面积）乘以单位理论质量计算。现浇构件中伸出构件的锚固钢筋应并入钢筋工程量内。除设计（包括规范规定）标明的搭接外，其他施工搭接不计算工程量，在综合单价中综合考虑。清单项目工作内容中综合了钢筋的焊接（绑扎）连接，钢筋的机械连接单独列项。 A10以内的长钢筋按每12m计算一个钢筋接头。A10以上的长钢筋按每9m一个接头
	2）先张法预应力钢筋，按设计图示钢筋长度乘以单位理论质量计算
	3）后张法预应力钢筋、预应力钢丝、预应力钢绞线，按设计图示钢筋（丝束、绞线）长度乘以单位理论质量计算。 其长度应按以下规定计算： ①低合金钢筋两端均采用螺杆锚具时，钢筋长度按孔道长度减0.35m计算，螺杆另行计算。 ②低合金钢筋一端采用墩头插片，另一端采用螺杆锚具时，钢筋长度按孔道长度计算，螺杆另行计算。

续表

<table>
<tr><th>项目及编码</th><th>计算规则</th></tr>
<tr><td rowspan="4">（15）钢筋工程 010515</td><td>③低合金钢筋一端采用墩头插片，另一端采用帮条锚具时，钢筋增加0.15m计算；两端均采用帮条锚具时，钢筋长度按孔道长度增加0.3m计算。
④低合金钢筋采用后张混凝土自锚时，钢筋长度按孔道长度增加0.35m计算。
⑤低合金钢筋（钢绞线）采用JM、XM、QM型锚具，孔道长度≤20m时，钢筋长度增加1m计算，孔道长度大于20m时，钢筋长度增加1.8m计算。
⑥碳素钢丝采用锥形锚具，孔道长度小于或等于20m时，钢丝束长度按孔道长度增加1m计算，孔道长度＞20m时，钢丝束长度按孔道长度增加1.8m计算。
⑦碳素钢丝采用墩头锚具时，钢丝束长度按孔道长度增加0.35m计算</td></tr>
<tr><td>4）支撑钢筋（铁马）。应区分钢筋种类和规格，按钢筋长度乘以单位理论质量计算
在编制工程量清单时，如果设计未明确，其工程数量可为暂估量，结算时按现场签证数量计算</td></tr>
<tr><td>5）声测管。应区分材质和规格型号，按设计图示尺寸以质量计算</td></tr>
<tr><td>6）钢筋工程量计算的基本方法：
钢筋工程量＝图示钢筋长度 ×单位理论质量
钢筋单位理论重量＝0.006165 × d^2（kg/m）（d为钢筋直径，单位mm）</td></tr>
<tr><td>（16）螺栓、铁件 010516</td><td>螺栓、铁件包括螺栓、预埋铁件和机械连接。
螺栓、预埋铁件，按设计图示尺寸以质量计算。
机械连接以个计量，按数量计算。编制工程量清单时，如果设计未明确，其工程数量可为暂估量，实际工程量按现场签证数量</td></tr>
</table>

2. 钢筋工程计算

（1）纵向钢筋图示长度的计算需要参考的参数

<table>
<tr><th>参数</th><th>相关说明</th></tr>
<tr><td rowspan="2">1）混凝土保护层厚度</td><td>设计使用年限为50年的混凝土结构，最外层钢筋的保护层厚度应符合表2-7的规定；设计使用年限为100年的混凝土结构，最外层钢筋的保护层厚度不应小于表2-7中数值的1.4倍</td></tr>
<tr><td>混凝土保护层最小厚度（mm）　　表2-7
<table><tr><th>环境类别</th><th>板、墙、壳</th><th>梁、柱、杆</th></tr><tr><td>一</td><td>15</td><td>20</td></tr><tr><td>▲二a</td><td>20</td><td>25</td></tr><tr><td>二b</td><td>25</td><td>35</td></tr><tr><td>三a</td><td>30</td><td>40</td></tr><tr><td>三b</td><td>40</td><td>50</td></tr></table>▲注：1. 混凝土强度等级不大于C25时，表中保护层厚度数值应增加5mm。
2. 钢筋混凝土基础宜设置混凝土垫层，基础中钢筋的混凝土保护层厚度应从垫层顶面算起，且不应小于40mm；无垫层时不应小于70mm。承台底面钢筋保护层厚度尚不应小于桩头嵌入承台内的长度</td></tr>
</table>

续表

参数	相关说明
2）弯起钢筋增加长度	弯起钢筋的弯曲度数有30°、45°、60°，弯起钢筋增加的长度为$S-L$，如图2-39所示 图2-39　弯起钢筋增加长度示意图（$S-L$）
3）钢筋弯钩增加长度	钢筋的弯钩主要有半圆弯钩（180°）、直弯钩（90°）和斜弯钩（135°）。 对于HPB300级光圆钢筋受拉时，钢筋末端作180°弯钩时，钢筋弯折的弯弧内直径不应小于钢筋直径d的2.5倍，弯钩的弯折后平直段长度不应小于钢筋直径d的3倍。 半圆弯钩增加长度为6.25d，直弯钩增加长度为3.5d，斜弯钩增加长度为4.9d。 斜弯钩平直段长度为10d时，弯钩增加长度为11.9d（$4.9d-3d+10d=11.9d$）。对于现浇混凝土板上负筋直弯钩，为减少马凳筋的用量，直弯钩取板厚减两个保护层厚
4）钢筋的锚固长度	受拉钢筋可按钢筋基本锚固长度乘以锚固长度修正系数确定。 受拉钢筋的锚固长度≥0.6倍的基本锚固长度且≥200mm。 纵向受压钢筋，锚固长度≥相应受拉锚固长度的70%
5）纵向受拉钢筋的搭接长度	应根据位于同一连接区段内的钢筋搭接接头面积百分率，由钢筋锚固长度乘以搭接长度修正系数确定，且≥300mm。构件中的纵向受压钢筋当采用搭接连接时，其受压搭接长度≥纵向受拉钢筋搭接长度的70%，且≥200mm

（2）箍筋长度的计算

计算长度时，要考虑混凝土保护层厚、箍筋的形式、箍筋的根数和箍筋单根长度。

1）以双肢箍筋为例说明箍筋长度的计算：

①箍筋单根长度＝构件截面周长－8×保护层厚－4×箍筋直径＋2×弯钩增加长度

②拉筋单根长度＝构件宽度－2×保护层厚＋2×弯钩增加长度

2）箍筋根数的计算：

箍筋根数＝（箍筋分布长度/箍筋间距）+1

钢筋类型	要求	计算方法
箍筋	非抗震	弯折角度不应小于90；平直段长度≥箍筋直径的5倍
	抗震	箍筋弯钩的弯折角度≥135；弯折后平直段长度≥箍筋直径的10倍和75mm两者之中的较大值。 HPB300级光圆钢筋用作有抗震设防要求的结构箍筋，其斜弯钩增加长度为：1.9d+max（10d，75mm）

◆以楼层框架梁为例，简要说明平法施工图钢筋工程量长度的计算方法

梁钢筋分类	计算公式
1）上部贯通钢筋	上部贯通钢筋长度＝通跨净长＋两端支座锚固长度＋搭接长度 锚固按照图2-40计算： 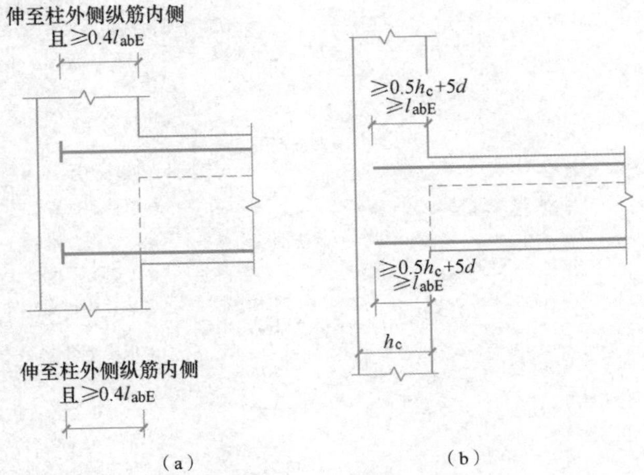 图2-40　端支座锚固 （a）加锚头（锚板）锚固；（b）直锚锚固
2）端支座负筋	端支座负筋长度＝锚固长度＋伸出支座的长度。 锚固长度同上部贯通钢筋；伸出支座的长度，第一排为净跨的1/3，第二排为净跨的1/4
3）中间支座负筋	中间支座负筋长度＝中间支座宽度＋左右两边伸出支座的长度 伸出支座的长度，第一排为净跨的1/3，第二排为净跨的1/4。 当支座两端净跨不相等时，取左右跨中较大的跨度值
4）架立筋长度	架立筋长度＝每跨净长－左右两边伸出支座的负筋长度＋2×搭接长度 架立筋与支座负筋搭接长度按150mm计算
5）下部钢筋长度	下部钢筋一般为分跨布置，当布置有贯通钢筋时，与上部钢筋计算相同。 当分跨布置时： 下部钢筋长度（分跨布置）＝净跨长度＋左侧锚固长度＋右侧锚固长度 当下部钢筋不伸入支座： 下部钢筋长度（不伸入支座）＝净跨长度－2×0.1ln（ln为各跨净跨长度）
6）侧面钢筋长度	侧面钢筋包括侧面构造钢筋和受扭钢筋。 侧面钢筋长度＝通跨净长＋锚固长度＋搭接长度
7）吊筋长度计算	吊筋长度＝2×锚固长度＋2×斜段长度＋次梁宽度＋2×50 当梁高度＞800mm，α＝60°；当梁高度≤800mm，α＝45°

混凝土及钢筋混凝土工程思维导图

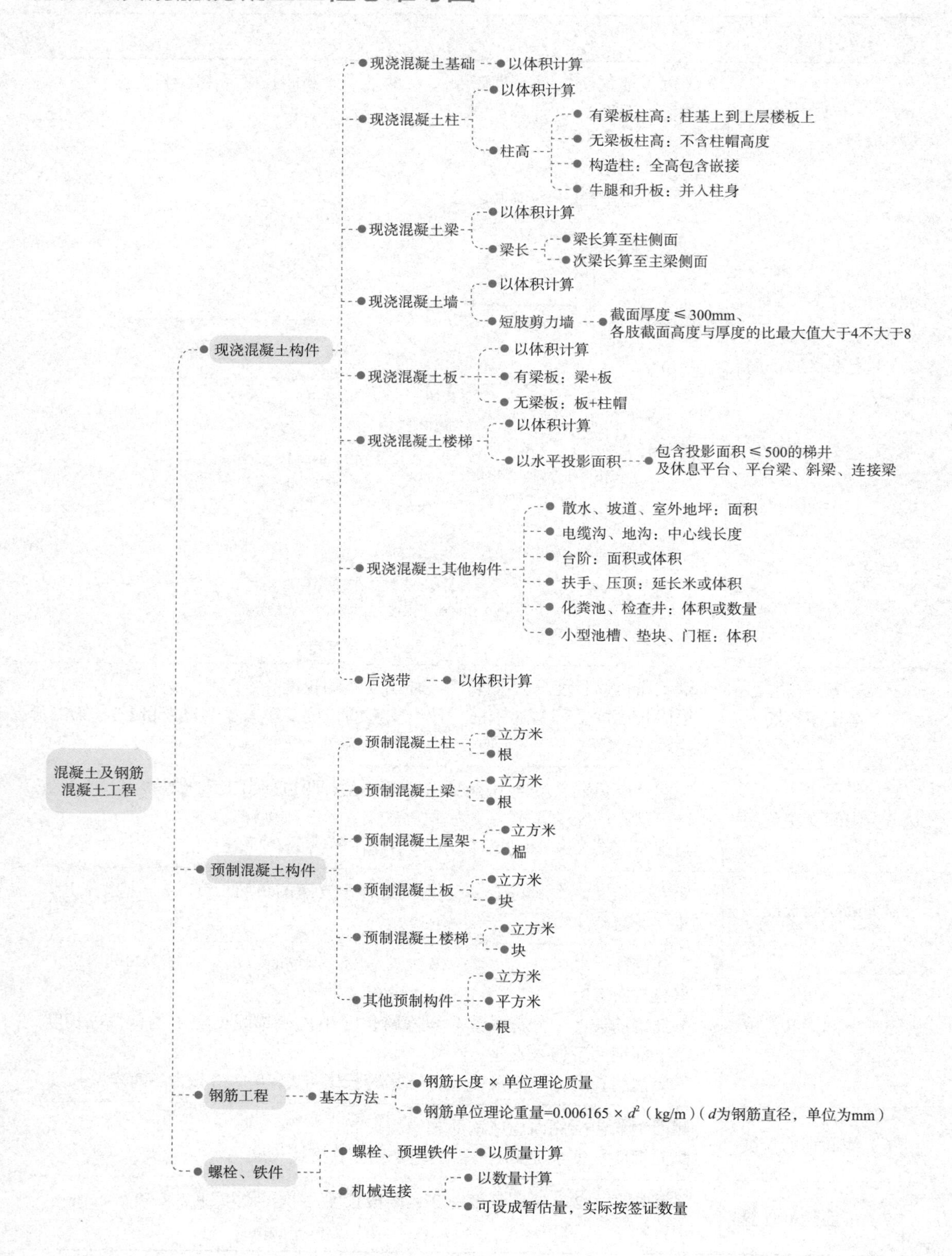

习题及答案解析

一、习题

❶【单选】短肢剪力墙是指截面厚度不大于（　　）mm，各肢截面高度与厚度之比的最大值大于（　　）但不大于（　　）的剪力墙。

A．200；4；8　　B．250；5；8

C．300；4；8　　D．400；5；10

❷【单选】关于现浇混凝土柱，在计算柱高时，说法错误的是（　　）。

A．各类板伸入墙内的板头并入板体积内计算

B．依附柱上的牛腿单独计算

C．无梁板的柱高应自柱基上表面算至柱帽下表面

D．框架柱的柱高应自柱基上表面至柱顶高度计算

❸【单选】混凝土结构中的纵向受压钢筋，当计算中充分利用其抗压强度时，锚固长度不应小于受拉锚固长度的（　　）。

A．60%　　B．55%　　C．70%　　D．75%

❹【单选】低合金钢筋采用后张混凝土自锚时，钢筋长度按孔道长度增加（　　）m。

A．0.1　　B．0.15　　C．0.2　　D．0.35

❺【多选】现浇混凝土基础计算体积时，应扣除（　　）的体积。

A．构件内钢筋

B．构件内预埋铁件

C．深入承台基础的桩头

D．桩承台基础

E．设备基础

❻【多选】现浇混凝土梁梁长的描述正确的是（　　）。

A．梁与柱连接时，梁长算至柱侧面

B．主梁与次梁连接时，次梁长算至主梁侧面

C．伸入墙内的梁头体积并入梁体积内计算

D．伸入墙内的梁垫体积并入梁体积内计算

E．伸入墙内的梁垫体积并入墙体积内计算

❼【多选】常见钢筋弯钩的形式不包括（　　）。

A．45°弯钩　　B．直弯钩　　C．圆弯钩

D．半圆弯钩　　E．斜弯钩

❽【多选】下列哪些是计算纵向钢筋图示长度需要考虑的参数（　　）。

A．混凝土保护层厚度

B．钢筋弯钩增加长度

C．纵向受拉钢筋的搭接长度

D．钢筋的锚固长度

E．弯起钢筋直径

二、答案与解析

❶【答案】C

【解析】本题考查的是混凝土及钢筋混凝土工程。短肢剪力墙是指截面厚度不大于300mm、各肢截面高度与厚度之比的最大值大于4但不大于8的剪力墙。

❷【答案】B

【解析】本题考查的是混凝土及钢筋混凝土工程。依附柱上的牛腿和升板的柱帽，并入柱身体积计算。

❸【答案】C

【解析】本题考查的是混凝土及钢筋混凝土工程。凝土结构中的纵向受压钢筋，当计算中充分利用其抗压强度时，锚固长度不应小于相应受拉锚固长度的70%。

❹【答案】D

【解析】本题考查的是混凝土及钢筋混凝土工程。低合金钢筋采用后张混凝土自锚时，钢筋长度按孔道长度增加0.35m计算。

❺【答案】DE

【解析】本题考查的是混凝土及钢筋混凝土工程。现浇混凝土基础包括垫层、带形基础、独立基础、满堂基础、桩承台基础、设备基础等项目。按设计图示尺寸以体积计算。不扣除构件内钢筋、预埋铁件和伸入承台基础的桩头所占体积。

❻【答案】ABCD

【解析】本题考查的是混凝土及钢筋混凝土工程。现浇混凝土梁梁长按下列规定：①梁与柱连接时，梁长算至柱侧面。②主梁与次梁连接时，次梁长算至主梁侧面。③伸入墙内的梁头、梁垫体积并入梁体积内计算。

❼【答案】AC

【解析】本题考查的是混凝土及钢筋混凝土工程。钢筋的弯钩主要有半圆弯钩（180°）、直弯钩（90°）和斜弯钩（135°）。

❽【答案】ABCD

【解析】本题考查的是混凝土及钢筋混凝土工程。在计算纵向钢筋图示长度时，需要考虑以下参数：混凝土保护层厚度、弯起钢筋增加长度、钢筋弯钩增加长度、钢筋的锚固长度、纵向受拉钢筋的搭接长度。

2.3.6 金属结构工程（编号：0106）

金属结构工程包括钢网架，钢屋架、钢托架、钢桁架、钢架桥，钢柱，钢梁，钢板楼板、墙板，钢构件，金属制品。金属构件的切边，不规则及多边形钢板发生的损耗在综合单价中考虑。

项目及编码	计算规则
1. 金属结构工程	通用规则：（1）不规则或多边形钢板以其外接矩形面积乘以厚度乘以单位理论质量计算。（2）不扣除孔眼、切边、切肢的质量，焊条、铆钉、螺栓等不另增加质量
2. 钢网架 010601	按设计图示尺寸以质量计算
3. 钢屋架、钢托架、钢桁架、钢架桥 010602	1）钢屋架： a. 以榀计量时，按设计图示数量计算； b. 以吨计量时，按设计图示尺寸以质量计算。 2）钢托架、钢桁架、钢架桥：按设计图示尺寸以质量计算
4. 钢柱 010603	1）实腹柱、空腹柱： 按设计图示尺寸以质量计算。依附在钢柱上的牛腿及悬臂梁等并入钢柱工程量内。 2）钢管柱： 按设计图示尺寸以质量计算。钢管柱上的节点板、加强环、内衬管、牛腿等并入钢管柱工程量内
5. 钢梁 010604	钢梁、钢吊车梁，按设计图示尺寸以质量计算。制动梁、制动板、制动架、车挡并入钢吊车梁工程量内
6. 钢板楼板、墙板 010605	1）压型钢板楼板，按设计图示尺寸以铺设水平投影面积计算。不扣除单个面积≤0.3时的柱、垛及孔洞所占面积。 2）压型钢板墙板，按设计图示尺寸以铺挂面积计算。不扣除单个面积小于或等于0.3m^{2}的梁、孔洞所占面积，包角、包边、窗台泛水等不另加面积
7. 钢构件 010606	1）钢支撑、钢拉条、钢檩条、钢天窗架、钢挡风架、钢墙架、钢平台、钢走道、钢梯、钢栏杆、钢支架、零星钢构件，按设计图示尺寸以质量计算。 2）钢漏斗，按设计图示尺寸以重量计算。依附漏斗的型钢并入漏斗工程量内
8. 金属制品 010607	1）成品空调金属百叶护栏、成品栅栏、金属网栏，按设计图示尺寸以面积计算。 2）成品雨篷：以米计量时，按设计图示接触边以长度计算；以平方米计量时，按设计图示尺寸以展开面积计算。 3）砌块墙钢丝网加固、后浇带金属网按设计图示尺寸以面积计算

习题及答案解析

一、习题

1.【单选】下列关于金属结构工程工程量的计算的描述，错误的是（　　）。

A．钢漏斗按设计图示尺寸以重量计算

B．压型钢板墙板按设计图示尺寸以铺挂面积计算

C．钢梁、钢管柱按设计图示尺寸以重量计算

D．后浇带金属网按设计图示尺寸以体积计算

2.【单选】金属成品栅栏的计算方法为按设计图示尺寸以（　　）计算。

A．长度　　B．重量　　C．面积　　D．质量

3.【多选】金属结构工程中，有关工程量的计算，错误的是（　　）。

A．压型钢板楼板，按设计图示尺寸以铺设水平投影面积计算

B．实腹柱、空腹柱按设计图示尺寸以质量计算

C．压型钢板墙板按设计图示尺寸铺挂面积计算

D．钢管柱按设计图示尺寸以数量计算

E．金属网栏按设计图示尺寸以长度计算

4.【多选】下列关于金属结构工程，说法正确的是（　　）。

A．钢网架按设计图示尺寸以面积计算

B．金属成品雨篷以米计量时，按设计图示接触边以长度计算

C．砌块墙钢丝网加固、后浇带金属网按设计图示尺寸以面积计算

D．成品空调金属百叶护栏，按设计图示尺寸以面积计算

E．金属成品雨篷以平方米计量时，按设计图示尺寸以水平投影面积计算

二、答案与解析

1.【答案】D

【解析】本题考查的是金属结构工程。后浇带金属网按设计图示尺寸以面积计算。

2.【答案】C

【解析】本题考查的是金属结构工程。成品栅栏按设计图示尺寸以面积计算。

3.【答案】DE

【解析】本题考查的是金属结构工程。钢管柱按设计图示尺寸以质量计算；金属网栏按设计图示尺寸以面积计算。

4.【答案】BCD

【解析】本题考查的是金属结构工程。钢网架按设计图示尺寸以质量计算；金属成品雨篷以平方米计量时，按设计图示尺寸以展开面积计算。

2.3.7 木结构（编号：0107）

木结构分类和工程量计算规则

项目及编码	分类	工程量计算规则
（1）木屋架 010701	木屋架	以榀计量，按设计图示数量计算；按设计图示的规格尺寸以体积计算
	钢木屋架	以榀计量，按设计图示数量计算
（2）木构件 010702	木柱、木梁	按设计图示尺寸以体积计算
	木檩条	以立方米计量时，按设计图示尺寸以体积计算；以米计量时，按设计图示尺寸以长度计算
	木楼梯	按设计图示尺寸以水平投影面积计算。不扣除宽度<300mm的楼梯井，伸入墙内部分不计算。木楼梯的栏杆（栏板）、扶手，应按其他装饰工程中的相关项目编码列项
（3）屋面木基层 010804	按设计图示尺寸以斜面积计算；不扣除房上烟囱、风帽底座、风道、小气窗、斜沟等所占面积，小气窗的出檐部分不增加面积	

2.3.8 门窗工程（编号0108）

门窗工程分类和工程量计算规则

项目及编码	分类	工程量计算规则
门窗工程	通用规则：所有门窗均可以樘计量，按设计图示数量计算	
（1）木门 010801	木质门、木质门带套、木质连窗门、木质防火门	以平方米计量，按设计图示洞口尺寸以面积计算。木质门带套计量按洞口尺寸以面积计算，不包括门套的面积，但门套应计算在综合单价中
	木门框	以米计量，按设计图示框的中心线以延长米计算。项目特征除了描述门代号及洞口尺寸、防护材料的种类，还需描述框截面尺寸
	门锁安装	按设计图示数量计算
（2）金属门 010802	金属（塑钢）门、彩板门、钢质防火门、防盗门	以平方米计量，按设计图示洞口尺寸以面积计算。无设计图示洞口尺寸，按门框、扇外围尺寸以面积计算
（3）金属卷帘（闸）门 010803	金属卷帘（闸）门、防火卷帘（闸）门	以平方米计量，按设计图示洞口尺寸以面积计算
（4）厂库房大门、特种门 010804	木板大门、钢木大门、全钢板大门	以平方米计量，按设计图示洞口尺寸以面积计算
	防护铁丝门	以平方米计量，按设计图示门框或扇外围尺寸以面积计算
	金属格栅门	以平方米计量，按设计图示洞口尺寸以面积计算
	钢质花饰大门	以平方米计量，按设计图示门框或扇外围尺寸以面积计算
	特种门	以平方米计量，按设计图示洞口尺寸以面积计算

续表

项目及编码	分类	工程量计算规则
（5）其他门 010805	平开电子感应门、旋转门、电子对讲门、电动伸缩门、全玻自由门、镜面不锈钢饰面门、复合材料门	以平方米计量，按设计图示洞口尺寸以面积计算。无设计图示洞口尺寸，按门框、扇外围以面积计算
（6）木窗 010806	木质窗	以平方米计量，按设计图示洞口尺寸以面积计算
	木凸（飘）窗	以平方米计量，按设计图示尺寸以框外围展开面积计算。木橱窗、木凸（飘）窗以樘计量，项目特征必须描述框截面及外围展开面积
	木纱窗	以平方米计量，按框的外围尺寸以面积计算
（7）金属窗 010807	金属（塑钢、断桥）窗、金属防火窗、金属百叶窗、金属格栅窗	以平方米计量，按设计图示洞口尺寸以面积计算
	金属纱窗	以平方米计量，按框的外围尺寸以面积计算
	金属（塑钢、断桥）橱窗、金属（塑钢、断桥）凸（飘）窗	以平方米计量，按设计图示尺寸以框的外围展开面积计算
	彩板窗、复合材料窗	以平方米计量，按设计图示洞口尺寸或框外围以面积计算
（8）门窗套 010808	木门窗套、木筒子板、饰面夹板筒子板、金属门窗套、石材门窗套、成品门窗套	以樘计量，按设计图示数量计算。以平方米计量，按设计图示尺寸以展开面积计算。以米计量，按设计图示中心以延长米计算
	门窗贴脸	以樘计量，按设计图示数量计算。以米计量，按设计图示尺寸以延长米计算
（9）窗台板 010809	木窗台板、铝塑窗台板、石材窗台板、金属窗台板	按设计图示尺寸以展开面积计算
（10）窗帘、窗帘盒、窗帘轨 0108010	窗帘	以米计量，按设计图示尺寸以成活后长度计算。以平方米计量，按图示尺寸以成活后展开面积计算
	木窗帘盒，饰面夹板、塑料窗帘盒，铝合金金属窗帘盒，窗帘轨道	按设计图示尺寸以长度计算

习题及答案解析：

一、习题

1 【单选】钢木屋架工程应（　　）。

A. 按设计图数量以榀计算

B. 按设计图示尺寸以下弦中心线长度计算

C. 按设计图示尺寸以体积计算

D. 按设计图示尺寸以屋面斜面积计算

❷【单选】关于厂库大门工程量计算，说法正确的是（　　）。

A．防护铁丝门按设计数量以质量计算

B．金属格栅门按设计图示门框或扇外围尺寸以面积计算

C．钢质花饰大门按设计图示门框或扇外围尺寸以面积计算

D．金钢板大门按设计数量以质量计算

❸【单选】关于金属窗工程量计算，说法正确的是（　　）。

A．彩板钢窗按设计图示尺寸以框外围展开面积计算

B．金属纱窗按框的外围尺寸以面积计算

C．金属百叶窗按框外围尺寸以面积计算

D．金属橱窗按设计图示洞口尺寸以面积计算

❹【单选】门窗工程量计算，说法正确的是（　　）。

A．木门框按设计图示洞口尺寸以面积计算

B．金属纱窗按设计图示洞口尺寸以面积计算

C．石材窗台板按设计图示以水平投影面积计算

D．木门的门锁安装按设计图示数量计算

二、答案与解析

❶【答案】A

【解析】本题考查的是木结构工程计算规则。钢木屋架工程量以榀计量，按设计图示数量计算。

❷【答案】C

【解析】本题考查的是门窗工程计算规则。防护铁丝门、钢制花饰大门按设计图示数量计算或按设计图示门框或扇外围尺寸以面积计算。金钢板大门、金属格栅门按设计图示数量计算或按设计图示洞口尺寸以面积计算。

❸【答案】B

【解析】本题考查的是门窗工程计算规则。彩板窗、复合材料窗工程量以樘计量，按设计图示数量计算；以平方米计量，按设计图示洞口尺寸或框外围以面积计算。金属百叶窗工程量，以樘计量，按设计图示数量计算；以平方米计量，按设计图示洞口尺寸以面积计算。金属橱窗工程量，以樘计量，按设计图示数量计算；以平方米计量，按设计图示尺寸以框外围展开面积计算。

❹【答案】D

【解析】本题考查的是门窗工程计算规则。木门框以樘计量，按设计图示数量计算，以米计量，按设计图示框的中心线以延长米计算。金属纱窗以樘计量，按设计图示数量计算，以平方米计量，按框的外围尺寸以面积计算。窗台板工程量按设计图示以展开面积计算。木门的门锁安装按设计图示数量计算。

2.3.9 屋面及防水工程（编码：0109）

1. 屋面及防水工程量计算规则

项目及编码	分类	工程量计算规则
（1）瓦、型材屋面及其他屋面 010901	瓦屋面、 型材屋面	按设计图示尺寸以斜面积计算。 不扣除房上烟囱、风帽底座、风道、小气窗、斜沟等所占面积，小气窗的出檐部分不增加面积。 瓦屋面斜面积按屋面水平投影面积乘以屋面延尺系数计算
	阳光板、 玻璃钢屋面	按设计图示尺寸以斜面积计算。 不扣除屋面面积 ≤ 0.3m²孔洞所占面积
	膜结构屋面	按设计图示尺寸以需要覆盖的水平投影面积计算，如图 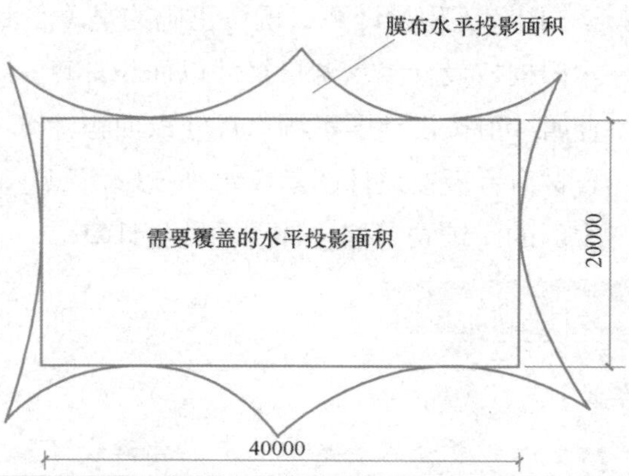 膜布水平投影面积 需要覆盖的水平投影面积 20000 40000
（2）屋面防水及其他 010902	屋面卷材防水 屋面涂膜防水	按设计图示尺寸以面积计算。 斜屋顶（不包括平屋顶找坡）按斜面积计算，平屋顶按水平投影面积计算，不扣除房上烟囱、风帽底座、风道、屋面小气窗和斜沟所占面积。屋面的女儿墙、伸缩缝和天窗等处的弯起部分并入屋面工程量内。屋面防水搭接及附加层用量不另行计算，在综合单价中考虑
	屋面刚性防水	按设计图示尺寸以面积计算。 不扣除房上烟囱、风帽底座、风道等所占的面积
	屋面排水管	按设计图示尺寸以长度计算。如设计未标注尺寸，以檐口至设计室外散水上表面垂直距离计算
	屋面排（透）气管	按设计图示尺寸以长度计算
	屋面（廊、阳台）泄、（吐）水管	按设计图示数量计算，以根（个）计量
	屋面天沟、檐沟	按设计图示尺寸以面积计算。 铁皮和卷材天沟按展开面积计算
	屋面变形缝	按设计图示以长度计算
（3）墙面防水、防潮 010903	墙面卷材防水、墙面涂膜防水、墙面砂浆防水（潮）	按设计图示尺寸以面积计算。 墙面防水搭接及附加层用量不另行计算，在综合单价中考虑

续表

项目及编码	分类	工程量计算规则
（3）墙面防水、防潮 010903	墙面变形缝	按设计图示尺寸以长度计算。 墙面变形缝，若做双面，工程量乘以系数2
（4）楼（地）面防水、防潮 010904	楼（地）面卷材防水、楼（地）面涂膜防水、楼（地）面砂浆防水（潮）	按设计图示尺寸以面积计算。楼（地）面防水搭接及附加层用量不另行计算，在综合单价中考虑。 ①楼（地）面防水：按主墙间净空面积计算，扣除凸出地面的构筑物、设备基础等所占面积，不扣除间壁墙及单个面积≤0.3m²柱、垛、烟囱和孔洞所占面积。 ②楼（地）面防水：反边高度≤300mm算作地面防水，反边高度＞300mm按墙面防水计算
	楼（地）面变形缝	按设计图示尺寸以长度计算

习题及答案解析

一、习题

❶【单选】**屋面及防水工程量计算，正确的说法是（　　）。**

A. 瓦屋面、型材屋面按设计图示尺寸的水平投影面积计算

B. 屋面天沟、檐沟按设计图示尺寸以长度计算

C. 地面砂浆防水按设计图示面积乘以厚度以体积计算

D. 屋面刚性防水按设计图示尺寸以面积计算

❷【单选】**关于卷材防水屋面工程量计算方法正确的是（　　）。**

A. 防水搭接部分并入屋面工程量计算

B. 女儿墙、伸缩缝处弯起部分并入屋面工程量计算

C. 应扣除房上烟囱、屋面小气窗面积

D. 平屋顶找坡按斜面积计算

❸【单选】**屋面防水工程量的计算，正确的是（　　）。**

A. 屋面女儿墙、伸缩缝等处弯起部分卷材防水不另增加面积

B. 平、斜屋面卷材防水均按设计图示尺寸以水平投影面积计算

C. 铁皮、卷材天沟按设计图示尺寸以中心线长度计算

D. 屋面排水管设计未标注尺寸的，以檐口至地面散水上表面垂直距离计算

❹【多选】**屋面及防水工程量计算中，正确的工程量清单计算规则是（　　）。**

A. 屋面天沟按设计尺寸以面积计算

B. 屋面排水管按设计尺寸以理论质量计算

C. 斜屋面卷材防水按设计尺寸以斜面积计算

D. 膜结构屋面按设计尺寸以需要覆盖的水平面积计算

E. 屋面泄水管按设计图示尺寸以长度计算

二、答案与解析

❶【答案】D

【解析】本题考查的是屋面及防水工程计算规则与方法。瓦屋面、型材屋面，按设计图示尺寸以斜面积计算；楼（地）面卷材防水、楼（地）面涂膜防水、楼（地）面砂浆防水（潮），按设计图示尺寸以面积计算；屋面天沟、檐沟，按设计图示尺寸以面积计算；铁皮和卷材天沟按展开面积计算。

❷【答案】B

【解析】本题考查的是屋面及防水工程计算规则与方法。屋面卷材防水、屋面涂膜防水，按设计图示尺寸以面积计算。屋面防水搭接及附加层用量不另行计算，在综合单价中考虑。斜屋顶（不包括平屋顶找坡）按斜面积计算，平屋顶按水平投影面积计算，不扣除房上烟囱、风帽底座、风道、屋面小气窗和斜沟所占面积。屋面的女儿墙、伸缩缝和天窗等处的弯起部分，并入屋面工程量内。

❸【答案】D

【解析】本题考查的是屋面及防水工程计算规则与方法。屋面的女儿墙、伸缩缝和天窗等处的弯起部分，并入屋面工程量内；斜屋面按斜面积计算；屋面天沟、檐沟，按设计图示尺寸以面积计算。铁皮和卷材天沟按展开面积计算。

❹【答案】ACD

【解析】本题考查的是屋面及防水工程计算规则与方法。屋面排（透）气管，按设计图示尺寸以长度计算；屋面（廊、阳台）泄（吐）水管，按设计图示数量，以根（个）计算。

2.3.10 保温、隔热、防腐工程（编码：0110）

保温、隔热、防腐工程计算规则

项目及编码	分类	工程量计算规则
（1）保温、隔热011001	保温隔热屋面	按设计图示尺寸以面积计算。 扣除面积＞0.3m²孔洞及占位面积
	保温隔热天棚	按设计图示尺寸以面积计算。 扣除面积＞0.3m²柱、梁垛、孔洞所占面积，与天棚相连的梁按展开面积，计算并入天棚工程量内。柱帽保温隔热应并入天棚保温隔热工程量内
	保温隔热墙面	按设计图示尺寸以面积计算。 扣除门窗洞口以及面积＞0.3m²梁、孔洞所占面积；门窗洞口侧壁以及与墙相连的柱并入保温墙体工程量

续表

项目及编码	分类	工程量计算规则
（1）保温、隔热 011001	保温柱、梁	保温柱、梁适用于不与墙、天棚相连的独立柱、梁。 按设计图示尺寸以面积计算。 1）柱按设计图示柱断面保温层中心线展开长度乘以保温层高度以面积计算，扣除面积＞0.3m²梁所占面积。 2）梁按设计图示梁断面保温层中心线展开长度乘以保温层长度以面积计算
	隔热楼地面	按设计图示尺寸以面积计算。 扣除面积＞0.3m²柱、垛、孔洞所占面积
	其他保温隔热	按设计图示尺寸以展开面积计算。 扣除面积＞0.3m²的孔洞及占位面积
（2）防腐面层 011002	防腐混凝土、防腐砂浆、防腐胶泥、玻璃钢防腐、聚氯乙烯板、块料防腐面层	按设计图示尺寸以面积计算。 1）平面防腐：扣除凸出地的构筑物、设备基础等以及面积＞0.3m²的孔洞、柱垛所占面积。 2）立面防腐：扣除门、窗洞口以及面积＞0.3m²的孔洞、梁所占面积。门、窗、洞口侧壁、垛突出部分按展开面积计算
	池、槽块料防腐	按设计图示尺寸以展开面积计算
（3）其他防腐 011003	隔离层	按设计图示尺寸以面积计算。 1）平面防腐：扣除凸出地面的构筑物、设备基础等以及面积＞0.3m²的孔洞、柱、垛所占面积。 2）立面防腐：扣除门、窗、洞口以及面积＞0.3m²的孔洞、梁所占面积，门、窗、洞口侧壁、垛突出部分按展开面积并入墙面积
	砌筑沥青浸渍砖	按设计图示尺寸以体积计算
	防腐涂料	按设计图示尺寸以面积计算。 1）平面防腐：扣除凸出地面的构筑物、设备基础等以及面积＞0.3m²的孔洞、柱、垛所占面积。 2）立面防腐：扣除门、窗、洞口以及面积＞0.3m²的孔洞、梁所占面积，门、窗、洞口侧壁、垛突出部分按展开面积并入墙面积

2.3.11　楼地面装饰工程（编码：0111）

楼地面装饰工程计算规则

项目及编码	分类	工程量计算规则
（1）整体面层及找平层 011101	水泥砂浆、现浇水磨石、细石混凝土、菱苦土、自流坪楼地面	按设计图示尺寸以面积计算。 扣除凸出地面构筑物、设备基础、室内铁道、地沟等所占面积，不扣除间壁墙及≤0.3m²的柱、垛、附墙烟囱及孔洞所占面积。门洞、空圈、暖气包槽、壁龛的开口部分不增加面积。间壁墙指墙厚≤120mm的墙

续表

项目及编码	分类	工程量计算规则
（1）整体面层及找平层 011101	平面砂浆找平层	按设计图示尺寸以面积计算。 适用：仅做找平层的平面抹灰
（2）块料面层 011102	石材、碎石、块料楼地面	按设计图示尺寸以面积计算。门洞、空圈、暖气包槽、壁龛的开口部分并入相应的工程量内
（3）橡塑面层 011103	橡胶板、橡胶卷材、塑料板、塑料卷材楼地面	按设计图示尺寸以面积计算。门洞、空圈、暖气包槽、壁龛的开口部分并入相应的工程量内
（4）其他材料面层 011104	地毯楼地面，竹、木（复合）地板，金属复合地板，防静电活动地板	按设计图示尺寸以面积计算。 门洞、空圈、暖气包槽、壁龛的开口部分并入相应的工程量内
（5）踢脚线 011105	水泥砂浆、石材、块料、塑料板、木质、金属、防静电踢脚线	工程量以平方米计量，按设计图示长度乘以高度以面积计算。以米计量，按延长米计算（适用于成品踢脚线）
（6）楼梯面层 011106	石材、块料、拼碎块料、水泥砂浆、现浇水磨石、地毯、木板、橡胶板、塑料板楼梯面层	按设计图示尺寸以楼梯（包括踏步、休息平台及≤500mm的楼梯井）水平投影面积计算。楼梯与楼地面相连时，算至梯口梁内侧边沿；无梯口梁者，算至最上一层踏步边沿加300mm
（7）台阶装饰 011107	石材、块料、拼碎块料、水泥砂浆、现浇水磨石、剁斧石台阶面	按设计图示尺寸以台阶（包括最上层踏步边沿加300mm）水平投影面积计算
（8）零星装饰项目 011108	石材、碎拼石材、块料、水泥砂浆零星项目	按设计图示尺寸以面积计算

☑ 习题及答案解析

一、习题

❶【单选】**有关防腐工程量计算，说法正确的是（　　）。**

A. 立面防腐涂料，门洞侧壁按展开面积并入墙面积内

B. 隔离层立面防腐，门洞口侧壁部分不计算

C. 砌筑沥青浸渍砖，按图示水平投影面积计算

D. 隔离层平面防腐，扣除面积等于0.3m^{2}孔洞、柱、垛所占面积

❷【单选】**有关保温、隔热工程量计算，说法正确的是（　　）。**

A. 门窗洞口侧壁的保温工程量不计

B. 与墙相连的柱的保温工程量按柱工程量计算

C. 与天棚相连的梁按展开面积计算并入天棚工程量内

D. 梁保温工程量按设计图示尺寸以梁的中心线长度计算

❸【单选】**石材踢脚（非成品）工程量应（　　）。**

A. 并入地面面层工程量

B. 按设计图示尺寸以长度计算

C. 按设计图示长度乘以高度以面积计算

D. 不予计算

❹【多选】**楼地面装饰工程量计算正确的有（　　）。**

A. 细石混凝土楼地面按设计图示尺寸以体积计算

B. 现浇水磨石楼地面按设计图示尺寸以面积计算

C. 石材楼地面按设计图示尺寸以面积计算

D. 块料台阶面按设计图示尺寸以展开面积计算

E. 自流坪楼地面设计图示尺寸以面积计算

❺【多选】**关于楼地面装饰工程量计算，说法正确的有（　　）。**

A. 整体层按设计图示尺寸以面积计算

B. 自流坪楼地面按设计图示尺寸以面积计算

C. 石材台阶面装饰设计图示以台阶最上踏步外沿水平投影面积计算

D. 塑料板楼地面按设计图示尺寸以面积计算

E. 块料楼梯面层按设计图示尺寸按展开面积计算

二、答案与解析

❶**【答案】**A

【解析】本题考查的是保温、隔热、防腐工程计算规则。隔离层立面防腐：扣除门、窗、洞口以及面积＞$0.3m^2$孔洞、梁所占面积，门、窗、洞口侧壁、垛突出部分按展开面积并入墙面积内。砌筑沥青浸渍砖按设计图示尺寸以体积计算。隔离层平面防腐：扣除凸出地面的构筑物、设备基础等以及面积＞$0.3m^2$孔洞、柱、垛所占面积。

❷**【答案】**C

【解析】本题考查的是保温、隔热、防腐工程计算规则。门窗洞口侧壁以及与墙相连的柱，并入保温墙体工程量。保温柱、梁按设计图示尺寸以面积计算。与天棚相连的梁按展开面积计算并入天棚工程量内。柱按设计图示柱断面保温层中心线展开长度乘以保温层高度以面积计算，梁按设计图示梁断面保温层中心线展开长度乘以保温层长度以面积计算。

❸**【答案】**C

【解析】本题考查的是楼地面装饰工程计算规则。踢脚线：（1）以平方米计量，按设计图示长度乘以高度以面积计算；（2）以米计量，按延长米计算（适用于成品踢脚线）。

❹【答案】BCE

【解析】本题考查的是楼地面装饰工程计算规则。水泥砂浆楼地面、现浇水磨石楼地面、细石混凝土楼地面、菱苦土楼地面、自流坪楼地面，按设计图示尺寸以面积计算。块料台阶面按设计图示尺寸以台阶（包括最上层踏步边沿加300mm）水平投影面积计算。

❺【答案】ABD

【解析】本题考查的是楼地面装饰工程计算规则。石材台阶面装饰按设计图示以台阶最上踏步边沿加300mm水平投影面积计算。楼梯面层按设计图示尺寸以楼梯（包括踏步、休息平台及≤500mm 的楼梯井）水平投影面积计算。楼梯与楼地面相连时，算至梯口梁内侧边沿；无梯口梁时，算至最上一层踏步边沿加300mm。

2.3.12 墙、柱面装饰与隔断、幕墙工程（编码：0112）

墙、柱面装饰与隔断、幕墙工程计算规则

项目及编码	分类	工程量计算规则
（1）墙面抹灰 011201	外墙抹灰	按外墙垂直投影面积计算
	外墙裙抹灰	按其长度乘以高度，以面积计算
	内墙抹灰	按主墙间的净长乘以高度，以面积计算。 无墙裙的内墙高度按室内楼地面至天棚底面计算。 有墙裙的内墙高度按墙裙顶至天棚底面计算。 有吊顶天棚的内墙面抹灰，高度算至天棚底。 抹至吊顶以上部分在综合单价中考虑
	内墙裙抹灰	按内墙净长乘以高度，以面积计算
（2）柱（梁）面抹灰 011202	柱（梁）面一般抹灰、柱（梁）面装饰抹灰、柱（梁）面砂浆找平层、柱面勾缝	按设计图示柱（梁）断面周长乘以高度，以面积计算
（3）零星抹灰 011203	零星项目一般抹灰、零星项目装饰抹灰、零星砂浆找平层	按设计图示尺寸以面积计算
（4）墙面块料面层 011204	石材墙面、碎拼石材、块料墙面面层、塑料板楼梯面层	按设计图示尺寸以面积计算
	干挂石材钢骨架	按设计图示尺寸以质量计算
（5）柱（梁）面镶贴块料 011205	石材、块料、拼碎块柱面	按设计图示尺寸以镶贴表面积计算
	石材梁面、块料梁面	按设计图示尺寸以镶贴表面积计算
（6）零星镶贴块料 011206	石材零星项目、块料零星项目、拼碎块零星项目	按设计图示尺寸以镶贴表面积计算。 墙柱面 ≤ $0.5m^2$时的少量分散的镶贴块料面层按零星项目执行

续表

项目及编码	分类	工程量计算规则
（7）墙饰面 011207	墙面装饰板	按设计图示墙净长乘以净高以面积计算。 扣除门窗洞口及单个面积＞$0.3m^2$的孔洞所占面积
	墙面装饰浮雕	按设计图示尺寸以面积计算
（8）柱（梁）饰面 011208	柱（梁）面装饰	按设计图示饰面外围尺寸以面积计算。 柱帽、柱墩并入相应柱饰面工程量内
	成品装饰柱	以根计量，按设计数量计算。 以米计量，按设计长度计算
（9）幕墙工程 011209	带骨架幕墙	按设计图示框外围尺寸以面积计算。与幕墙同种材质的窗所占面积不扣除
	全玻（无框玻璃）幕墙	按设计图示尺寸以面积计算。 带肋全玻幕墙按展开面积计算
（10）隔断 011210	木隔断、金属隔断	按设计图示框外围尺寸以面积计算。 扣除单个面积≤$0.3m^2$的孔洞所占面积；浴厕门的材质与隔断相同时，门的面积并入隔断面积内
	玻璃隔断、塑料隔断	按设计图示框外围尺寸以面积计算。 不扣除单个面积≤$0.3m^2$的孔洞所占面积
	成品隔断	以平方米计量，按设计图示框外围尺寸以面积计算；以间计量，按设计间的数量计算

2.3.13 天棚工程（编码：0113）

天棚工程计算规则

项目及编码	分类	工程量计算规则
（1）天棚抹灰 011201	天棚抹灰	按设计图示尺寸以水平投影面积计算。 不扣除间壁墙、垛、柱、附墙烟囱、检查口和管道所占的面积，带梁天棚、梁两侧抹灰面积并入天棚面积内，板式楼梯底面抹灰按斜面积计算，锯齿形楼梯底板抹灰按展开面积计算
（2）天棚吊顶 011302	吊顶天棚	按设计图示尺寸以水平投影面积计算。 天棚面中的灯槽及跌级、锯齿形、吊挂式、藻井式天棚面积不展开计算。 不扣除间壁墙、检查口、附墙烟囱、柱、垛和管道所占面积，扣除单个面积＞$0.3m^2$的孔洞、独立柱及与天棚相连的窗帘盒所占的面积，石膏板不予扣除
	格栅、吊筒、藤条、织物软雕、装饰网架吊顶	按设计图示尺寸以水平投影面积计算
（3）采光天棚 011303	采光天棚	按框外围展开面积计算。采光天棚骨架应单独按本规范附录金属结构中相关项目编码列项

续表

项目及编码	分类	工程量计算规则
（4）天棚其他装饰 011304	灯带灯槽	按设计图示尺寸以框外围面积计算
	送风、回风口	按设计图示数量“个”计算
	石材梁面、块料梁面	按设计图示尺寸以镶贴表面积计算
	墙面装饰浮雕	按设计图示尺寸以面积计算

习题及答案解析

一、习题

❶【单选】**关于墙面抹灰工程量说法正确的是（　　）。**

A．内墙裙抹灰不单独计算

B．墙面抹灰工程量应扣除墙与构件交接处面积

C．有墙裙的内墙抹灰按主墙间净长乘以墙裙顶至天棚底高度以面积计算

D．外墙抹灰按外墙展开面积计算

❷【单选】**关于天棚抹灰工程量计算正确的是（　　）。**

A．锯齿形楼梯底板抹灰按展开面积计算

B．板式楼梯底面抹灰按水平投影面积计算

C．扣除间壁墙、垛和柱所占面积

D．扣除检查口和管道所占面积

❸【单选】**关于天棚工程量清单计算中，下面说法正确的是（　　）。**

A．天棚工程中的灯槽、跌级的面积不展开计算

B．扣除间壁墙所占面积

C．扣除天棚检查口所占面积

D．天棚工程中的锯齿形按展开面积计算

❹【单选】**关于天棚装饰工程量计算，说法正确的是（　　）。**

A．灯带（槽）按设计图示尺寸以延长米计算

B．灯带（槽）按设计图示尺寸以框外围面积计算

C．送风口按设计图示尺寸以结构内边线面积计算

D．回风口按设计图示尺寸以面积计算

二、答案与解析

❶【**答案**】C

【解析】本题考查的是墙、柱面装饰工程计算规则。墙面抹灰工程量按设计图示尺寸以

面积计算。扣除墙裙、门窗洞口及单个面积＞0.3m²的孔洞面积，不扣除踢脚线、挂镜线和墙与构件交接处的面积，门窗洞口和孔洞的侧壁及顶面不增加面积。附墙柱、梁、垛、烟囱侧壁并入相应的墙面面积内。内墙裙抹灰面按内墙净长乘以高度计算。外墙裙抹灰面积按其长度乘以高度计算。

❷【答案】A

【解析】本题考查的是天棚工程计算规则。天棚抹灰适用于各种天棚抹灰。按设计图示尺寸以水平投影面积计算。不扣除间壁墙、垛、柱、附墙烟囱、检查口和管道所占的面积，带梁天棚、梁两侧抹灰面积并入天棚面积内，板式楼梯底面抹灰按斜面积计算，锯齿形楼梯底板抹灰按展开面积计算。

❸【答案】A

【解析】本题考查的是天棚工程计算规则。天棚吊顶按设计图示尺寸以水平投影面积计算。天棚面中的灯槽及跌级、锯齿形、吊挂式、藻井式天棚面积不展开计算。不扣除间壁墙、检查口、附墙烟囱、柱垛和管道所占面积，扣除单个面积＞0.3m²的孔洞、独立柱及与天棚相连的窗帘盒所占的面积。

❹【答案】B

【解析】本题考查的是天棚工程计算规则。灯带（槽）按设计图示尺寸以框外围面积计算。送风口、回风口按设计图示数量计算。

2.3.14 油漆、涂料、裱糊工程（编码：0114）

油漆、涂料、裱糊工程计算规则

<table>
<tr><th>项目及编码</th><th>分类</th><th>工程量计算规则</th></tr>
<tr><td>（1）门油漆
011401</td><td>木门油漆、金属门油漆</td><td rowspan="2">以樘计量，按设计图示数量计量。
以平方米计量，按设计图示洞口尺寸以面积计算</td></tr>
<tr><td>（2）窗油漆
011402</td><td>木窗油漆、金属窗油漆</td></tr>
<tr><td>（3）木扶手及其他板条、线条油漆
011403</td><td>木扶手、窗帘盒、封檐板及顺水板、挂衣板、黑板框、挂镜线、窗帘棍、单独木线</td><td>按设计图示尺寸以长度计算</td></tr>
<tr><td rowspan="3">（4）木材面油漆
011404</td><td>木护墙、木墙裙、窗台板、筒子板、盖板、门窗套、踢脚线、清水板条天棚、檐口、木方格吊顶天棚、吸声板墙面、天棚面、暖气罩及其他木材</td><td>按设计图示尺寸以面积计算</td></tr>
<tr><td>木间壁、木隔断油漆，玻璃间壁露明墙筋油漆，木栅栏、木栏杆（带扶手）油漆</td><td>按设计图示尺寸以单面外围面积计算</td></tr>
<tr><td>衣柜、壁柜、梁柱饰面、零星木装修油漆</td><td>按设计图示尺寸以油漆部分展开面积计算</td></tr>
</table>

续表

项目及编码	分类	工程量计算规则
（4）木材面油漆 011404	木地板油漆、木地板烫硬蜡面	按设计图示尺寸以面积计算。空洞、空圈、暖气包槽、壁龛的开口部分并入相应的工程量内
（5）金属面油漆 011405	金属面油漆	以吨计量，按设计图示尺寸以质量计算。 以平方米计量，按设计展开面积计算
（6）抹灰面油漆 011406	抹灰面油漆、满刮腻子	按设计图示尺寸以面积计算
	抹灰线条油漆	按设计图示尺寸以长度计算
（7）刷喷涂料 011407	墙面喷刷涂料、天棚喷刷涂料、木材构件喷刷防火涂料	按设计图示尺寸以面积计算
	线条刷涂料	按设计图示尺寸以长度计算
	金属构件刷防火涂料	以吨计量，按设计图示尺寸以质量计算。 以平方米计量，按设计展开面积计算
（8）裱糊 011408	墙纸裱糊、织锦缎裱糊	按设计图示尺寸以面积计算

2.3.15 其他装饰工程（编码：0115）

其他装饰工程计算规则

项目及编码	分类		工程量计算规则
（1）柜类、货架 011501	柜、台、架		工程量以个计量，按设计图示数量计算。 以米计量，按设计图示尺寸以延长米计算。 以立方米计量，按设计图示尺寸以体积计算
（2）压条、装饰线 011502	金属、木质、石材、石膏、铝塑、塑料GRC装饰线，镜面玻璃线		按设计图示尺寸以长度计算
（3）扶手、栏杆、栏板装饰 011503	金属、硬木、塑料、GRC栏杆、扶手，玻璃栏板		按设计图示尺寸以扶手中心线长度（包括弯头长度）计算
（4）暖气罩 011504	饰面板、塑料板、金属暖气罩		按设计图示尺寸以垂直投影面积（不展开）计算
（5）浴厕配件 011505	洗漱台	按设计图示尺寸以台面外接矩形面积计算。 不扣除孔洞、挖弯、削角所占面积，挡板、吊沿板面积并入台面面积内	
	架、杆、拉手、扶手、环、盒、箱		按设计图示数量计算
	镜面玻璃		按设计图示尺寸以边框外围面积计算

续表

项目及编码	分类	工程量计算规则
（6）雨篷、旗杆011506	雨篷吊挂饰面、玻璃雨篷	按设计图示尺寸以水平投影面积计算
	金属旗杆	按设计图示数量计算，以根为单位计量
（7）招牌、灯箱011506	平面、箱式招牌	按设计图示尺寸以正立面边框外围面积计算。复杂的凸凹造型部分不增加面积
	竖式标箱、灯箱，信报箱	按设计图示数量计算，以个为单位计量
（8）美术字011508	泡沫塑料、有机玻璃、木质、金属、吸塑字	按设计图示数量计算，以个为单位计量

习题及答案解析

一、习题

1 【单选】**下列油漆工程量计算规则中，说法正确的是（　　）。**

A．木扶手油漆按平方米计算

B．抹灰面油漆按遍数计算

C．门、窗油漆按展开面积计算

D．金属面油漆按构件质量计算

2 【单选】**下列油漆工程量计算规则中，说法错误的是（　　）。**

A．线条刷涂料按面积计算

B．木栏杆按设计图示尺寸以单面外围面积计算

C．墙面喷刷涂料按墙净长乘以净高以面积计算

D．木材构件喷刷防火涂料按面积计算

3 【单选】**其他装饰工程中，下列工程量计算规则中说法错误的是（　　）。**

A．柜类、货架工程量以个计量，按设计图示数量计算

B．压条、装饰线工程量按图示尺寸以长度计算

C．暖气罩按设计图示尺寸以展开面积计算

D．洗漱台按设计图示尺寸以台面外接矩形面积计算

4 【单选】**其他装饰工程中，下列工程量计算规则中说法错误的是（　　）。**

A．金属旗杆按设计图示数量计算，以根为单位计量

B．美术字按图示数量计算，以个为单位计量

C．卫生间扶手按设计图示以长度计算

D．栏杆按设计图示尺寸以扶手中心线长度（包括弯头长度）计算

二、答案与解析

❶【答案】D

【解析】本题考查的是油漆、涂料、裱糊工程计算规则。木扶手及其他板条（线条）油漆按设计图示尺寸以长度计算。抹灰面油漆工程量的计算按设计图示尺寸以面积计算。门、窗油漆工程量以樘计量时，按设计图示数量计量；以平方米计量时，按设计图示洞口尺寸以面积计算。金属面油漆以吨计量，按设计图示尺寸以质量计算；以平方米计量，按设计展开面积计算。

❷【答案】A

【解析】本题考查的是油漆、涂料、裱糊工程的计算规则。线条刷涂料按长度计算。

❸【答案】C

【解析】本题考查的是其他装饰工程的计算规则。暖气罩按设计图示尺寸以垂直投影面积（不展开）。

❹【答案】C

【解析】本题考查的是其他装饰工程的计算规则。卫生间扶手按设计图示数量计算。

2.3.16 措施项目（编码：0116）

措施项目计算规则

名称及编码	分类	工程量计算规则
（1）脚手架工程 011701	综合脚手架	按建筑面积计算。 综合脚手架针对整个房屋建筑的土建和装饰装修部分
	外脚手架、里脚手架、整体提升架、外装饰吊篮	工程量按所服务对象的垂直投影面积计算。整体提升架包括2m高的防护架体设施
	悬空脚手架 满堂脚手架	工程量按搭设的水平投影面积计算。 满堂脚手架高度在3.6～5.2m之间计算基本层，5.2m以外，每增加 1.2m计算一个增加层，不足0.6m按一个增加层乘以系数0.5计算
	悬挑脚手架	按搭设长度乘以搭设层数以延长米计算
（2）混凝土模板及支架（撑）011702	混凝土基础柱、梁、墙板等主要构件模板及支架	按模板与现浇混凝土构件的接触面积计算。 原槽浇灌的混凝土基础、垫层不计算模板工程量。 ①现浇钢筋混凝土墙、板单孔面积≤0.3m^2的孔洞不予扣除，洞侧壁模板亦不增加；单孔面积＞0.3m^2时应予扣除，洞侧壁模板面积并入墙、板工程量内计算。 ②附墙柱、暗梁、暗柱并入墙内工程量内计算。 ③柱、梁、墙、板相互连接的重叠部分均不计算模板面积。 ④构造柱按图示外露部分计算模板面积

续表

名称及编码	分类	工程量计算规则
(2)混凝土模板及支架(撑)011702	天沟、檐沟、电缆沟、地沟，散水、扶手、后浇带、化粪池、检查井	按模板与现浇混凝土构件的接触面积计算
	雨篷、悬挑板、阳台板	按图示外挑部分尺寸的水平投影面积计算，挑出墙外的悬臂梁及板边不另计算
	楼梯	按楼梯(包括休息平台、平台梁、斜梁和楼层板的连接梁)的水平投影面积计算，不扣除宽度≤500mm的楼梯井所占面积，楼梯踏步、踏步板、平台梁等侧面模板不另计算，伸入墙内部分亦不增加
(3)垂直运输 011703		垂直运输指施工工程在合理工期内所需垂直运输机械。 同一建筑物有不同檐高时，按建筑物的不同檐高做纵向分割，分别计算建筑面积，以不同檐高分别编码列项。 按建筑面积计算也可以按施工工期日历天数计算，以天为单位
(4)超高施工增加 011704		单层建筑物檐口高度超过20m，多层建筑物超过6层时，可按超高部分的建筑面积计算超高施工增加。计算层数时，地下室不计入层数。同一建筑物有不同檐高时，可按不同高度的建筑面积分别计算建筑面积，以不同檐高分别编码列项，其工程量按建筑物超高部分的建筑面积计算
(5)大型机械设备进出场及安拆 011705		安拆费包括施工机械、设备在现场进行安装拆卸所需人工、材料、机械和试运转费用以及机械辅助设施的折旧、搭设、拆除等费用；进出场费包括施工机械、设备整体或分体自停放地点运至施工现场或由一施工地点运至另一施工地点所发生的运输、装卸、辅助材料等费用。 工程量以台·次计量，按使用机械设备的数量计算
(6)施工排水、降水 011706	成井	按设计图示尺寸以钻孔深度计算
	排水、降水	以昼夜(24h)为单位计量，按排水、降水日历天数计算
(7)安全文明施工及其他措施项目011707		安全文明施工，夜间施工，非夜间施工照明，二次搬运，冬、雨期施工，地上、地下设施、建筑物的临时保护设施，已完工程及设备保护等。 项目应根据工程实际情况计算措施项目费用，需分摊的应合理计算摊销费用

习题及答案解析

一、习题

1 【单选】关于措施项目工程量计算错误的有(　　)。

A. 垂直运输按使用机械设备数量计算

B．悬空脚手架按搭设的水平投影面积计算

C．排水、降水工程量，按排水、降水日历天数计算

D．整体提升架按所服务对象的垂直投影面积计算

❷【单选】**措施项目工程量计算错误的是（　　）。**

A．里脚手架按建筑面积计算

B．满堂脚手架按搭设水平投影面积计算

C．混凝土墙模板按模板与墙接触面积计算

D．超高施工增加费包括人工、机械降效，供水加压以及通信联络设备等费用

❸【多选】**关于综合脚手架，说法正确的是（　　）。**

A．项目特征应说明建筑结构形式和檐口高度

B．可用于屋顶加层时应说明加层高度

C．工程量按建筑面积计算

D．项目特征必须说明脚手架材质

E．同一建筑物有不同的檐高时，分别按不同檐高列项

❹【多选】**关于措施项目，说法正确的是（　　）。**

A．悬挑脚手架按建筑面积计算

B．雨篷按图示外挑部分尺寸的水平投影面积计算

C．大型机械设备进出场及安拆工程量以台·次计量

D．成井按设计图示尺寸以钻孔深度计算

E．排水、降水按设计图示尺寸以面积计算

二、答案与解析

❶**【答案】**A

【解析】本题考查的是措施项目工程量的计算规则。垂直运输可按建筑面积计算，也可以按施工工期日历天数计算，以天为单位。

❷**【答案】**A

【解析】本题考查的是措施项目工程量的计算规则。里脚手架按所服务对象的垂直投影面积计算。满堂脚手架按搭设的水平投影面积计算。混凝土基础、柱、梁、墙板等主要构件模板及支架工程量按模板与现浇混凝土构件的接触面积计算。超高施工增加项目工作内容包括：建筑物超高引起的人工工效降低以及由于人工工效降低引起的机械降效，高层施工用水加压水泵的安装、拆除及工作台班，通信联络设备的使用及摊销。

❸**【答案】**ACE

【解析】本题考查的是措施项目工程量的计算规则。综合脚手架，按建筑面积计算，适用于能够按“建筑面积计算规则”计算建筑面积的建筑工程脚手架，不适用于房屋加层、构筑物及附属工程脚手架。综合脚手架项目特征包括建设结构形式、檐口高度，同

一建筑物有不同的檐高时，按建筑物竖向切面分别按不同檐高编列清单项目。脚手架的材质可以不作为项目特征内容，但需要注明由投标人根据工程实际情况按照有关规范自行确定。

④【答案】BCD

【解析】本题考查的是措施项目工程量的计算规则。悬挑脚手架按搭设长度乘以搭设层数以延长米计算。排水、降水以昼夜（24h）为单位计量，按排水、降水日历天数计算。

第四节　土建工程工程量清单的编制

2.4.1　招标文件的组成内容

招标文件主要包括：招标公告（或投标邀请书，视情况而定）、投标人须知、评标办法（经评审的最低投标价法或综合评估法）、合同条款及格式、工程量清单、图纸、技术标准和要求、投标文件格式、投标人须知前附表规定的其他材料。

招标文件的组成内容		
招标公告或投标邀请书	招标公告	招标条件、项目概况与招标范围、投标人资质要求、招标文件的获取、投标文件的递交、确认、联系方式
	投标邀请书	
投标人须知	投标人须知前附表	
	总则	项目概况、资金来源和落实情况、招标范围、计划工期和质量要求、投标人资格要求（分是否已进行资格预审）、费用承担、保密、语言文字、计量单位、踏勘现场、投标预备会、分包、偏离
	招标文件	招标文件的组成、澄清、修改
	投标文件	投标文件的组成、投标报价、投标有效期、投标保证金、资格审查资料（分是否已进行资格预审）、备选投标方案、投标文件的编制
	投标	投标文件的密封和标记、递交、修改与撤回
	开标	开标时间和地点与开标程序
	评标	评标委员会与评标原则
	合同授予	合同授予的要求：定标方式、中标通知、履约担保、签订合同
	重新招标和不再招标	
	需要补充的其他内容	
	附表1～8	开标记录表、问题澄清通知、问题的澄清、中标通知书、中标结果通、确认通知知书、备选投标方案编制要求、电子投标文件编制及报送要求

续表

招标文件的组成内容		
评标方法	经评审的最低投标价法	适用：具有通用技术、性能标准或者招标人对其技术、性能没有特殊要求的招标项目。根据经评审的最低投标价法，能够满足招标文件的实质性要求，并且经评审的最低投标价 的投标，应当推荐为中标候选人
	综合评估法	俗称“打分法”，把涉及的投标人的各种资格资质、技术、商务以及服务的条款，都折算成一定的分数值，总分为100分。评标时，对投标人的每一项指标均须进行符合性审查、核对并给出分数值，最后，汇总比较，取分数值最高者为中标人
评标方法	评标方法（经评审的最低投标价法或综合评估法）应按照下列内容列项： （1）评标办法前附表；（2）评标方法；（3）评审标准；（4）评标程序	
合同条款及格式	（1）通用合同条款；（2）专用合同条款；（3）合同附加格式	
招标工程量清单	（1）招标工程量清单封面；（2）招标工程量清单扉页； （3）总说明；（4）分部分项工程和措施项目清单与计价表； （5）其他项目清单与计价表；（6）规费、税金项目清单与计价表	
图纸	（1）图纸目录；（2）图纸	
技术标准和要求	（1）一般要求；（2）特殊技术标准和要求；（3）适用的国家、行业以及地方规范、标准和规程；（4）施工现场现状平面图	
投标文件格式	（1）投标函及投标函附录；（2）法定代表人身份证明、授权委托书； （3）联合体协议书；（4）投标保证金； （5）已标价工程量清单；（6）施工组织设计； （7）项目管理机构；（8）拟分包计划表； （9）资格审查资料；（10）其他材料	

2.4.2 招标工程量清单的编制依据

1. 招标工程量清单是表明拟建工程的分部分项工程项目、措施项目、其他项目名称和相应数量的明细清单，是由招标人按照计价规范和计量规范的附录中统一的项目编码、项目名称、计量单位和工程量计算规则进行编制。

2. 一般规定（略）。

3. 编制依据（略）。

2.4.3 招标工程量清单的编制内容

编制招标工程量清单主要包含以下内容：招标工程量清单封面、招标工程量清单扉页、总说明、分部分项工程和措施项目清单与计价表、其他项目清单与计价表、规费、税金项目清单与计价表。

总说明	（1）工程概况：建设规模、工程特征、计划工期、施工现场实际、自然地理条件、环境保护要求等；（2）工程招标和分包范围；（3）工程量清单编制依据；（4）工程质量、材料、施工等的特殊要求
分部分项和措施费	分部分项工程和单价措施项目清单与计价：工程量清单应根据规范附录规定的项目编码、项目名称、项目特征、计量单位和工程量计算规则进行编制，缺一不可
	（1）项目编码设置： 第一级为专业工程代码，第二级为附录分类顺序码，第三级为分部工程顺序码，第四级为分项工程项目名称顺序码，第五级为工程量清单项目名称顺序码。10至12位不得有重码
	（2）项目名称确定： 应按各专业工程量计算规范附录的项目名称结合拟建工程的实际确定
	（3）项目特征描述： 1）必须描述的内容：涉及正确计量的内容必须描述；涉及结构要求内容必须描述；涉及材质要求的内容必须描述。 2）可不详细描述的内容：无法准确描述的可不详细描述；施工图纸、标准图集标注明确的，可不再详细描述；有一些项目虽然可不详细描述，但清单编制人在项目特征描述中应注明，由投标人自定。 3）无需描述的内容：工程内容通常无需描述
	（4）计量单位选择：除各专业另有特殊规定外均按以下单位计量。 1）以质量／体积／面积／长度计算的项目，单位为：t或kg、m^3、m^2、m。 2）以自然计量单位计算的项目单位为：个、套、块、樘、组、台……。 3）没有具体数量的项目，单位为：宗、项……。 各专业有特殊计量单位的，再另外加以说明。当计量单位有两个或两个以上时，应根据所编工程量清单项目的特征要求，选择最适宜表现该项目特征并方便计量的单位
	（5）工程数量计算。 除另有说明外，所有清单项目的工程量应以实体工程量为准，并以完成后的净值计算；投标人投标报价时，应在单价中考虑施工中的各种损耗和需要增加的工程量。
	（6）补充项目： 出现工程量计算规范附录中未包括的清单项目时，编制人应进行补充。 1）补充项目的编码应按工程量计算规范的规定确定：补充项目的编码由工程量计算规范的代码与B和三位阿拉伯数字组成，并应从001起顺序编制。 2）应附补充项目的项目名称、项目特征、计量单位、工程量计算规则和工作内容。 3）将编制的补充项目报省级或行业工程造价管理机构备案
	（7）分部分项工程和单价措施项目清单与计价表。 工程量计算规范将措施项目划分为两类： 1）单价措施项目：可以计算工程量的项目，如脚手架、降水工程等。单价措施项目清单及计价表是与分部分项工程项目清单及计价表合二为一的。 2）总价措施项目：不能计算工程量的项目，如安全文明措施、临时设施等，以“项”计价

续表

<table>
<tr><td rowspan="4">其他项目</td><td>暂列金额</td><td>招标人在工程量清单中暂定并包括在合同价款中的一笔款项。用于施工合同签订时尚未确定或者不可预见的所需材料、设备服务的采购，施工中可能发生的工程变更、合同约定调整因素出现时的工程价款调整以及发生的索赔、现场签证确认等的费用。
暂列金额由招标人根据工程特点、工期长短按有关计价规定进行估算确定，一般可以分部分项工程费的10%～15%为参考。招标人提供金额，如有余额归发包人所有</td></tr>
<tr><td>暂估价</td><td>招标人在工程量清单中提供的用于支付必然发生但暂时不能确定价格的材料、工程设备的单价以及专业工程的金额。
（1）暂估材料单价由招标人提供，材料单价组成中应包括场外运输与采购保管费。
（2）专业工程的暂估价应是综合暂估价，包括除规费和税金以外的管理费、利润</td></tr>
<tr><td>计日工</td><td>投标时，单价由投标人自主报价，按暂定数量计算合价计入投标总价中。结算时，按发承包双方确认的实际数量计算合价</td></tr>
<tr><td>总承包服务费</td><td>项目名称、服务内容由招标人填写，编制招标控制价时，费率及金额由招标人按有关计价规定确定；投标时，费率及金额由投标人自主报价，计入投标总价中</td></tr>
<tr><td>规费</td><td colspan="2">必须缴纳，包含：社会保障费、住房公积金、工程排污费（目前工程排污费改为环境保护税，部分地区教材未改，考试时以各地教材为准）</td></tr>
<tr><td>税金</td><td colspan="2">增值税销项税额，计算基础为不含税工程造价</td></tr>
</table>

习题及答案解析

一、习题

1 【单选】措施项目清单编制中，下列适用于以“项”为单位计价的措施项目费是（ ）。

A．超高施工增加费　　B．非夜间施工照明费

C．垂直运输费　　D．施工排水、降水费

2 【单选】在总价措施项目清单与计价表中，不需要列出的项目是（ ）。

A．计算基础　　B．计量单位　　C．费率　　D．金额

3 【单选】根据我国现行建筑安装工程费用项目组成的规定，下列费用中应计入暂列金额的是（ ）。

A．施工用电、用水的开办费

B．应建设单位要求，完成建设项目之外的零星项目费用

C．对建设单位自行采购的材料进行保管所发生的费用

D．施工过程中可能发生的工程变更以及索赔、现场签证等费用

❹【单选】《建设工程工程量清单计价规范》GB50500规定，分部分项工程量清单项目编码的第四级为表示（ ）的顺序码。

A．分部工程 B．附录分类 C．分项工程 D．专业工程

❺【单选】除另有说明外，分部分项工程量清单表中的工程量应等于（ ）。

A．实体工程量+措施工程量

B．实体工程量+施工损耗量

C．实体工程量+施工需要增加的工程量

D．实体工程量

❻【多选】下列措施项目中，不应按分部分项工程量清单编制方式编制的是（ ）。

A．二次搬运

B．安全文明施工

C．垂直运输

D．冬雨期施工

E．已完工工程及设备保护费

❼【多选】关于分部分项工程量清单的编制，下列说法中正确的有（ ）。

A．以清单计算规范附录中的名称为基础，结合具体工作内容补充细化项目名称

B．清单项目的工作内容在招标工程量清单的项目特征中加以描述

C．有两个或两个以上计量单位时，选择最适宜表现项目特征并方便计量的单位

D．除另有说明外，清单项目的工程量应以实体工程量为准，各种施工总的损耗和需要增加的工程量应在单价中考虑

E．在工程量清单中应附补充项目的项目名称、项目特征、计量单位和工程量计算规则和工作内容

二、答案与解析

❶【答案】B

【解析】本题考查的是招标工程量清单的编制内容。以“项”为单位计价的（计算基础×费率）：安全文明施工费、夜间施工增加、非夜间施工照明费、二次搬运费、冬雨期施工增加费、地上、地下设施、建筑物、临时保护设施费、已完工程及设备保护费；采用综合单价计价：脚手架费（建筑面积、垂直投影面积）、混凝土模板及支架（撑）费（接触面积）、垂直运输费（建筑面积、日历天数）、超高施工增加费（超高部分的建筑面积）、大型机械设备进出场及安拆费（台次）、施工排水、降水费（成井，钻孔深度m；排水、降水，昼夜）。

❷【答案】B

【解析】本题考查的是招标工程量清单的编制内容。总价措施项目清单与计价表中，应列出计算基础、费率、金额、调整费率、调整后金额，不包括计量单位。

❸【答案】D

【解析】本题考查的是招标工程量清单的编制内容。暂列金额是指建设单位在工程量清

单中暂定并包括在工程合同价款中的一笔款项。用于施工合同签订时尚未确定或者不可预见的所需材料、工程设备、服务的采购，施工中可能发生的工程变更、合同约定调整因素出现时的工程价款调整以及发生的索赔、现场签证确认等支出的费用。B选项为计日工，C选项为总承包服务费，A选项为国外建筑安装工程费中的开办费。

❹【答案】C

【解析】本题考查的是招标工程量清单的编制内容。各级编码代表的含义：一级：表示专业工程代码，两位；二级：表示附录分类顺序码，两位；三级：表示分部工程顺序码，两位；四级：表示分项工程项目名称顺序码，三位；五级：表示清单项目名称顺序编码，三位。

❺【答案】D

【解析】本题考查的是招标工程量清单的编制内容。除另有说明外，所有清单项目的工程量应以实体工程量为准，并以完成后的净值计算。

❻【答案】ABDE

【解析】本题考查的是招标工程量清单的编制内容。有些措施项目是可以计算工程量的项目，如脚手架工程，混凝土模板及支架（撑），垂直运输，超高施工增加，大型机械设备进出场及安拆，施工排水、降水等，这类措施项目按照分部分项工程量清单的方式采用综合单价计价。有些是以“项”为单位计价的（计算基础 × 费率）：安全文明施工费、夜间施工增加、非夜间施工照明费、二次搬运费、冬雨期施工增加费、地上、地下设施、建筑物、临时保护设施费、已完工工程及设备保护费。

❼【答案】CDE

【解析】本题考查的是招标工程量清单的编制内容。项目名称的细化通常结合具体项目特征补充。在编制分部分项工程量清单时，工作内容通常无需描述。在工程量清单中应附补充项目的项目名称、项目特征、计量单位、工程量计算规则和工作内容。

第五节　计算机辅助工程量计算

略。

第三章

工程计价

第一节 施工图预算编制的常用方法

方法	定义与区别	适用范围
单价法	单价法是首先根据单位工程施工图计算出各分部分项工程和措施项目的工程量；然后从预算定额中查出各分项工程相应的定额单价，并将各分项工程量与相应的定额单价相乘，其积就是各分项工程的价值；再累计各分项工程的价值，即得出该单位工程的直接费；根据地区费用定额和各项取费标准（取费率），计算出各项费用等；最后汇总各项费用即得到单位工程施工图预算造价。预算单价法又称为工料单价法	这种编制方法，既简化了编制工作，又便于进行技术经济分析。但在市场价格波动较大的情况下，用该法计算的造价可能会偏离实际水平，造成误差，因此需要对价差进行调整
实物法	实物法首先根据单位工程施工图计算出各个分部分项的工程量；然后从消耗量定额中查出各相应分项工程所需的人工、材料和机械台班定额用量，再分别将各分项的工程量与其相应的定额人工、材料和机械台班的总耗用量相乘；再将所得的人工、材料和机械台班总耗用量，各自分别乘以当时当地的工资单价、材料预算价格和机械台班单价，其积的总和就是该单位工程的直接费；根据本地区取费标准进行取费，最后汇总各项费用，形成单位工程施工图预算造价	这种编制方法适用于工料因时因地发生价格波动变动情况下的市场经济需要

第二节 预算定额的分类、适用范围、调整与应用

预算定额的分类 、适用范围

1. 预算定额的分类

区分条件	分类
按编制单位和管理权限划分	全国统一定额、行业统一定额、地区统一定额、企业定额和补充定额五种
按专业性质分	建筑工程定额、安装工程定额、市政工程预算定额等
按生产要素分	劳动定额、材料消耗定额和机械定额

2. 预算定额的适用范围

预算定额是适应各省、市及自治区等建设工程计价的需要而编制的，主要用于建设工程在招标投标中编制标底、投标报价的需要，在招标投标的工程量清单计价中起参考作用。施工企业可以在预算定额的消耗量范围内，通过自己的施工活动，按质按量地完成施工任务。

第三节　建筑工程费用定额使用范围及应用

详见电子版。

第四节　土建工程最高投标限价的编制

详见电子版。

第五节　土建工程投标报价的编制

详见电子版。

第六节　土建工程价款结算和合同价款的调整

★由于案例部分存在地区差异，本章节内容根据各地差异化分别编写了多个经典案例，请读者扫描封面二维码下载学习。以下2个案例为通用案例。

【通用案例1】某工程施工合同价5800万元人民币，合同工期30个月。在工程施工过程中，遭受不可抗力的影响，造成了相应的损失。承包人在事件发生后向发包人提出索赔要求，并附索赔有关的材料和证据。承包人的索赔要求如下：

（1）要求一：已建部分工程造成破坏，损失30万元，应由发包人承担修复的经济责任。

（2）要求二：此灾害造成承包人现场人员受伤。涉及费用总计3.5万元，发包人应给予补偿。

（3）要求三：承包人现场使用的机械受到损坏，造成损失7.8万元；由于现场停工造成机械台班费损失3万元，工人窝工费5万元，发包人应承担修复和停工的经济责任。

（4）要求四：此灾害造成现场停工7天，要求合同工期顺延7天。

（5）要求五：由于工程被破坏，承包人进行了清理现场，涉及费用4万元，应由发包人支付。

问题：1．不可抗力造成损失的承担原则是什么？

2．判断承包人提出的五项索赔要求是否成立，并说明原因？

【解析】：

1．因不可抗力事件导致的人员伤亡、财产损失及其费用增加，发承包双方应按以下原则分别承担并调整合同价款和工期。

（1）合同工程本身的损害、因工程损害导致第三方人员伤亡和财产损失以及运至施工场地用于施工的材料和待安装的设备的损害，由发包人承担。

（2）发包人、承包人人员伤亡由其所在单位负责，并承担相应费用。

（3）承包人的施工机械设备损坏及停工损失，由承包人承担。

（4）停工期间，承包人应发包人要求留在施工场地的必要的管理人员及保卫人员的费用由发包人承担。

（5）工程所需清理、修复费用，由发包人承担。

（6）因发生不可抗力事件导致工期延误的，工期相应顺延。发包人要求赶工的，承包人应采取赶工措施，赶工费用由发包人承担。

2. 应对承包方提出的索赔要求按如下方式处理：

（1）要求一：①索赔成立。②工程本身的损害由发包人承担。

（2）要求二：①索赔不成立。②遭受不可抗力的袭击，损失由施工单位负责。

（3）要求三：①索赔不成立。②遭受不可抗力的袭击，损失由施工单位负责。

（4）要求四：①索赔成立。②因不可抗力事件导致工期延误的，工期相应顺延。

（5）要求五：①索赔成立。②工程所需清理、修复费用，由发包人承担。

【通用案例2】某施工单位承包了某学校改造工程项目，甲乙双方签订关于工程价款的合同内容如下：

（1）本工程建筑与装饰工程造价5000万元（工程总造价），建筑材料及设备费占施工产值的比重为65%；

（2）工程预付款为总工程造价的15%。工程实施后，工程预付款从未施工工程所需的建筑材料及设备费相当于工程预付款数额时起扣，从每次结算工程价款中按照建筑材料及设备费占施工产值的比重抵扣工程预付款，竣工前全部扣清；

（3）工程进度款按月计算；

（4）本工程工期短，材料及设备价格包死，不做调整；

（5）工程质量保证金为工程总造价的3%，竣工结算月一次扣留；

（6）由于改造中出现变更，追加合同款为30万元。

工程各月实际完成产值见下表。

单位：万元

月份	4	5	6	7	合计
完成产值	60	130	200	110	500

（1）工程价款结算的方式有哪几种？

（2）该工程的工程预付款、起扣点为多少？

（3）该工程 4月至6月每月拨付工程款为多少？累计工程款为多少？

（4）7月份办理竣工结算，该工程结算造价为多少？甲方应付工程结算为多少？

（5）该工程在保修期内发生屋面漏水，甲方多次催促乙方修理，乙方总是拖延，最后甲方另外请施工单位维修，维修费为2万元，请问该项费用如何处理?

【解析】:

（1）工程价款结算的主要方式为按月结算、分段结算、竣工后一次结算、目标结款方式、结算双方约定的其他结算方式。

（2）工程预付款：$5000 \times 15\% = 750$万元

工程预付款起扣点可按下式计算：

$$T = P - M/N$$

式中T——起扣点，即预付备料款开始扣回的累计完成工作量金额；

M——预付备料款数额；

N——主要材料，构件所占比重；

P——承包工程价款总额（或建安工作量价值）。

根据公式计算预付款的起点：$5000-750/68\% = 3897.06$ 万元

（3）各月工程款为：

4月：工程款500万元，累计工程款500万元

5月：工程款1400万元，累计工程款为：$500 + 1400 = 1900$万元

6月：$1900 + 2150 = 4050$万元

该月累计工程款 4050万元＞3897.06万元，需要抵扣预付款，

则该月工程款应该为：$2150 - (4050 - 3897.06) \times 68\% = 2046$万元

累计工程款为$1900 + 2046 = 3946$万元

（4）工程结算总造价：

由于追加合同款为280万元，合同价改变，建筑材料及设备价格不调整；竣工结算月一次性扣留3%工程质保金。因此，工程结算价为：$5000 + 280 = 5280$万元。甲方应付工程结算价款为：

$5280 - 3946 - 5000 \times 3\% - 750 = 434$万元

（5）2万元维修费应该扣留的质量保证金中支付。

增值服务：本书针对各地区清单计量和定额组价部分研发了专属案例练习册，正文扫码获取。